Ce livre est dédié
à Sandra, encore une fois.
Et à nous tous. Pourvu que ça dure...

« À en juger d'après le passé, nous pouvons en conclure avec certitude que pas une des espèces actuellement vivantes ne transmettra sa ressemblance intacte à une époque future bien éloignée, et qu'un petit nombre d'entre elles auront seules des descendants dans les âges futurs... »

CHARLES DARWIN, *De l'origine des espèces au moyen de la sélection naturelle*

Prologue

L'avion venait d'amorcer sa descente vers Darwin lorsqu'il traversa un épais nuage de fumée noire. L'habitacle s'obscurcit aussitôt, privant les passagers de la douce lumière de l'été australasien, et les réacteurs firent entendre un gémissement aigu. Joan, qui parlait tranquillement avec Alice Sigurdardottir, se tortilla sur son siège, tendant désagréablement la ceinture sur son ventre. C'était un avion spacieux et confortable, où même les fauteuils de la classe économique étaient disposés par groupes de quatre ou six autour de petites tables. Rien à voir avec ces vieux appareils, qui tenaient plus du fourgon à bestiaux, à bord desquels Joan voyageait dans son enfance, quand elle faisait le tour du monde avec sa mère, une paléontologue de renom. Il est vrai qu'on était en 2031, et qu'en cette forte période de troubles peu de gens se risquaient à voyager. Ceux qui le faisaient se voyaient offrir un léger surcroît de confort.

Soudain, la perspective d'un vague danger lui fit prendre conscience de l'endroit où elle était et des personnes qui l'entouraient.

Joan considéra l'adolescente assise en face d'elles. Quatorze ans à peu près, une sorte de bijou argenté fourré dans une oreille ; elle avait passé tout le vol à regarder sur sa tablette la retransmission des déambulations laborieuses du petit explorateur de Mars. Même ici, à dix mille mètres au-dessus de la mer du

Timor, elle était connectée au réseau électronique qui reliait la moitié de la planète, et se gargarisait de sons et d'images colorées et mouvantes. Elle avait les cheveux bleu pâle – turquoise, en fait. Ses yeux étaient d'un rouge orangé intense – couleur poussière de Mars, à en juger par les reflets qui embrasaient l'écran dernier cri de sa tablette. Il était évident qu'elle devait avoir çà et là bien d'autres « améliorations » génétiques moins apparentes, pensa Joan amèrement. Immergée dans ce fleuve de conscience étendue, la jeune fille n'avait même pas remarqué les deux femmes assises en face d'elle. C'est à peine si elle avait haussé un sourcil éloquent en voyant Joan s'asseoir : Beurk, une femme si vieille, enceinte !

Comme l'avion traçait sa route dans le ciel encombré de nuages, la fille sortit de sa bulle high-tech et regarda par les hublots, cherchant à percer les ténèbres. C'est alors qu'un léger sillon rida son front, lisse comme un pétale. Elle avait peur. À juste raison, se dit Joan, parce que ce n'étaient pas ses améliorations génétiques qui la sauveraient si l'avion tombait. Joan sentit poindre en elle une curieuse sensation, un mélange de méchanceté et de jalousie assez inapproprié chez une femme de trente-quatre ans. Comporte-toi en adulte, Joan, se raisonna-t-elle. Nous avons tous besoin de contacts humains, génétiquement modifiés ou non. N'est-ce pas là d'ailleurs le point essentiel de ta conférence : les contacts humains nous sauveront tous ?

Aussi Joan se pencha-t-elle, main tendue, vers la jeune fille.

— Ça va, ma chérie ?

Un sourire éclatant barra le visage de l'adolescente, dévoilant des dents si blanches qu'elles en étaient brillantes :

— Ça va. C'est juste que, vous savez, toute cette fumée...

Elle parlait avec l'accent nasal des Américains de la côte Ouest.

— Ce ne sont que des feux de forêt, dit Alice Sigurdardottir d'un ton qui se voulait aussi rassurant que possible.

La primatologue était une femme menue, d'une soixantaine d'années. Mais son visage boucané était si ridé qu'elle en paraissait beaucoup plus.

— Ce sont les habituels feux de saison d'Indonésie et de la côte est de l'Australie. Ils durent plusieurs mois désormais, tous les ans.

— Ah, fit la jeune fille, pas vraiment rassurée. Je pensais que c'était peut-être le Rabaul.

— Tu es donc au courant ? s'étonna Joan.

— Tout le monde est au courant, lâcha la gamine, un rien de morgue dans la voix. C'est une énorme caldeira volcanique en Papouasie-Nouvelle-Guinée. Juste au nord de l'Australie, c'est ça ? Au siècle dernier, c'est tout juste si on enregistrait de petites secousses et quelques éruptions tous les deux ou trois ans ; mais depuis bientôt deux semaines, il y a des tremblements de terre de niveau 1 sur l'échelle de Richter à peu près *tous les jours*.

— Je vois que tu es bien informée, dit Alice.

— J'aime savoir où je vais...

Joan hocha la tête, réprimant un sourire.

— Tu as bien raison. Mais le Rabaul n'a pas connu d'éruption importante depuis au moins mille ans. Ce ne serait vraiment pas de chance si celle-ci devait avoir lieu juste au moment où nous en approchons à moins d'une centaine de kilomètres, et...

— Je m'appelle Bex. Bex Scott.

Bex ? Probablement Rebecca... *Scott*. Évidemment.

Alison Scott était l'une des conférencières les plus éminentes attendues au congrès ; une programmatrice génétique particulièrement médiatique, et affublée de toute une ribambelle de filles, issues du génie génétique.

— Bex, tout ce noir, là dehors, ce sont vraiment des feux de forêt... Nous n'avons rien à craindre.

Bex hocha la tête à son tour, mais Joan voyait bien que, malgré son air bravache, elle n'était pas vraiment rassurée.

— Enfin, lança joyeusement Joan, si nous devons toutes finir grillées par une éruption volcanique, autant faire connaissance, non ? Je m'appelle Joan Useb. Je suis paléontologue.

— Une chasseuse de fossiles ? s'enthousiasma Bex.

— Si tu veux. Et cette dame...

— Je m'appelle Alice Sigurdardottir, dit cette dernière en tendant une main aussi maigre qu'une patte d'oiseau. Ravie de te rencontrer, Bex.

— Pardon, mais vous avez de drôles de noms, dit Bex en les dévisageant.

— Useb est un nom san, lui dit Joan. Ou plutôt sa version anglicisée. Le vrai nom est imprononçable. Ma famille a de profondes racines africaines. De très, très profondes racines...

— Quant à moi, reprit Alice, mon père était américain et ma mère, islandaise. Je suis le fruit d'une histoire d'amour militaire. Mais c'est une autre histoire.

— Le monde est fait d'échanges et de mélanges, dit Joan. L'homme est une espèce nomade, qui a semé ses noms et ses gènes sur toute la planète.

Bex regarda Alice en fronçant les sourcils.

— Votre nom me dit quelque chose. Vous étudiez les chimpanzés ?

— C'est ça, répondit Alice. En fait, je poursuis les travaux de Jane Goodall.

— Alice appartient à une longue lignée de brillantes primatologues, ajouta Joan. D'ailleurs, je me suis toujours demandé pourquoi les femmes excellaient autant dans ce domaine.

— C'est un peu un cliché, non ? fit Alice avec un sourire. Enfin, disons que l'étude du comportement des primates dans leur environnement naturel exige – *exigeait* – des dizaines d'années d'observation, parce que ces animaux eux-mêmes vivent des dizaines d'années... Cela requiert beaucoup de patience et la faculté d'observer sans intervenir. Peut-être les femmes sont-elles plus douées que les hommes pour ça ? À moins que ce n'ait été un moyen simple et efficace pour les femmes d'échapper à la domination masculine qui caractérise depuis toujours les milieux universitaires. La jungle est un endroit bien plus civilisé.

— Quoi qu'il en soit, poursuivit Joan, la tradition est maintenant bien ancrée dans les mœurs. Goodall, Birute Galdikas, Diane Fossey...

— Je suis la dernière d'une espèce en voie de disparition.

— Comme vos chimpanzés, dit Bex, étonnamment brutale et ne pouvant s'empêcher de sourire devant leur effarement. Ils ont maintenant tous quitté leurs forêts, n'est-ce pas ? Chassés par les changements climatiques ?

— Dis plutôt chassés par les braconniers, rectifia Alice en se renfrognant.

Elle fit à Bex un bref exposé des événements qui l'avaient amenée à travailler, vers la fin, au Cameroun, où les bûcherons s'étaient ouvert au bulldozer, dans les forêts autrefois vierges, des routes qu'empruntaient ensuite toutes sortes de chasseurs en mal de proies.

— Mais je croyais que c'était illégal ? demanda Bex. Que toutes ces vieilles espèces étaient protégées...

— Bien sûr que c'est illégal. Mais le braconnage rapporte de l'argent. Et puis les autochtones ont toujours chassé le singe. Le gorille était un mets de choix. Quand ton beau-père venait te voir, pas question de lui donner du poulet ! Et quand les bûcherons européens sont arrivés, ça n'a fait que s'aggraver. La viande de gorille est devenue la dernière spécialité à la mode.

Joan ne put s'empêcher de penser à ce qu'on appelait la théorie du trou noir de l'extinction : toute vie, toute chose finit par disparaître un jour au fond du trou noir situé en bas du visage de l'homme. Et maintenant ? Allons-nous continuer à dévorer ainsi la route qui mène du pied au sommet du grand arbre de la vie, jusqu'à ce qu'il n'y ait plus rien à avaler que nous-mêmes, et des algues bleues ?

— Bon, mais enfin, demanda Bex d'un air sérieux, il y a toujours des chimpanzés et des gorilles dans les zoos ?

— Seulement quelques espèces, répondit Alice. Et même celles que nous avons sauvées, comme le chimpanzé, se reproduisent très mal en captivité. Elles sont trop intelligentes. Écoute : les chimpanzés sont nos plus proches parents survivants. En liberté, ils vivaient au sein de leur famille. Ils avaient des outils. Ils se faisaient la guerre. Kanzi, la femelle à qui on avait appris des rudiments du langage des signes, était une bonobo. En avais-tu seulement entendu parler ? Aujourd'hui, il n'y a plus de bonobos. Ils ont disparu, disparu pour *toujours*. Comment pourrons-nous jamais arriver à nous comprendre alors que nous ne sommes pas arrivés à les comprendre, *eux* ?

Bex écoutait poliment, mais paraissait très loin. Joan se dit qu'elle avait probablement déjà eu sa dose de ce genre de sermon. En réalité, tout cela ne devait pas lui dire grand-chose. Ce n'étaient que les échos d'un monde mort bien avant sa naissance.

Alice laissa tomber, une pointe de regret lisible dans les plis de son front. Et pendant tout ce temps, l'avion continuait d'avancer dans les nuages gris et noirs.

Pour détendre l'atmosphère – elles n'avaient pas eu l'intention de faire un cours à cette gamine, seulement de lui changer les idées –, Joan passa à un autre sujet :

— Alice étudie des créatures qui sont toujours en vie ; mais moi, j'étudie des créatures du passé...

Bex sembla intéressée et, en réponse à ses questions, Joan lui raconta comment elle avait suivi l'exemple de sa propre mère, dont elle avait repris les travaux, principalement dans les zones désertiques situées au cœur du Kenya.

— Les gens ne laissent pas beaucoup de fossiles, Bex. Il m'a fallu des années pour apprendre à identifier ces minuscules bribes d'os perdues dans la poussière du sol. Travailler là-bas demande beaucoup d'efforts, c'est un endroit d'une sécheresse... d'ossement ; un endroit où le moindre buisson se couvre d'épines, pour que personne ne lui vole le peu d'eau qu'il recèle... Ensuite, on retourne au labo et on passe des années à analyser les fragments rapportés de ses expéditions, à essayer de comprendre comment vivait cet homo mort il y a des millions d'années, ce qui l'a tué, qui il était.

— Cet « homo » ? demanda Bex, intriguée.

— Excuse-moi, c'est le jargon du métier. Je voulais dire « hominidé »... Un hominidé désigne toute créature plus proche de l'*Homo sapiens* que du singe, comme le pithécanthrope, l'*Homo erectus* et l'homme de Neandertal.

— Tout ça à partir de fragments d'os ?

— Tout ça à partir de fragments d'os, oui. Tu sais, en deux siècles de fouilles, nous n'avons pas réussi à déterrer plus de deux mille individus de notre préhistoire : *deux mille personnes seulement*, sur les milliards qui ont existé avant nous et appartiennent maintenant à la nuit. Et c'est de cette poignée d'ossements que nous nous efforçons de déduire l'histoire à la fois de l'humanité et de toutes les espèces qui y ont conduit, en remontant à ce qui est arrivé à notre lignée juste après ce jour fatal où une certaine comète a frappé la Terre, exterminant les dinosaures...

Et pourtant, songea-t-elle, tant qu'on n'aura pas inventé la machine à voyager dans le temps, le patient travail des archéologues sera tout ce dont l'humanité disposera pour connaître son passé – sa seule fenêtre vers le passé.

Le regard de Bex se perdit à nouveau dans le lointain.

Joan se remémora un voyage qu'elle avait fait, quand elle avait à peu près son âge, treize ou quatorze ans. Sa mère travaillait à Hell Creek, dans le Montana, parce que le site était connu pour ses squelettes de dinosaures. On y voyait encore les traces des formidables événements qui avaient mis un terme à l'ère des dinosaures, là, dans la pierre, dans une couche d'argile grise pas plus épaisse que la main ; c'était une argile qui remontait à la limite crétacé-tertiaire, aux premières années après l'impact. Elle regorgeait de cendres retombées d'un énorme désastre.

Là, sous l'argile, sa mère avait un jour trouvé une dent.

« Joan, ce n'est pas qu'une dent. Je crois que c'est une dent de *Purgatorius*...

— De quoi ? »

Sa mère était une grande bringue, au visage perpétuellement couvert de sueur et de poussière.

« *Purgatorius*. Un mammifère de l'ère des dinosaures. Je l'ai trouvée là, sous le site recouvert par l'argile...

— Comment peux-tu savoir tout cela à partir d'une dent ?

— Facile. Regarde-la bien. Cette dent n'a pas cette forme-là par hasard... Je veux dire, tout cela résulte d'un processus bien particulier, lui-même issu de plus de cent cinquante millions d'années d'évolution. Tout est lié, tu vois ? Les mammifères ont besoin de ce genre de dents, pour pouvoir couper la viande plus rapidement, parce qu'ils doivent alimenter un métabolisme qui fonctionne lui-même à un rythme accéléré. Mais comme leurs mères leur donnent leur lait, ils n'ont pas besoin de naître avec. Les dents dont ils auront besoin ne viendront que plus tard. Tu ne t'es jamais demandé pourquoi tu avais des dents de lait ? Joan, ce que je viens de trouver va intéresser pas mal de monde. Tu veux savoir pourquoi ? Parce que c'est un *primate* ! Cette petite chose de rien du tout pourrait être tout ce qui reste de notre plus lointain ancêtre, le tien, le mien – l'ancêtre de toute l'humanité, en somme – et même celui des chimpanzés, des gorilles, des lémuriens, des... »

Et ainsi de suite. Le laïus habituel du célèbre professeur Useb. Mais, à treize ans, Joan était beaucoup plus intéressée par les fantastiques crânes de dinosaure que par la minuscule dent de rat que sa mère lui avait montrée. Néanmoins, cet épisode l'avait profondément marquée. Finalement, c'étaient ces moments-là qui avaient, plus que toute autre chose, façonné le cours de sa vie.

— ... l'objet de cette conférence, vois-tu, Bex ? disait Alice. Faire la synthèse. Nous voulons mettre en commun tout ce que nous savons de la façon dont l'homme est devenu l'homme. Nous voulons raconter l'histoire de l'humanité. Parce que c'est maintenant que se joue notre futur. Le sujet est « la globalisation de l'empathie »...

Eh oui. Le véritable objet du colloque, que seuls connaissaient Joan, Alice et quelques proches collègues, était de fonder un nouveau mouvement, de jeter les bases d'une nouvelle façon de voir les choses. Une nouvelle approche, qui pourrait, peut-être, éviter à l'homme l'autodestruction qui semblait inscrite dans ses gènes.

Bex haussa les épaules :

— Vous croyez vraiment qu'il y a des gens qui vont vous écouter, vous, une poignée de scientifiques ? Sans vouloir vous faire de peine, ça n'a jamais marché.

Joan s'obligea à sourire et répondit :

— Il n'y a pas de mal. En tout cas, nous allons essayer. Il faut bien que quelqu'un le fasse.

— D'ailleurs, tout ça ne sert plus à rien maintenant, n'est-ce pas ? Votre archéologie...

— Que veux-tu dire ?

Bex mit soudain la main devant sa bouche.

— Je crois que je ferais mieux de me taire. Maman va être furieuse.

Ses yeux de Martienne n'avaient jamais été aussi brillants.

Alice s'était réfugiée dans ses pensées, le regard perdu de l'autre côté du hublot, quelque part au milieu des volutes de fumée, émanations des feux de forêts distants d'un bon millier de kilomètres.

« Imagine que je puisse t'envoyer faire un voyage dans les strates du passé, avait dit un jour, en souriant, la mère de Joan. Cent mille ans seulement et ton joli front disparaît. Trois ou quatre millions d'années, et tu marches à quatre pattes. Vingt-cinq millions d'années, et tu retrouves ta queue ; trente-cinq millions, et voilà que tu perds tes dents et les derniers de tes traits simiesques : tu es une sorte de singe, mon enfant. Et ce n'est pas fini. Tu deviens de plus en plus petite... Il y a quarante millions d'années, tu ressemblais à un lémurien. Et pour finir... »

Et pour finir, elle n'était plus qu'une espèce de petite bête pareille à un rat, fuyant les dinosaures.

Certains soirs, on lui avait permis de dormir à la belle étoile, dans la fraîcheur du Montana. Le ciel était si vaste, si plein d'étoiles. La Voie lactée, cette galaxie vue depuis l'un de ses points les plus extrêmes, la Terre, traçait sa route dans la nuit. Ces soirs-là, Joan s'allongeait sur le sol et regardait le ciel. Elle imaginait que la Terre, si massive, s'était évaporée sous elle, avec toute sa cargaison de fossiles et d'on ne sait quoi, et qu'elle-même dérivait à l'infini, perdue dans l'espace. Elle se demandait si cette petite créature, ce *Purgatorius*, avait vu le même ciel. Quel chemin les étoiles avaient-elles parcouru en soixante-cinq millions d'années ? Et la Voie lactée, avait-elle fait un tour sur elle-même, comme ces hélices en papier avec lesquelles les enfants jouent ?

Ce soir, se dit-elle, la fumée du volcan cacherait toutes les étoiles.

PREMIÈRE PARTIE

Les ancêtres

1

Rêves de dinosaures

▼ Montana, Amérique du Nord, 65 millions d'années avant notre ère

I

Purga émergea d'un épais rideau de fougères à l'orée de la clairière. C'était la nuit, pourtant il y avait beaucoup de lumière – pas celle de la Lune, mais celle de la comète, dont la queue spectaculaire barrait le ciel sans nuages d'un horizon à l'autre, éclipsant tout, sauf les étoiles les plus brillantes.

Ce coin de forêt s'avançait dans une vaste prairie, encadrée à l'ouest par de jeunes montagnes volcaniques – qui seraient connues plus tard sous le nom de Rocheuses – et à l'est par les plaines des Appalaches. Ce soir-là, l'air était humide, mais pur. Par moments, cependant, des nappes de brume montaient du sud. Le brouillard venait de la grande mer intérieure qui à cette époque s'étendait encore loin dans le cœur de l'Amérique du Nord. La forêt était principalement composée de plantes qui avaient la capacité d'extraire l'humidité de l'air : l'écorce noueuse des araucarias était recouverte de lichen, et même les buissons de magnolias étaient envahis par la mousse. On aurait dit que la forêt tout entière avait été enduite de peinture verte.

Et partout les feuilles étaient attaquées par la pourriture, et les mousses et les fougères qui couvraient le sol étaient brunâtres. Les pluies, empoisonnées par les gaz provenant des convulsions volcaniques plus à l'ouest, menaient la vie dure aux plantes comme aux animaux. Ce n'était pas une époque des plus saines.

Pourtant, dans la clairière, les dinosaures rêvaient encore.

Dans un chatoiement de lumière dû au manteau de rosée dont la nuit avait recouvert leur cuirasse jaune et noir, les ankylosaures avaient formé un cercle défensif autour de leurs petits. Dans la douceur de l'air du crétacé, ces géants à sang froid avaient des allures de chars d'assaut.

Trouant la nuit laiteuse de ses grands yeux noirs, Purga avisa un papillon posé sur une feuille du même brun que ses ailes. Purga se dit qu'il était bien trop gras pour avoir l'air si sûr de lui. D'un bond agile, elle le saisit entre ses pattes de devant. Elle lui arracha les ailes de deux coups de ses petites incisives, puis, avec un bruit qui rappelait l'écrasement d'une pomme, elle croqua voracement l'abdomen de l'insecte. Pendant un court instant, la bouche pleine de nourriture, Purga éprouva comme une miette de bonheur dans la pénible frénésie qu'était sa vie.

Le papillon mourut rapidement. Au moins, dans sa conscience embryonnaire, sa souffrance était-elle réduite à une brève étincelle.

Son repas terminé, Purga repartit à découvert, faute d'herbes assez hautes pour s'y cacher. L'herbe avait encore tout à conquérir, à cet endroit. Cependant, il y avait une épaisse couverture de fougères, de mousses, de pins, de prêles et de jeunes conifères, et même quelques fleurs d'un violet intense. Elle se faufila à travers cet enchevêtrement de verdure, louvoyant d'un couvert à l'autre, presque silencieusement. Dans l'obscurité, il valait mieux partir seule au ravitaillement. Les prédateurs mettaient à profit les ombres de la nuit pour tendre des embuscades. Un groupe n'aurait jamais pu être aussi discret qu'un animal solitaire ; c'est pourquoi Purga rôdait toujours seule.

Pour Purga, le monde n'était qu'une plaine immense, qui s'inscrivait en teintes noires, blanches et bleues, gravées par la lumière si particulière de la comète, qui brillait derrière les nuages déchiquetés. Ses grands yeux étaient moins sensibles aux couleurs que ceux des dinosaures les mieux pourvus par la nature – certains raptors parvenaient même à distinguer des nuances situées hors des limites du spectre visible par les hommes, comme les sombres infrarouges ou certains ultraviolets crépitants –, mais Purga y voyait bien, dans la faible lumière de la nuit. Et puis, elle pouvait toujours compter sur ses moustaches, déployées en éventail devant elle, et qui faisaient office de véritable radar tactile.

Avec ses moustaches, son museau pointu, ses petites oreilles noires repliées vers l'arrière, Purga tenait plus du rongeur que du primate. Elle avait à peu près la taille d'un petit galago. À terre, elle cavalait à quatre pattes, traînant derrière elle sa longue queue touffue, pareille à celle d'un écureuil. À un observateur humain, elle aurait paru des plus étranges – son immobilité, sa façon de se tenir aux aguets avaient quelque chose de reptilien, ou, du moins, d'incomplet.

Toutefois, ainsi que Joan Useb l'apprendrait un jour, c'était bel et bien un primate, un des membres fondateurs de cette grande famille d'animaux. À travers elle coulait un fleuve moléculaire qui avait pris sa source dans un lointain passé, et se jetterait dans l'océan d'un lointain avenir. Et c'est de ce fleuve génétique, grossi et modifié par des milliers de millénaires, que devait un jour surgir l'humanité : tous les hommes et les femmes que la Terre porterait seraient les descendants des enfants de Purga.

Seulement elle n'en savait rien. D'ailleurs, elle ne se donnait même pas de nom. Elle n'avait pas conscience – contrairement aux humains, ou même aux singes ou aux chimpanzés – de sa propre existence. Son esprit était plus proche de celui du pigeon ou du rat. Elle agissait selon des schémas préétablis, régis par des mécanismes innés dont l'équilibre et les buts changeaient en permanence, lui permettant d'évoluer. Elle était comme un petit robot. Elle ne savait pas qu'elle existait.

Pourtant, elle éprouvait des sensations. Elle connaissait le plaisir – un ventre plein, la sécurité d'un terrier, les coups de museau de ses petits tandis qu'ils cherchaient sur son ventre ses mamelles minuscules –, et aussi, dans ce monde dangereux, la peur. Qui était ce qu'elle connaissait le mieux.

Elle se faufila entre les pattes des ankylosaures en train de rêver et courut sous leurs immenses ventres. Elle entendait le sourd grondement de l'interminable digestion des dinosaures, qui chargeaient l'air de pets gras et puants. Comme ils n'avaient que des ébauches de dents, tout le travail de mastication et de digestion de leurs frustes repas s'accomplissait dans leurs vastes entrailles, pendant leur sommeil.

Les ankylosaures étaient des herbivores. Mais il y avait à l'époque de féroces et puissants prédateurs. Aussi ces animaux, qui étaient plus grands que les éléphants d'Afrique, étaient-ils recouverts d'une carapace formée d'un agrégat d'os, de côtes et de vertèbres. D'énormes piquants jaunes et noirs hérissaient leur dos. Leur crâne était si lourdement cuirassé qu'il restait très peu de place pour leur cerveau. Leur queue se terminait par une sorte de lourde massue, capable d'écraser pattes et têtes.

Les dinosaures étaient trop gros pour que Purga puisse les comprendre. Son monde à elle était fait de choses plus petites : un arbre abattu ou une mare constituaient des obstacles majeurs, un scorpion pouvait se révéler un prédateur redoutable, et un mille-pattes bien gras un mets de choix. Pour elle, le troupeau de dinosaures endormis était une forêt de gigantesques pattes massives et de queues pendouillantes, qui n'avaient pas de rapport les unes avec les autres.

Purga venait chercher là quelque chose de très précieux : des crottes de dinosaure. Dans les tas immenses, fibreux, de végétation mal digérée qui jonchaient le sol boueux, ravagé, elle espérait trouver des insectes – et même des bousiers affairés à réduire ces montagnes d'excréments. Elle se mit à gratter avidement dans la matière fumante.

Tel avait été le rôle des ancêtres de l'humanité, pendant ce long été des dinosaures : relégués à la marge de la grande société des reptiles, ne sortant de leurs terriers qu'à la nuit tombée pour se nourrir des insectes trouvés dans la merde, ou du maigre butin qu'offrait la forêt.

Cette nuit-là, d'ailleurs, la moisson fut médiocre. Les bouses étaient particulièrement flasques et malodorantes. La végétation, attaquée par les éruptions volcaniques, n'avait fourni qu'une piètre pitance aux ankylosaures, et ce qui en était ressorti par l'arrière était quasiment sans intérêt pour Purga.

Elle retraversa la clairière et regagna le couvert des arbres, où de gigantesques conifères montaient jusqu'au ciel, formant comme des mâts sertis de branches, fabuleusement haut au-dessus d'elle. Çà et là poussaient quelques arbres plus petits, pareils à des palmiers, ainsi que quelques buissons, couverts de fleurs jaune pâle.

Purga grimpa vivement dans la ramure d'un ginkgo. Tout en grimpant, elle utilisa les sécrétions odoriférantes des glandes situées entre ses pattes arrière pour marquer l'arbre. Dans son monde nocturne, l'odorat et l'ouïe étaient plus importants que la vision ; et si d'autres représentants de son espèce venaient à tomber sur cette marque avant la fin de la semaine, ce signe serait un peu l'équivalent d'une enseigne au néon leur signalant qu'elle était passée par ici, et précisant même quand.

Elle aimait bien grimper, sentir ses muscles travailler en souplesse tandis qu'elle se hissait au-dessus du sol et de ses dangers, mettre à profit l'équilibre délicat que lui procurait sa longue queue – et, plus que tout, sauter, voler un bref instant d'une branche à l'autre, et exploiter tous les attributs de son corps, son sens de l'équilibre, son agilité, ses petites mains préhensiles, son acuité visuelle. Bien qu'elle fût condamnée à nicher dans des terriers à même le sol, tout en elle avait été conçu pour une vie menée dans le complexe environnement tridimensionnel des arbres, où la plupart des primates allaient trouver refuge au cours de la longue histoire de leur espèce.

En attendant, les arbres et les broussailles avaient souffert des pluies acides de ces derniers mois ; l'écorce était pourrie, et il n'y avait pas beaucoup d'insectes.

Purga était perpétuellement affamée. Elle devait

manger son poids de nourriture tous les jours – c'était la rançon du fait d'être un animal à sang chaud et de devoir produire le lait de ses deux petits, qui l'attendaient nichés dans leur terrier, au cœur de la forêt. Non sans regret, elle redescendit à toute allure du ginkgo. À la fois tenaillée par la peur et par la faim, elle explora encore un arbre ou deux, et n'eut pas plus de chance.

Soudain, elle dressa la tête, les moustaches frémissantes, écarquillant ses yeux brillants, scrutant la sombre verdoyance de la forêt. *Ça sentait la viande :* une délicieuse odeur de chair fraîche. C'est alors qu'elle entendit des pépiements désespérés et solitaires, un peu comme ceux des oisillons.

Elle fila à la vitesse de l'éclair en direction de l'odeur.

Dans une petite clairière, au pied d'un énorme et tortueux araucaria, des paquets de mousses étaient sommairement entassés les uns sur les autres. Juste à côté, une petite plaque de boue jonchée de débris se mit soudain à bouger. Puis la plaque de boue se souleva comme un couvercle, et un cou minuscule et décharné en jaillit. Une bouche en forme de bec s'ouvrit toute grande.

Tout tremblant, les écailles et le plumage encore humides de vitellus, le bébé dinosaure prit sa première inspiration. Il ressemblait à un oisillon anormalement développé.

C'était précisément ce moment que le didelphodon attendait. Ce mammifère, de la taille d'un chat, était l'un des plus grands de cette époque. Celui-ci était bas sur pattes, et son pelage était noir et argenté. Il avança la patte et saisit le bébé par son minuscule cou, l'extrayant de sa coquille pour le jeter en l'air.

La vie du bébé ne dura que le temps de ressentir quelques impressions aussi vives que brèves : fraîcheur de l'air hors de la coquille, trouble lueur de la comète, et la sensation de *voler*. Puis une chaude caverne s'ouvrit juste au-dessous de lui. La peau encore gluante de vitellus, le bébé mourut sur le coup.

Et voilà que déjà d'autres petits émergeaient de leur coquille. C'était comme si, soudain, le sol s'était mis à grouiller de bébés dinosaures. D'autres mammifères rejoignirent le didelphodon pour profiter du festin.

Une ancienne stratégie de survie était à l'œuvre. Les dinosaures étaient des reptiles qui enfouissaient leurs œufs. Certains parents avaient beau rester auprès de leur progéniture, il n'y avait pas moyen d'assurer la protection de tous les œufs et de tous les bébés, si vulnérables. Aussi les dinosaures pondaient-ils un grand nombre d'œufs, qui éclosaient tous en même temps. Il devait y avoir des dizaines de couvées en train d'éclore en ce moment même, disséminées dans cette partie de la forêt : des centaines de bébés. Il fallait que le sol de la forêt soit couvert de bébés dinosaures pour qu'il y en ait beaucoup trop, même pour les plus affamés des prédateurs. La plupart des bébés mourraient – ce serait sans conséquence. Il suffisait que certains survivent.

Mais ici, ce soir, quelque chose avait mal tourné – très mal tourné même – pour les bébés. La mère de ces petits était une chasseuse isolée de son clan. Déroutée, affamée, redoutant de servir elle-même de proie, elle avait pondu ses œufs au vieil endroit habituel – cette rookerie était vieille de plusieurs milliers d'années – et les avait recouverts de végétation pourrissante pour les tenir au chaud. Elle avait fait tout ce qu'elle avait à faire – sauf qu'elle l'avait fait au mauvais moment, et que ses petits étaient nés sans bénéficier de la protection offerte par la naissance simultanée de centaines de frères et sœurs.

Dans l'air flottait une abominable odeur de sang, au milieu de sourds grondements de prédateurs et des tristes pépiements des bébés condamnés. De très nombreuses espèces de mammifères s'étaient donné rendez-vous à cet effroyable banquet. La plus grande était représentée par le didelphodon. Il y avait également un couple de deltatheridiums – des omnivores ressemblant à des rats, qui n'étaient ni des marsupiaux ni des placentaires, mais constituaient une espèce unique en son genre, et qui ne survivrait pas aux dinosaures. Beaucoup de ces créatures recelaient un potentiel qui excédait, et de loin, ce qu'elles étaient alors ; l'une d'elles, une petite bête qui ne payait pas de mine, était l'ancêtre de la lignée qui un jour mènerait aux éléphants.

Pour l'heure, la seule chose qui les intéressait, c'était de se remplir l'estomac. N'ayant pas la patience d'attendre que tous les malheureux bébés aient fini de naître, les mammifères avaient déjà commencé à creuser le sol argileux à la recherche des œufs intacts, dévastant la couverture mousseuse dont la maman dinosaure avait recouvert le nid.

Lorsque Purga arriva, la rookerie s'était métamorphosée en charnier, en une mêlée indistincte de corps de mammifères ripaillant. Purga, descendue tardivement dans l'arène, creusa précipitamment la terre, y plongea la tête et referma la gueule sur de petits os. C'est ainsi que, la tête enfouie dans le sol, à la recherche des victuailles enterrées au fond, elle fut la dernière à percevoir le retour de la maman dinosaure.

Elle entendit un mugissement de colère et sentit la terre trembler.

Son museau encore poisseux de vitellus, Purga

releva la tête. Les autres mammifères avaient déjà regagné le couvert salvateur de la forêt. L'espace d'un instant, Purga vit la créature en entier, un improbable monstre emplumé planant dans les airs, les membres éployés, la gueule grande ouverte. Puis une longue patte crochue plongea vers elle.

Purga siffla et roula sur le côté. Elle apprenait un peu tard que c'était un nid de troodon : un tueur aussi agile que rapide – dont la spécialité était la chasse aux mammifères.

Troodon voulait dire « dent qui blesse ».

Notre Dent-qui-Blesse avait la taille d'un chien et n'était pas le plus grand des dinosaures, mais elle était intelligente et agile. Son cerveau était d'une taille comparable à celui des oiseaux aptères des ères à venir, auxquels elle ressemblait un peu. Elle y voyait aussi bien la nuit que Purga, et les grands yeux placés sur le devant de sa tête lui conféraient une vision binoculaire, idéale pour localiser ses proies, petites et rapides. Ses pattes de derrière, munies d'une longue griffe en forme de faucille, lui permettaient de bondir comme un kangourou, et avec ses pattes de devant, aplaties en forme de bêche, elle pouvait creuser le sol pour attraper et broyer les mammifères cachés sous terre.

Sa peau était recouverte d'un court manteau de plumes brillantes, développement élaboré de ce qui était autrefois des écailles. Ses plumes n'étaient pas faites pour voler, mais pour lui tenir chaud pendant la froideur des nuits. Le climat tempéré qui régnait sur Terre à cette époque permettait de se passer d'un métabolisme à sang chaud : pourvu qu'il soit assez gros, un animal à sang froid gardait sa chaleur toute la nuit, même au pôle Nord. Les plus petits dinosaures, tels les troodons, avaient, eux, besoin d'une petite couche isolante pour garder leur chaleur.

Quoi qu'il en soit, petite ou non, cette maman troodon avait l'un des plus gros cerveaux de tous les dinosaures. L'un dans l'autre, c'était une chasseuse redoutable. Qui avait ses problèmes propres.

Elle ne pouvait le savoir, mais ils avaient été causés par l'élargissement de l'Atlantique, cet énorme événement géologique qui avait marqué toute cette période du crétacé. Alors que l'Amérique dérivait vers l'ouest, la grande mer intérieure de l'Amérique du Nord avait diminué à la fois en surface et en profondeur ; tandis que non loin de la côte ouest – à quelques centaines de kilomètres du lieu de ponte de la troodon –, une chaîne de jeunes volcans s'était créée, telle une plaie à vif. L'activité volcanique avait perturbé de bien des façons le schéma complexe de la vie. Les jeunes volcans étaient presque constamment en activité, crachant cendres et fumées, chargées de soufre, qui étaient à l'origine des pluies acides. De nombreuses variétés de plantes avaient disparu, et les arbres des hauts plateaux avaient été réduits à l'état de simples troncs. Partout ailleurs, la destruction avait été plus violente : de grands doigts de lave avaient pénétré profondément au cœur des forêts.

Les mammifères, presque à la base de la chaîne alimentaire et qui constituaient l'essentiel de l'alimentation du troodon, avaient été moins affectés que la plupart des grandes espèces de dinosaures prédateurs. En fait, grâce à leur taille modeste, leur capacité à s'enfouir et leur cycle reproductif plus rapide, les mammifères étaient mieux équipés pour résister à toutes ces épreuves que les seigneurs de la Terre, plus grands.

Les troodons chassaient en meute. Or cette femelle

s'était trouvée, quelques jours auparavant, séparée des siens par un spectaculaire souffle d'air chaud craché par une fissure. Bien que seule, Dent-qui-Blesse était grosse d'œufs fertilisés lors de son dernier accouplement. C'est pourquoi elle s'était rendue au site de ponte ancestral de son clan. Au fond d'elle-même, elle avait espéré y retrouver d'autres membres de son espèce. Mais ils n'étaient pas là. Elle était seule.

Dent-qui-Blesse n'était plus toute jeune – à cinquante ans, elle avait les articulations rongées par l'arthrite et souffrait mille morts. Son âge, ses forces et son agilité déclinantes la plaçaient en position de proie : cette époque était, après tout, suffisamment riche en féroces prédateurs pour justifier les plaques d'armure qu'arboraient des créatures plus grosses que des éléphants. Elle devait se reproduire ; tous ses instincts l'y poussaient.

Elle avait pondu ses œufs, comme autrefois. Et maintenant ?

Le nid proprement dit était une fosse circulaire creusée dans la boue où elle avait déposé ses œufs avec un sens de l'ordre étonnant et une précision quasi chirurgicale. Elle avait fait en sorte que les vingt œufs ne soient pas trop proches les uns des autres, et que leur sommet oblong soit tourné vers le centre, de façon que ses bébés, en naissant, puissent se frayer un chemin vers l'extérieur. Puis elle avait recouvert les œufs d'un mélange de mousse et de terre. Elle était revenue plusieurs fois voir le nid, éprouvant la coquille de chacun des œufs du bout de ses griffes. Les œufs se portaient bien ; cela se voyait. Et les œufs avaient éclos – les petits étaient nés –, mais il n'en restait plus rien, que des lambeaux de chair sanguinolente et quelques os à moitié dévorés. Et là, au milieu du nid complètement dévasté, se tenait un mammifère, au museau plein de sang, de vitellus et de terre.

Alors, Dent-qui-Blesse ne fit qu'un bond.

Purga, aux abois, lâcha un jet d'urine et de musc, en guise de signal olfactif : *Attention ! Chasseurs de mammifères dans les parages !* Puis elle s'enfuit dans la forêt, en direction de la clairière des ankylosaures.

À l'orée de la clairière, elle hésita. Elle avait le choix entre plusieurs dangers. Elle devait échapper à la maman troodon qui la poursuivait pour regagner son terrier, où l'attendaient ses petits. Mais si elle coupait par la clairière, elle quitterait le couvert des arbres. Un rapide processus mental inconscient aboutit à la décision suivante : elle prendrait le risque de traverser la clairière à toute allure.

L'enfant d'un des géants souleva une paupière lourde de sommeil.

La lumière semblait plus brillante que jamais, et on ne voyait que Purga dans la clairière. Mais l'aube était encore loin ; ce n'était que la comète, son noyau gigantesque, lumineux et flou, ses éruptions gazeuses clairement visibles, même à travers le trouble de l'air. C'était un spectacle à la fois inquiétant et superbe, qui éveilla dans l'agile cerveau de Purga un soupçon de curiosité.

Tout en courant, elle vit du coin de l'œil passer une ombre.

Instinctivement, elle fit un écart – juste au moment où la patte du dinosaure s'abattait à l'endroit précis où elle se trouvait un instant plus tôt. Elle repartit à toute allure vers le troupeau d'ankylosaures en faisant des zigzags, s'abritant dans l'ombre des dinosaures endormis.

La troodon la traquait au milieu d'une forêt de

pattes immenses. Pourtant, même la sauvage chasseresse de mammifères devait veiller à ne pas déranger ces énormes bêtes caparaçonnées, dont la queue en forme de gourdin hérissé de piquants aurait pu l'écraser plus vite que l'éclair. Purga se glissa furtivement, au péril de sa vie, *sous* l'énorme patte levée d'un ankylosaure qui la dominait comme une lune près de l'écraser, tandis que Dent-qui-Blesse grattait le sol en sifflant de frustration.

Purga atteignit enfin l'autre bout de la clairière. Infailliblement guidée par son odorat et son instinct, elle disparut dans les broussailles.

Son terrier était d'un noir d'encre. Il y faisait si sombre que même avec ses grands yeux elle n'y voyait rien. C'était comme entrer dans une bouche énorme ouverte sur la chaleur de la Terre. Mais le terrier était plein de l'odeur familière des siens, et elle entendait les reniflements de ses deux petits tandis qu'ils s'approchaient d'elle à tâtons. Ils lui mordillèrent le ventre avec leur petite bouche chaude, à la recherche de ses mamelles. Ils étaient seuls, son compagnon était sorti chercher de quoi manger, dans la claire nuit du crétacé.

Dent-qui-Blesse n'était pas loin ; la même odeur de viande, de fourrure et de lait chaud qui avait permis à Purga de rentrer chez elle y attirerait certainement la chasseresse.

De nouveau, il y eut un changement d'ordre de priorités dans sa tête. Poussant ses petits derrière elle, elle se dirigea vers le fond du terrier, le plus loin possible de l'entrée. Contrairement à la troodon, Purga était jeune – elle n'avait, à vrai dire, que quelques mois – et c'était sa première portée. À la différence des prolifiques dinosaures, l'espèce de Purga n'avait pas beaucoup de petits. Elle ne pouvait pas se permettre de les perdre. Elle se prépara à se battre pour eux.

Il y eut un craquement derrière elle.

Le toit de terre compactée s'ouvrit, couvrant Purga et ses petits de terre. La lumière de la comète fit irruption dans le terrier, l'illuminant d'autant plus vivement qu'il y faisait nuit noire la seconde d'avant. C'était comme si une bombe venait d'exploser. Une énorme main crochue descendit du ciel et plongea dans le terrier. Les bébés se tortillèrent, poussèrent de petits cris perçants – mais l'un d'eux était déjà empalé sur l'une des griffes sanglantes. Sa vie prit fin en un instant. Il fut happé, nu et mort, hors du terrier et de la vie de Purga.

Purga poussa un sifflement de désespoir. Elle se précipita vers l'entrée du terrier, loin de la griffe. Elle sentait son dernier enfant, petite chose maladroite et nue, se ruer derrière elle. Mais l'astucieuse troodon l'avait devancée. Elle introduisit une patte à l'intérieur du terrier, détruisant les parois de terre. Puis les doigts reptiliens se refermèrent sur leur proie, et la vie du second bébé s'éteignit elle aussi, crâne et os broyés, organes réduits en bouillie.

Purga, dont l'univers venait d'être anéanti en quelques battements de cœur, retourna tant bien que mal vers l'intérieur du terrier, loin des débris de l'entrée et du toit effondrés, se faufilant au plus profond des entrailles de sa demeure. La patte griffue s'abattit plusieurs fois, telle une machine, éventrant les galeries, les exposant à la lumière laiteuse de la comète.

L'instinct de Purga la pressait de s'enfuir, d'aller vers la nuit, vers un nouveau terrier, un abri – n'importe où sauf *ici*. Et voilà qu'elle avait faim ; c'était une petite bête au métabolisme rapide, et il y avait déjà bien longtemps qu'elle avait digéré le vitellus des œufs de Dent-qui-Blesse.

Soudain, elle sentit ses forces l'abandonner.

Elle se recroquevilla tout au fond de son terrier dévasté, tremblante, passant et repassant ses pattes avant sur son museau, pour nettoyer sa fourrure. Depuis le jour de sa naissance dans ce monde de dents et de griffes gigantesques capables de surgir du ciel sans prévenir, elle avait lutté pour survivre avec toute la force de son instinct et de son agilité. Mais ses petits étaient morts. Sa raison d'être avait disparu, et elle était envahie par une sorte de désespoir.

Et tandis que Purga tremblait dans ce qui restait de son terrier, c'était tout un monde qui tremblait avec elle.

Si elle abandonnait maintenant, elle ne laisserait aucune descendance : le fleuve de son héritage moléculaire s'arrêterait ici, pour toujours. D'autres membres de son espèce se reproduiraient, bien sûr ; d'autres lignées poursuivraient leur chemin vers un lointain futur, grandiraient et évolueraient – mais pas la lignée de Purga, pas *ses* gènes.

Et il n'y aurait jamais de Joan Useb.

La vie a toujours été une question de chance.

La grande patte griffue s'abattit une nouvelle fois, à quelques centimètres seulement de Purga. Puis Dent-qui-Blesse, impatiente, fourra la tête dans le terrier. Purga recula devant ce qui ressemblait à un mur de dents s'entrechoquant.

Mais alors que le dinosaure se rapprochait, poussant des cris stridents, Purga sentit une odeur de viande et d'os brisés, et l'entêtante douceur du lait. L'haleine brûlante du monstre sentait maintenant comme les bébés de Purga.

Dans une explosion de colère, Purga se jeta en avant.

Les mâchoires claquèrent, fauchant l'air autour de

Purga comme une gigantesque machine infernale. Purga évita de justesse leurs arcs étincelants et referma ses propres dents au coin des lèvres de la dinosaure. La peau écailleuse était épaisse, mais elle sentit ses incisives inférieures s'enfoncer dans la chair chaude et douce à l'intérieur de la bouche du monstre.

Dent-qui-Blesse poussa un hurlement et retira sa tête du terrier. Accrochée par les dents à la lèvre du monstre, Purga fut tirée vers l'extérieur et soulevée très haut dans les airs, bien plus haut que le ventre écailleux de Dent-qui-Blesse, dans le froid de la nuit.

Sa rage confuse se dissipa. Elle tordit la tête, arrachant un morceau de chair au dinosaure, et tomba à la renverse. Une patte crochue chercha à l'attraper, la frôlant de près. Mais Purga était une créature des arbres, et elle effectua un rétablissement dans les airs. Elle avait encore eu de la chance. La patte était passée si près d'elle que le souffle avait soulevé le fin duvet de son ventre.

Elle retomba sur un coin de terre piétinée. Elle y resta un court instant, la respiration coupée. Déjà, les griffes et les dents revenaient à l'assaut, étrangement argentées par la lumière de la comète. Purga roula sur elle-même, se remit d'aplomb et s'enfuit en courant vers les racines du premier arbre venu. Désormais seule, les yeux grands ouverts, haletante, elle s'y recroquevilla, reprenant son souffle, à l'affût du moindre mouvement des branches.

Elle avait un bout de viande dans la bouche. Elle avait oublié qu'il venait de la dinosaure. Elle le mâchonna rapidement et l'avala, apaisant un instant la faim qui la tenaillait toujours. Puis elle risqua un œil au-dehors, à la recherche d'un abri plus sûr.

Quant à Dent-qui-Blesse, tout dans sa démarche et dans ses cris disait sa frustration.

Purga avait choisi la vie. Mais elle s'était fait une ennemie.

II

La Queue du Diable était aussi vieille que le soleil.

Le système solaire avait émergé d'un opulent nuage de matières rocheuses et de gaz tumultueux. Ébranlé par l'explosion d'une supernova, le nuage avait rapidement donné naissance à de petits planétoïdes : sortes d'agrégats de roches et de glace qui nageaient chaotiquement à travers la nuit sombre de l'espace, comme autant de poissons aveugles.

Les planétoïdes s'entrechoquèrent. La plupart du temps, ils en étaient pulvérisés, et leur substance réintégrait le nuage. Mais quelques-uns se fondaient les uns dans les autres. Et de ces explosions de violence naissaient des planètes.

Près du centre, les nouvelles planètes étaient des sortes de boules de roche, comme la Terre, cuites par les feux du soleil. Par la suite, de grands mondes brumeux virent le jour : des globes de gaz – des plus légers de tous les gaz, l'hydrogène et l'hélium, qui furent créés aux tout premiers moments de l'univers.

Autour de ces géantes gazeuses en expansion, les comètes – les derniers planétoïdes de glace – bourdonnaient comme des mouches.

Pour les comètes, c'était une période dangereuse. Nombre d'entre elles étaient attirées par les puits gravifiques de Jupiter et des autres géantes, alimentant de leur masse ces monstres grandissants. D'autres étaient précipitées, par l'effet de fronde gravitationnelle des géantes, vers le centre, brûlant et encombré, où elles entraient en collision avec les planètes.

Les rares rescapées catapultées de l'autre côté, loin du soleil, dans les sombres déserts glacés du vide intersidéral, formèrent bientôt une sorte de vague nuage de comètes, dont la course, immense et lente, pouvait les emmener à mi-distance de la plus proche voisine stellaire du soleil.

La Queue du Diable était l'une d'elles.

Dans ce néant glacé, la comète était en sécurité. Pendant la majeure partie de sa longue vie, sa voisine immédiate était aussi loin d'elle que Jupiter l'était de la Terre. Et à l'apogée de son orbite, la Queue du Diable avait encore à effectuer le tiers de son parcours avant d'atteindre l'étoile la plus proche, rejoignant enfin une zone de l'espace où le soleil lui-même n'était qu'un point perdu dans une myriade d'étoiles, et dont les planètes, masquées, étaient invisibles. Si loin de toute chaleur, la comète se refroidit rapidement. Sa glace devint aussi dure que la pierre. Et un froid à nul autre pareil grava sur sa surface à faible gravité, noircie par la poussière de silice, une sorte de pays des merveilles insensé qu'aucun œil n'admirerait jamais.

La comète vogua ainsi pendant quatre milliards d'années et demi, pendant que sur la Terre se déroulaient la danse des continents et les allées et venues des espèces.

Puis la douce force d'attraction du soleil rappela la comète à lui. Lentement, plus lentement que n'émergent les empires, la comète obéit.

Et elle commença à tomber vers la lumière.

La lueur rougeoyante de l'aube barbouilla l'horizon festonné de nuages, à l'est, et le ciel prit une étrange teinte violacée, couleur d'ecchymose. En ces temps éloignés, même l'air était différent – épais, chargé d'humidité, particulièrement riche en oxygène. Un observateur d'aujourd'hui se serait cru sur une autre planète.

Purga courait toujours, épuisée, déjà aveuglée par la lumière naissante. Elle s'était éloignée de la forêt. Il n'y avait à cet endroit que des arbres tombés, jonchant un tapis de fougères d'un vert luxuriant. Ces arbres étaient des cycas, de grands et gros arbres à l'écorce dure semblables à des palmiers – des cycadées qui évoquaient étrangement des ananas géants –, et des ginkgos aux feuilles bizarres, en forme d'éventail – une espèce déjà très ancienne, dont la lignée se prolongerait jusqu'à l'époque des hommes et même au-delà.

Dans le silence de ces instants qui précèdent l'aube, rien ne bougeait. Les troupeaux de dinosaures n'étaient pas encore réveillés, et les chasseurs nocturnes avaient déjà regagné leurs terriers et leurs nids – tous sauf Purga, coincée à découvert, et dont les nerfs mis à rude épreuve vibraient de crainte.

Quelque chose bougea dans le ciel. Elle s'aplatit contre le sol et leva les yeux.

Une forme ailée glissait très haut dans les airs, se découpant nettement en ombre chinoise sur la lumière rouge sale de l'aube. On aurait dit un avion volant à très haute altitude. Ce n'en était pas un. C'était vivant.

Instinctivement, Purga relégua le ptérosaure à l'arrière-plan de ses préoccupations. Les plus féroces créatures volantes représentaient pour elle un danger moins immédiat que les prédateurs qui se cachaient peut-être sous ces cycas : des scorpions, des araignées, voire des reptiles carnivores encore plus voraces, notamment de très nombreuses espèces de petits dinosaures, petits mais redoutables.

Elle repartit tant bien que mal en direction de l'aube

naissante. Bientôt, la végétation se raréfia, et elle escalada plusieurs dunes formées d'agrégats de sable rouge. Du haut d'une petite butte, elle avisa une étendue d'eau qui clapotait paisiblement à l'horizon. L'air était plein d'odeurs étranges, salées et curieusement électriques.

Elle était arrivée sur la rive nord de cette grande portion d'océan qui s'étendait loin dans le cœur de l'Amérique du Nord. Elle voyait d'immenses formes languides rider la surface de l'eau.

Au sud-est, où la lumière de l'aube était la plus claire, la comète semblait suspendue dans les airs. Sa tête était une masse laiteuse dont s'échappaient d'immenses fontaines de gaz d'un blanc nacré, agitées de mouvements. Sa queue fourchue, dérivant à l'opposée du soleil, semblait s'enrouler autour de la Terre, comme une écharpe frémissante et tourbillonnante. On aurait dit que quelqu'un avait tiré un coup de feu vers la Terre. Et cet immense spectacle lumineux se reflétait dans les eaux peu profondes de la mer.

Purga descendit vers la plage, léchée par les eaux sales. Le rivage était couvert de coquillages et d'algues à moitié sèches. Elle flaira ces détritus, mais les algues n'étaient qu'un magma salé et filandreux. De plus, l'eau sentait le sel ; ce n'était pas là qu'elle trouverait à boire.

Pour tout arranger, elle était de plus en plus visible, comme si un spot avait été braqué sur elle.

Elle se dirigea vers un petit arbre-fougère d'à peine un mètre de haut, et entreprit de faire entre ses racines un terrier provisoire. Mais le sable, trop mou, rebouchait les trous qu'elle creusait. Enfin, alors que le disque rouge du soleil s'élevait sur l'horizon, Purga parvint à obtenir un creux suffisamment profond pour pouvoir s'y abriter. Elle ramena sa queue derrière elle, enfouit sa tête entre ses petites pattes et ferma les yeux.

La chaleur et l'obscurité du trou lui rappelèrent la maison qu'elle avait perdue. Mais l'odeur n'était pas la même : ici, tout n'était que sel, sable, ozone, algues pourrissantes – l'odeur entêtante de la terre rencontrant la mer. Son ancien terrier sentait *son odeur*, celle de cet autre qui était son compagnon, et celle de ses petits, qui sentaient comme elle et comme son compagnon – un merveilleux mélange d'eux-mêmes. Tout cela était parti maintenant, complètement parti. Elle en eut le cœur serré, même si son cerveau n'était pas assez développé pour lui permettre de comprendre pourquoi.

Elle passa la journée à dormir, et pendant tout ce temps elle n'arrêta pas de racler et de gratter avec ses pattes le jeune sable granuleux.

La Terre du crétacé était un monde d'océans, de mers saumâtres et de rivages.

Un océan géant appelé Téthys – sorte d'extension de la Méditerranée – séparait l'Asie de l'Afrique. L'Europe n'était guère qu'un chapelet d'îles. En Afrique, même le Sahara était un plancher océanique. Le monde était chaud, si chaud qu'il n'y avait pas de glace aux pôles. Depuis quatre-vingts millions d'années, le niveau de la mer n'avait cessé de monter. La dérive des continents, qui avait suivi la séparation de la Pangée, puis la formation de hauts récifs et d'écueils crayeux le long de leurs côtes avaient provoqué l'apparition d'énormes masses de matière solide dans les océans. C'était comme si on avait mis des briques dans un récipient d'eau plein à ras bord : les océans avaient débordé et inondé les continents. Mais les immenses et peu profonds océans ne connaissaient pratiquement pas les marées, et leurs vagues étaient douces.

Jamais, à aucun autre moment de la longue histoire de la Terre, la vie des mers ne serait plus riche et plus variée. D'étonnantes floraisons de plancton peuplaient les eaux, se nourrissant de la lumière du soleil. Le plancton était à la base de la grande pyramide alimentaire des créatures océaniques. Et dans le plancton vivait une algue microscopique appelée haptophyte. Après avoir nagé librement pendant une brève période, les haptophytes se construisaient, à partir du carbonate de calcium, des petites armures élaborées. Et c'étaient des milliards et des milliards de petits corps qui, à leur mort, tombaient sur le fond chaud de la mer, où ils s'agrégeaient et durcissaient, formant une roche blanche complexe – le calcaire.

Pour finir, d'incroyables bancs de craie de plusieurs kilomètres d'épaisseur se formèrent sur le pourtour du Texas et la côte du golfe d'Amérique du Nord. Ils remontaient jusqu'à la moitié sud de l'Angleterre, le nord de l'Allemagne et du Danemark. Les savants humains nommeraient cette époque le crétacé – d'un mot latin, *creta*, qui voulait dire « craie » –, en hommage à ces monuments qui semblent défier le temps et avaient été laborieusement élaborés par le plancton.

Quand la lumière commença à s'effacer du ciel, Purga quitta son abri sommaire.

Elle se fraya, non sans mal, un chemin à travers le sable sec qui cédait sous chacun de ses pas et se soulevait en vagues autour de son ventre. Elle s'était bien reposée. Mais elle avait faim, elle se sentait perdue, et elle était accablée de solitude.

Elle arriva au sommet de la butte qu'elle avait escaladée la veille. Elle dominait une grande plaine mamelonnée qui s'étendait à l'ouest, jusqu'au pied des montagnes empanachées de fumée noire. Jadis, la vaste mer intérieure américaine recouvrait tout cela. Mais les eaux avaient reculé, laissant une plaine marécageuse, semée de grands lacs aux eaux mornes, grouillantes de vie. Des crocodiles géants nageaient comme des sous-marins d'ébène à la surface des bas-fonds. Certains avaient des oiseaux sur le dos. Il y avait des centaines d'oiseaux, et d'autres créatures volantes, comme ces ptérosaures à fourrure, qui construisaient parfois de gros radeaux au centre des lacs, pour y bâtir leur nid à l'écart des prédateurs terrestres.

Où que portât son regard, il y avait des dinosaures.

Des troupeaux d'hadrosaures – des dinosaures à bec de canard –, d'ankylosaures, et quelques groupes de lents et patauds tricératops, se retrouvaient autour de l'eau, où ils se battaient et se bousculaient. Entre leurs pattes sautaient et couraient des grenouilles et des salamandres, des iguanes et des geckos, et beaucoup de tout petits dinosaures qui claquaient des mandibules. Dans les airs résonnaient les appels et les battements d'ailes des ptérosaures et des oiseaux. À l'orée de la forêt rôdaient des raptors, venus évaluer les troupeaux en train de se chamailler.

Les hadrosaures étaient les herbivores les plus communs de cette époque. Bien qu'ils fussent plus grands que les mammifères qui leur succéderaient, tels les gnous et les antilopes, ils marchaient sur deux pattes, par foulées immenses, comme des autruches géantes, la tête pendouillante. Les mâles ouvraient la marche : on les repérait au plumet sophistiqué qui courait de leur front à leur nez. Ce panache tenait lieu de trompette naturelle, capable de produire des sons aussi graves que les notes les plus basses d'un piano.

Les plaines brumeuses retentissaient des hululements mélancoliques des hadrosaures.

Au premier plan, un troupeau d'anatotitans traversait la plaine inondée. Ce n'était pas un convoi, c'était de la nourriture. Ces immenses créatures semblaient bizarrement branlantes avec leurs puissantes pattes de derrière – plus grandes qu'un homme adulte –, leurs toutes petites pattes de devant et leur énorme queue conique. Elles emplissaient l'air du gargouillis de leurs énormes estomacs d'herbivores et du grondement plus sourd de leurs voix, qui pouvaient descendre si profondément dans les infrasons qu'aucune oreille humaine ne les aurait jamais entendues tandis qu'elles s'appelaient les unes les autres pour se rassurer.

Les anatotitans convergeaient vers un bosquet de cycas. Les feuilles adultes étaient épaisses et épineuses, mais les plus jeunes, protégées par une couronne de feuilles plus anciennes, étaient vertes et appétissantes. Les anatotitans se dressèrent sur leurs lourdes pattes de derrière et se mirent à mâchonner les jeunes pousses. Puis, comme ils piétinaient la sous-couche de fougères, des nuages d'insectes en jaillirent. La troupe de titans laissa les cycas en miettes. C'était ainsi que les anatotitans éparpillaient au loin les graines nécessaires à une repousse. Mais la végétation mettrait beaucoup de temps à panser les blessures qu'ils avaient causées.

Il y avait du bruit partout : les terribles cris pareils à des cornes de brume des hadrosaures, les beuglements des dinosaures caparaçonnés, les stridences des oiseaux, les battements d'ailes cireux des grandes volées de ptérosaures. Et, derrière tout ce vacarme, l'affreux et horrible rugissement d'une femelle tyrannosaure, la principale prédatrice de ces lieux : tous ces animaux étaient ici dans son domaine, et elle le leur faisait savoir, à eux, ainsi qu'à tout autre tyrannosaure venu la concurrencer.

Pour un être humain, cette scène aurait évoqué l'Afrique. Mais, bien qu'il y eût de grands herbivores pour tenir le rôle des antilopes, des éléphants, des hippopotames, des gnous, et des prédateurs pour les pourchasser à la façon des lions, des guépards et des hyènes, ces animaux étaient plus proches des oiseaux que des mammifères. Ils se lissaient les plumes, paradaient, se battaient, faisaient leur nid, avec d'étranges mouvements saccadés, dopés par l'oxygène qui saturait l'atmosphère. Les plus petits et les plus agiles des dinosaures qui couraient et chassaient dans les sous-bois avaient quelque chose de surréaliste : à l'époque de l'homme, il n'existerait rien de semblable à ces coureurs à deux pattes. Et dans l'Afrique du XXIe siècle, rien ne pourrait se comparer à ces deux ankylosaures qui s'apprêtaient à s'accoupler, frottant leur derrière l'un contre l'autre avec une extrême délicatesse.

C'était une terre de géants, où une créature comme Purga était perdue, condamnée, parfaitement déplacée. Mais, à l'ouest, Purga distingua une masse de forêt plus dense, qui s'épaississait au fur et à mesure qu'elle montait à l'assaut des pentes volcaniques.

Purga avait couru dans la mauvaise direction, en venant ici, au bord de la mer. Elle était une bête de la forêt et de la boue ; elle *devait* y retourner. Mais, pour cela, elle devrait traverser toute la plaine à découvert – en évitant de se faire écraser par ces pattes aussi grosses que des montagnes. Elle dévala la pente sablonneuse, en tremblant d'inquiétude.

Soudain, elle entrevit de rapides mouvements dans les fougères. Elle se précipita sous une pousse d'araucaria et s'aplatit sur le sol.

Un raptor : aussi immobile qu'une roche, en train d'épier les combats des anatotitans. C'était un deinonychus, une sorte d'oiseau sans ailes, incapable de voler. Un crocodile de pierre. L'odeur du raptor n'était pas très forte – sa peau était moins pourvue en glandes que celle des mammifères –, mais il y avait quelque chose d'âcre et de sec dans l'air, quelque chose d'épicé, qui emplit Purga d'effroi.

Il était tout près. S'il l'attrapait, il la tuerait, bien sûr, en une seconde.

Un oiseau sautilla dans un arbre au-dessus d'elle. Il avait des serres au bout de ses ailes osseuses, d'un bleu électrique, et des dents à l'intérieur du bec. Cette créature était une relique du temps jadis, un archaïsme datant de la rencontre des oiseaux, des crocodiles et des dinosaures. L'oiseau grimpait pour aller nourrir sa nichée de gras et braillards petits. Il n'avait apparemment pas vu le raptor.

Pour l'heure, celui-ci traquait une proie autrement plus intéressante.

Il y avait quelque chose de l'aigle dans les yeux blancs qu'il braquait vers le troupeau d'anatotitans. Son esprit se demandait lequel de ces titanesques herbivores ferait la proie idéale. Il s'apprêtait à foncer sur le troupeau, pour obliger l'un d'eux à s'écarter des autres, le vouant à une mort certaine.

Cela ne fut pas nécessaire.

L'un des titans adultes fut distancé par le troupeau. C'était une femelle de plus de soixante-dix ans, qui se traînait lourdement. Sa croissance ne s'était jamais arrêtée, et maintenant elle était la plus grande du troupeau – l'une des plus grandes de son espèce, en fait. Elle avait plongé sa lourde tête dans une mare couverte d'écume.

Le raptor s'avança sans bruit, d'une démarche

inexorable, en direction de la vieille femelle. Purga se tapit sous son araucaria.

Le raptor faisait trois mètres de haut. Trois mètres de muscles et d'agilité. Ses maigres pattes lui permettaient de sprinter ; sa longue queue rigide assurait son équilibre. Ses pattes de derrière étaient munies d'une griffe énorme, qui se redressait lorsqu'il marchait.

Le raptor n'était pas très futé. Son cerveau était à peine plus gros que celui d'une poule ou d'une pintade. En outre, c'était un chasseur solitaire ; il n'était pas assez malin pour chasser en meute. Il n'avait pas besoin de l'être.

La femelle anatotitan n'avait toujours aucune idée du danger qui planait sur elle.

Le raptor jaillit du sous-bois. Il bondit dans les airs, ses griffes incrustées de crasse jetèrent des éclairs funestes. Elles frappèrent juste.

Le sang gicla. La vieille femelle poussa un jappement rauque et tenta de quitter le bord de l'eau. Mais ses noires entrailles fumantes se déversèrent de la profonde et gigantesque blessure qu'elle avait au ventre et elle se prit les pattes avant dans le désordre visqueux de son agonie. Avec un bruit de tonnerre, elle tomba, la poitrine la première. Puis, dans un spasme, ses lourdes pattes se dérobèrent à leur tour, et l'énorme créature bascula sur le côté.

L'un des anatotitans de la meute jeta un coup d'œil en arrière et poussa un mugissement lugubre, si profond que Purga sentit trembler le sol. Mais le troupeau avait déjà repris sa route.

Le raptor attendait, haletant, que la femelle s'affaiblisse.

Les dinosaures étaient apparus plus de cent cinquante millions d'années auparavant, à une époque où le climat, chaud et sec, était plus propice aux reptiles qu'aux mammifères. Il n'existait alors qu'un seul et vaste continent, appelé Pangée ; ce qui avait permis aux dinosaures d'occuper l'ensemble de la planète. Par la suite, les continents s'étaient séparés, esquissant une sorte de ballet océanique. Le climat s'était joint à la danse, se déplaçant par zones à la surface de la Terre. Et les dinosaures avaient évolué à leur tour.

Les dinosaures étaient *différents*.

Ils ne chassaient pas comme les tueurs de mammifères qui viendraient plus tard. Leur sang froid ne leur permettant pas de maintenir une allure soutenue sur de longues distances, ils ne deviendraient jamais des chasseurs endurants, pourchassant leur proie comme les loups. Mais leur cœur supportait de hautes pressions. En outre, le design de leur corps rappelait beaucoup celui des oiseaux : par exemple, le torse et les os du cou de ce raptor étaient dotés d'un système de canaux qui amenait directement l'air des poumons, de sorte que l'oxygène arrivait très vite dans ses tissus. Il était donc capable de pointes de vitesse, et de mobiliser un surcroît d'énergie au moment de l'attaque.

La chasse chez les dinosaures était un moment de calme, d'attente, de silence et d'immobilité, soudain rompu par un sauvage assaut de violence.

Par rapport aux dinosaures, les mammifères n'étaient pas mal lotis. Purga était issue d'une lignée qui avait évolué pendant quelques dizaines de millions d'années, et elle était magnifiquement adaptée à la survie au sein de sa niche écologique. Mais la brutale réalité des faits liés à leur gestion de l'énergie reléguait les mammifères dans les coins en friches du monde des dinosaures. En fin de compte, les tueurs de dinosaures faisaient un meilleur usage de leur énergie que les mammifères : ce raptor courait comme une gazelle et se reposait comme un lézard. C'était cette combinaison d'excellent rendement énergétique et d'efficacité mortelle qui avait permis aux dinosaures de tenir le haut du pavé pendant si longtemps.

Le raptor était une sorte d'énorme et féroce oiseau ; en fait, une sorte de super crocodile. Mais il n'était pas *vraiment* comme ces animaux. Il ne ressemblait à rien de ce que l'homme verrait sur Terre. Ce qu'il était, aucun œil humain ne le verrait jamais.

C'était un dinosaure.

Son attaque de prédilection consistait à jaillir des fourrés et à taillader sa victime, lui infligeant de terribles blessures, pas toujours fatales. La proie pouvait encore s'enfuir, quand elle n'avait pas eu les jarrets coupés, mais elle était choquée, parfois éviscérée, en tout cas affaiblie par d'abominables plaies aux pattes et aux flancs par lesquelles elle perdait son sang. L'hygiène dentaire du raptor étant des plus douteuses – il avait vraiment une haleine méphitique –, sa morsure transmettait toutes sortes de bactéries pathogènes. Le raptor se contentait le plus souvent de suivre sa victime, réitérant parfois l'attaque, mais se contentant généralement de se laisser guider par la puanteur des blessures infectées, jusqu'à ce que sa proie finisse par s'effondrer, épuisée.

Aujourd'hui, ce raptor avait fait mouche. Sa proie avait été terrassée d'un seul coup de mâchoire. Il n'avait plus qu'à attendre qu'elle soit trop affaiblie pour se rebiffer. Il commencerait peut-être même à se repaître d'elle pendant qu'elle agonisait.

Avec le festin qui l'attendait, le raptor ne s'intéresserait probablement pas à du menu fretin comme Purga. Précautionneusement, tous ses sens en éveil, elle quitta son abri de fougères et fila de broussaille en broussaille à travers la plaine inondée. S'arrêtant parfois pour se tapir au creux des profondes empreintes laissées par le troupeau d'anatotitans, elle retrouva enfin le couvert des arbres.

Pour la première fois depuis quatre milliards d'années, la Queue du Diable entrait en contact avec la chaleur. Ses délicates sculptures de glace, plus vieilles que la Terre, se dissipèrent rapidement.

Des gaz jaillirent de ses crevasses. Bientôt, un nuage éblouissant de poussière et de gaz, gros comme la Lune, se forma autour de la comète. Le vent solaire, tout de lumière et de particules de givre, canalisa les gaz et la poussière abandonnés derrière son noyau en chute libre en deux queues jumelles de plusieurs millions de kilomètres de longueur. Elles étaient des plus ténues, mais resplendissantes de lumière.

Pour la première fois, sur Terre, des yeux virent, sans rien y comprendre, la comète approcher.

Crachant et tournant sur elle-même, des geysers de gaz toujours plus puissants fusant des ténèbres de son noyau, la Queue du Diable avançait inexorablement.

III

Une autre longue et chaude journée du crétacé s'écoula.

Purga dormit tout le long du jour, sa nouvelle famille pelotonnée dans sa chaleur. Elle ne se réveilla même pas quand ses petits se mirent à téter. Le terrier était tapissé d'une douillette couche de sa douce fourrure de primate, qui avait l'odeur, évidemment, de Purga, de son nouveau compagnon et des trois petits qui étaient la moitié d'elle-même.

Le compagnon de Purga ne se donnait pas de nom – Purga ne lui en donnait pas non plus, d'ailleurs, pas plus qu'elle ne s'en donnait à elle-même. Mais si elle avait dû lui en donner un, elle aurait pu l'appeler Second – après tout, plus jamais il n'y aurait de premier dans sa vie.

Quand elle dormait, Purga rêvait. Les primates avaient déjà un cerveau assez gros et développé pour nécessiter un toilettage de l'autoréférentiel. Elle rêvait donc, de chaleur et d'obscurité, de dents et de griffes étincelantes, et de sa propre mère, dont sa mémoire avait gardé l'image : immense.

Purga, comme tous les mammifères, était un animal à sang chaud.

Le métabolisme des animaux reposait sur le fait que les aliments étaient lentement brûlés par l'oxygène. Les premiers animaux qui avaient colonisé la terre – des poissons hoquetants, chassés du lit à demi sec de leurs petits ruisseaux, utilisant leur vessie natatoire en guise de poumon rudimentaire – avaient été contraints de se rabattre sur des mécanismes métaboliques conçus pour nager : chez ces premiers animaux terrestres, le feu métabolique avait brillé sans éclat. Cependant, leur passage décisif de la mer à la terre avait été un succès ; à cette époque, et jusque dans un lointain avenir, tous les animaux – les mammifères, les dinosaures, les crocodiles, les oiseaux, et même les serpents et les cachalots – seraient conçus selon le vieux schéma tétrapode ancestral : quatre pattes, une colonne vertébrale, des côtes, des doigts et des orteils.

Là, deux cents millions d'années avant la naissance de Purga, certains animaux avaient commencé à mettre au point un nouveau type de métabolisme. C'étaient des prédateurs, que la sélection naturelle avait amenés à brûler leur nourriture plus vite afin d'améliorer leurs performances à la chasse.

Cela supposait un nouveau design, radicalement différent. Les prédateurs ambitieux avaient besoin de manger davantage, de digérer plus vite, d'éliminer les déchets plus efficacement. Tout cela avait élevé leur taux de métabolisme, même au repos, et ils avaient dû accroître la taille des organes producteurs de chaleur – le cœur, les reins, le foie et le cerveau. Même leurs cellules travaillaient plus vite. Pour finir, ils acquirent une nouvelle température corporelle, à la fois stable et plus élevée.

Ces nouveaux corps à sang chaud avaient un avantage inattendu. Les animaux à sang froid tiraient leur chaleur de leur environnement, dont ils étaient dépendants. Ce qui n'était pas le cas de ceux à sang chaud, qui pouvaient agir avec toute l'efficacité requise au cœur des nuits les plus froides, pendant lesquelles les animaux à sang froid devaient se reposer, comme pendant les journées les plus chaudes, où les animaux à sang froid devaient rester cachés. Ils pouvaient même chasser certains animaux à sang froid – des grenouilles, des petits reptiles, des insectes – à l'aube ou au crépuscule, où leur lenteur les rendait vulnérables.

Mais ils ne pouvaient rivaliser avec les dinosaures et leur rendement énergétique inégalé.

Les rêves de Purga étaient troublés par les énormes martèlements des pattes des dinosaures, qui vaquaient à leurs incompréhensibles activités dans le monde de la lumière. Le sol tremblait comme s'il y avait eu un séisme, et les parois du terrier, ébranlées, se fendillaient, s'effritant sur la famille endormie. On aurait dit que le monde était plein de gratte-ciel en marche.

C'était comme ça. Pour Purga, les dinosaures étaient une force de la nature, aussi incontrôlable que le climat. Dans ce monde immense et périlleux, elle était chez elle dans son terrier. L'épaisseur de terre protégeait les primates de la chaleur du jour et, la nuit, abritait du froid les bébés encore nus : la Terre elle-même était la protection de Purga contre le temps des dinosaures.

Et pourtant, dans un coin de sa minuscule tête, se trouvait une petite chapelle du souvenir, un rappel que ce n'était là ni sa première maison, ni sa première famille – un avertissement lancinant du fait qu'elle pourrait perdre également tout cela, dans un nouvel éblouissement de griffes et de dents.

Et comme la Terre tournait sur elle-même, l'air fraîchissait, les dinosaures s'installaient dans leur torpeur nocturne, et le sol, sous leurs pattes, s'éveilla. Les créatures de la nuit faisaient leur apparition : des insectes, des amphibiens – ainsi que beaucoup, beaucoup de mammifères fouisseurs, qui surgissaient comme une marée de vies miniatures autour des pattes des dinosaures, aussi grandes que des tours.

Cette nuit-là, Purga et son nouveau compagnon voyagèrent de concert. Purga, qui était un peu plus vieille et un poil plus expérimentée, ouvrait la voie. À quelques centimètres l'un de l'autre, progressant par petits bonds prudents, ils descendirent la douce pente qui menait au lac.

D'habitude, ils ne chassaient pas ensemble. Mais il faisait particulièrement sec, et leur priorité était de trouver à boire.

Cette partie de l'Amérique connaissait une période de sécheresse prolongée. Ce qui restait de l'ancienne mer intérieure n'était plus à présent qu'un bras marécageux, noyé par de nouvelles matières sédimentaires venues des Rocheuses, à l'ouest – de jeunes montagnes dont les cimes s'érodaient presque aussi vite qu'elles surgissaient. À cette époque de sécheresse relative, tout point d'eau était aussitôt assailli par une horde d'animaux, petits et grands.

C'est pourquoi la rive du lac grouillait de dinosaures.

Il y avait notamment un troupeau de tricératops, ces géants à trois cornes, dotés d'une épaisse collerette osseuse à la hauteur des épaules. On aurait dit des rhinocéros lourdement cuirassés, couchés en cercle, les féroces cornes des adultes pointées vers l'extérieur afin de dissuader les prédateurs nocturnes en maraude.

Des troupeaux d'hadrosaures à bec de canard s'étaient regroupés au bord des eaux peu profondes du lac, formant d'étonnantes masses bigarrées, où Purga et Second devaient se faufiler dans la forêt de leurs pattes immobiles, comme des fugitifs dans un immense parc décoré de sculptures. Pour le moment, les ronflements des hadrosaures composaient une cacophonie de beuglements, de mugissements et de vagissements aussi graves et lugubres que les cornes de brume des navires perdus en mer.

Purga et Second arrivèrent enfin à la rive du lac. L'eau avait encore reculé, et ils durent traverser une étendue de vase à moitié desséchée, à la fois pierreuse et couverte d'algues vertes luisantes de mucus. Purga but, les yeux grands ouverts et les moustaches frémissantes, dans la lumière inquiétante et immobile.

Une fois désaltérés, les primates se séparèrent. Second partit en quête de nourriture le long de la plage, cherchant ces petits tortillons de sable qui signalaient la présence de vers.

Purga retraversa la plage et se dirigea vers l'orée de la forêt, attirée par une puanteur alléchante.

Elle trouva bientôt l'origine de cette odeur : un poisson gisait sur un monceau de feuilles de fougères brunâtres. Sa chair était toute racornie sous sa peau argentée. Il s'était échoué loin de l'eau, et il était mort depuis plusieurs heures. Quand Purga effleura la peau du poisson, celle-ci creva, libérant une floraison de pestilences – et une masse grouillante d'asticots blancs, luisants. Purga plongea la patte dans la carcasse et engloutit de pleines bouchées d'asticots ; ces délicatesses salées craquèrent sous ses dents, libérant de délectables fluides corporels.

C'est alors qu'un nouveau poisson arriva en volant au-dessus d'elle, et atterrit un peu plus bas dans les fourrés. Étonnée, elle s'aplatit sur le sol, les moustaches frétillantes.

Une femelle dinosaure se dressait de toute sa hauteur, aussi immobile qu'un rocher, dans quelques pieds d'eau. Elle faisait presque neuf mètres de haut, avait une dentition pareille à celle des crocodiles et une sorte de grande crête rouge sur le dos. Elle avait les dents crochues, ses pattes étaient équipées de griffes affûtées comme des lames, de trente centimètres de long – qu'elle plongea soudain dans l'eau, semant toutes sortes d'étoiles à la surface. Une poignée de poissons argentés volèrent dans les airs en se tortillant convulsivement. La femelle dinosaure les happa presque tous habilement avec son long mufle.

C'était une suchomimus, une pêcheuse émérite. Son espèce avait assez récemment immigré d'Afrique, en empruntant les ponts de terre qui reliaient sporadiquement les continents. Elle pêchait un peu comme les ours. Elle pouvait attraper sa proie soit avec ses griffes, soit avec sa gueule de crocodile en écopant l'eau – auquel cas ses dents crochues faisaient merveille. Elle chassait la nuit, alors que la plupart des créatures de sa taille dormaient, parce que, la nuit, les poissons, bercés par la pénombre, remontaient à la surface, près du rivage, pour se nourrir.

Elle était suivie à quelques mètres de distance par un second suchomimus – un mâle. Comme de nombreux dinosaures, les suchomimus chassaient en couple.

La femelle frappa de nouveau l'eau, et une nouvelle pluie de poissons s'abattit sur la rive, où ils s'agitèrent brièvement, suffoquant, avant que ne s'éteigne leur minuscule étincelle de conscience. Mais la femelle ne s'intéressait guère à ces proies si faciles. Apparemment, ce qu'elle préférait, c'était le plaisir de la chasse.

Tout comme le deinosuchus qui ne la quittait pas des yeux.

Le deinosuchus était un crocodile géant. Il glissa à la surface du lac, presque sans bruit, dissimulé sous une fine couche de fougères aquatiques. Ses paupières translucides se refermèrent sur ses yeux jaunes, les protégeant des petites feuilles vertes.

C'était une femelle d'une soixantaine d'années, douze mètres de longueur, et gratifiée de nombreux petits, eux-mêmes en âge de chasser. C'était une époque bénie pour les crocodiles : en période de sécheresse, les animaux qui s'approchaient de l'eau avaient tellement soif qu'ils en oubliaient les précautions les plus élémentaires. Les proies étaient faciles, alors. De toute façon, les deinosuchus étaient des créatures capables de donner du fil à retordre même aux tyrannosaures ; peu importait le climat, il était rare qu'ils aient faim.

Les crocodiles étaient déjà anciens. Ils descendaient de prédateurs bipèdes qui avaient connu leur heure de gloire cent cinquante millions d'années auparavant. Ils avaient indéniablement réussi et dominaient les bras de mer et les lacs de toute l'Amérique du Nord, et même au-delà : ils faisaient partie des rares animaux du crétacé à mourir de vieillesse. Ils survivraient même aux humains, et à leurs lointains descendants.

Les naseaux parfaitement adaptés de la femelle deinosuchus percevaient les mouvements des deux suchomimus à l'autre bout du lac. Sa puissante queue n'esquissa qu'un battement.

Purga vit une sorte d'éruption au bord du lac. Des ptérosaures et des oiseaux quittèrent leurs nids flottants, poussant force caquètements indignés. Le suchomimus mâle eut à peine le temps de tourner sa tête inexpressive : la crocodile avait refermé sa mâchoire sur l'une de ses pattes arrière et le tirait vers elle, le faisant tomber dans la boue, brisant sa magnifique crête. Le suchomimus mugit et se débattit, cherchant à atteindre son adversaire avec ses longues griffes sanglantes. Mais la crocodile glissa au fond de l'eau, entraînant le suchomimus avec elle.

À peine une minute après l'irruption de la deinosuchus, les turbulences de son passage s'effacèrent de la surface des eaux. La femelle suchomimus semblait déconcertée par la perte soudaine de son mâle. Elle allait et venait le long de la rive, en poussant des mugissements endeuillés.

La crocodile avait tué sa proie d'une façon répugnante. La boue du rivage se retrouva mêlée de sang, et jonchée de restes du suchomimus – longues entrailles luisantes, bouts de chairs lacérées, et même sa tête, aux yeux grands ouverts, détachée de son corps. Une meute de petits raptors très agiles furent les premiers charognards à venir se repaître ; ils jaillirent des sous-bois, sautant, bondissant, tournant sur eux-mêmes, s'envoyant de violents coups de poing comme des kick-boxeurs tandis qu'ils se disputaient les plus juteux morceaux de chair.

Ils furent bientôt rejoints par des ptérosaures, qui atterrirent dans un grand fracas d'ailes. Ils marchèrent maladroitement dans la boue, les pattes et les coudes tournés vers l'extérieur comme les chauves-souris. Ils avaient une longue tête, et leur bec effilé, hérissé de dents affûtées, plongeait profondément dans les restes du suchomimus. Bientôt, d'autres ptérosaures apparurent, et le ciel devint noir d'ailes membraneuses. L'un des ptérosaures piqua en direction de deux primates en plein labeur.

Purga le vit, mais pas Second.

La mort s'annonça par un souffle d'air aux senteurs de cuir, la vision furtive d'une paire d'ailes velues fouettant le ciel. Puis deux pattes crochues s'abattirent, l'emprisonnant comme dans une cage.

Ce fut fini avant même que Second ait eu le temps de comprendre ce qui lui arrivait. Il fut happé hors du doux tumulte du sol et hissé dans le silence ; un silence seulement troublé par le formidable battement d'ailes du ptérosaure, le jeu soyeux de ses muscles, aussi forts que des câbles d'acier, et les gifles du vent. Il entr'aperçut la terre, masse vert sombre piquetée par des mares d'un bleu étincelant, qui tombait au-dessous de lui. Puis le paysage s'ouvrit majestueusement au sud-est, en direction de la comète. Sa tête était une immense lanterne extraterrestre suspendue au-dessus de la langue de mer qui s'enfonçait dans les terres à partir du golfe du Mexique.

Second n'avait qu'une envie : sortir de cette cage de chair écailleuse, retrouver la terre ferme et son terrier. Il se jeta à plusieurs reprises contre les serres qui le tenaient prisonnier, essaya de les mordiller ; mais ses petites dents ne pouvaient rien contre les écailles de l'immense créature.

Le ptérosaure se contenta de resserrer sa prise, broyant les petits os de sa proie.

Le ptérosaure était un azhdarchidé. C'était une femelle, de la taille d'un deltaplane. Sa tête massive, dépourvue de dentition, était dotée d'un bec triangulaire et d'une crête élaborée, profilée de façon aérodynamique, ce qui améliorait ses performances en vol. Ses os creux et son crâne poreux, ainsi que son corps, tout petit, contribuaient à l'alléger. Elle n'était qu'ailes et tête. On eût dit un dessin de Léonard de Vinci.

L'espar des ailes du ptérosaure était constitué d'un seul, unique et épouvantable doigt. Trois autres doigts formaient une petite serre au milieu du bord d'attaque de l'aile. Les ailes étaient maintenues déployées grâce aux pattes de derrière. Leurs quatre pattes étant ainsi mobilisées par le contrôle aérodynamique de la surface de vol, la famille des azhdarchidés n'avait pas pu se diversifier, contrairement aux volatiles, en oiseaux coureurs ou aquatiques. Pourtant, les ptérosaures étaient une espèce étonnamment réussie. Avec les oiseaux et les chauves-souris, ils furent l'un des trois seuls groupes d'animaux vertébrés à savoir voler – ils furent même les premiers. À cette époque, il y avait déjà plus de cent cinquante millions d'années que les ptérosaures assombrissaient les cieux terrestres.

Bien qu'il sache pêcher en eaux peu profondes, l'azhdarchidé se nourrissait principalement de cadavres d'animaux. Il était rare qu'il s'en prenne à des mammifères vivants. Mais Second, trop occupé à déguster un ver qu'il avait sorti de terre, ne pouvait pas savoir à quel point la formidable lumière de la comète l'avait rendu visible. Il n'était pas le seul animal dont le rythme de vie et les instincts avaient été bouleversés par cette nouvelle lumière apparue dans le ciel. Il faisait une proie tellement facile.

Second ne bougeait plus, cloîtré dans sa douleur, battu par un vent de plus en plus froid.

Il voyait les reflets bleus de la comète briller à travers la peau translucide des ailes étendues au-dessus de lui. Elles grouillaient de vermine : les ailes d'un ptérosaure étaient une surface considérable de peau quasiment glabre, parcourue par un treillis de veines qui constituait un puissant piège pour les parasites. Chaque centimètre carré des ailes du ptérosaure était parcouru par un réseau sous-jacent de fibres musculaires, qui lui permettaient de contrôler son aérodynamisme avec une précision stupéfiante ; son corps était un deltaplane qu'aucun engin fabriqué de main d'homme n'égalerait jamais.

L'azhdarchidé vira sur l'aile pour éviter une traînée de nuages volcaniques qui s'attardaient au-dessus des jeunes montagnes. Traverser ces vapeurs méphitiques s'avérerait fatal pour ses ailes. Il avait l'art de repérer les courants ascendants – signalés par des cumulus qui montaient des pentes ensoleillées – et de s'en servir pour s'élever sans effort. Le monde lui apparaissait sous la forme d'une toile en trois dimensions parcourue par un lacis invisible de tapis roulants capables de l'emmener partout.

Le nid de l'azhdarchidé était situé dans l'un des contreforts des Rocheuses, au-dessus de la cime des arbres. Une paroi abrupte montait à l'assaut du ciel au-dessus d'un rebord couvert de guano, de coquilles d'œuf, d'os et de becs. Les oisillons parcouraient bruyamment cette corniche, éparpillant les fragments des coquilles d'où ils étaient sortis, quelques semaines auparavant. Ils étaient trois, qui avaient déjà dévoré un quatrième frère, plus faible.

Leur mère fit jouer une épine osseuse au niveau de son poignet, modifiant la forme de ses ailes membraneuses – à la façon des volets sur les ailes d'un avion –, ce qui lui permit de ralentir sans décrocher.

Elle se dirigea vers un court éperon rocheux situé à un mètre au-dessus du rebord et s'y posa sur ses pattes arrière. Elle referma les délicates membranes de ses ailes, replia sur son dos les doigts qui lui servaient à voler, fit quelques pas, les genoux fléchis vers l'extérieur et les coudes repliés.

Enfin libre, Second alla s'écraser contre la roche nue et vit l'azhdarchidé adulte repartir d'un coup d'aile. Il essaya de creuser la roche, mais elle était trop dure pour qu'il puisse s'y enfouir.

Les oisillons s'approchèrent de lui, petits monstres teintés de bleu nuit par la lumière de la comète. Gavés de protéines grâce à la viande et au poisson que leur apportaient leurs parents, les oisillons se développaient rapidement. Mais leurs ailes n'étaient toujours pas formées, et leurs corps, ainsi que leurs têtes, paraissaient démesurément grands. Ils ressemblaient à des dinosaures en miniature.

Un premier bec mordilla l'une des pattes arrière de Second, comme pour jouer. L'odeur de son propre sang réveilla soudain en lui des souvenirs de son terrier. Il ressentit une sorte de regret. Il montra les dents. Les oisillons affamés se jetèrent alors sur lui. Un battement de cœur plus tard tout était fini, son corps réduit en lambeaux.

Mais voici que quelque chose se mettait à bouger, au-dessus de la maman azhdarchidé. Elle tordit son esquisse de cou vers le haut. Dans ces immenses cieux du crétacé, nourris d'un air riche en oxygène, s'était érigée une pyramide de prédateurs, tout aussi sauvages que leurs équivalents terrestres. Quand elle vit l'ombre immense qui rasait le ciel *au-dessus* de la couche inférieure des nuages argentés par la comète, elle sut qu'elle ne courait aucun danger.

C'était un cachalot des airs.

La plus grosse des créatures volantes jamais découvertes par l'homme était un type d'azhdarchidé baptisé quetzalcoatlus. Son envergure d'une quinzaine de mètres faisait quatre fois celle des plus grands de nos oiseaux, les condors ; en fait, il ressemblait à un petit avion.

Mais le plus grand de tous les ptérosaures appartenait à un ordre de grandeur encore supérieur.

Les immenses et délicates ailes du cachalot des airs faisaient une *centaine* de mètres d'un bout à l'autre. Ses os donnaient l'impression d'avoir été à peine ébauchés. C'étaient des sortes de tubes creux, incroyablement légers. Son bec était énorme, une véritable caverne translucide. Le principal danger qu'il avait à redouter était la lumière non filtrée du soleil en haute altitude ; mais son organisme était doté de nombreux mécanismes compensatoires, qui lui permettaient entre autres de modifier le flux sanguin dans ses puissantes ailes, ainsi que le volume de différentes poches d'air placées à des endroits stratégiques de son corps, et qui permettaient à ses organes de réguler leur température.

Il passait toute sa vie dans la stratosphère, cette mince et haute couche d'air, située au-dessus des montagnes, et même au-dessus de la plupart des nuages. Si loin du sol, il y avait encore de la vie : un plancton aérien d'insectes et d'araignées, charrié par le vent. Parfois, des essaims de moucherons ou de sauterelles étaient emportés en pleine saison des amours et se retrouvaient projetés dans ce royaume céleste. C'était la compensation à de nombreuses années de vaches maigres, et le cachalot l'engloutissait voracement dans son énorme gueule.

Bien au-dessous, s'il avait voulu regarder, le cachalot des airs aurait pu entrevoir le petit drame de

Second, des bébés azhdarchidés et de la ptérosaure. Mais, de ces hauteurs, ces événements semblaient bien lointains et de peu d'intérêt. Quand il daignait baisser le regard sur son domaine éthéré, le cachalot voyait la courbure de la Terre : la grosse ligne bleue d'air dense qui marquait l'horizon, et les reflets moirés de la comète sur la mer. Le ciel au-dessus de lui devenait violet à son zénith. Le cachalot était si haut qu'il n'y avait pas assez d'air pour diffracter la lumière ; en dépit de la luminescence de la comète, il pouvait voir les étoiles.

Le cachalot des airs pouvait faire le tour du globe, en suivant les vents stratosphériques et en cherchant les courants ascendants, sans jamais toucher terre. Son espèce ne comptait que quelques membres – le plancton aérien ne permettait pas d'en nourrir davantage –, mais ils étaient éparpillés partout autour de la planète. Il s'était accouplé trois ou quatre fois dans sa vie, attiré au-dessus des plus hauts sommets de la Terre par une horloge interne réglée sur les mouvements du soleil. L'accouplement se faisait pour la forme et n'était pas intéressant ; des animaux à la fois si énormes et si délicats ne pouvaient se permettre les exhibitions et les parades rituelles des espèces plus « terre à terre ». Cependant, de temps à autre, ils étaient animés par de très anciens instincts. Il pouvait y avoir des bagarres, souvent sauvages, presque toujours mortelles ; alors, d'énormes corps évanescents tombaient du ciel, à la grande stupéfaction des prédateurs terrestres.

Le cachalot était le produit final d'une compétition brutale pour l'évolution, dont l'enjeu principal était – globalement – la plus grande légèreté possible ; tout ce qui n'était pas strictement nécessaire avait été élagué, au fil des générations, réduit à néant ou presque. Et comme il ne se passait jamais rien dans ces si froides stratosphères, le cerveau des cachalots faisait partie de ces organes atrophiés. Le cachalot était à la fois le membre le plus étonnant et le plus idiot de sa grande famille ; son cerveau, hormis un excellent centre de commande de ses systèmes de vol élaborés, n'était guère qu'une calculette organique. C'est pourquoi le formidable spectacle qui s'étalait devant lui, celui-là même qu'aurait pu contempler un astronaute, n'évoquait rien pour lui.

Seul l'air plus chaud, riche en oxygène, de la fin du crétacé permettait à ces immenses et délicates créatures d'échapper à l'emprise de la gravité, mais jamais plus il n'y aurait une banque de gènes comme celle des ptérosaures pour fournir le matériau de base nécessaire à de telles expérimentations évolutives. Jamais plus aucune créature ne viendrait remplir cette niche écologique particulière, et dans l'avenir les nuages d'insectes portés par le vent dériveraient en paix.

Les paléontologues, en mettant au jour, fragment d'os après fragment d'os, plante fossilisée après plante fossilisée, la réalité de cette époque éloignée, n'en apprendraient que très peu sur tous ces véritables géants. La plupart des os de ptérosaures retrouvés seraient issus d'espèces marines ou bien lacustres, parce que c'est en ces endroits que les fossiles se conservent le mieux. En comparaison, les créatures qui régnaient sur le toit du monde, les hauts plateaux et le sommet des montagnes, ne laisseraient que peu de traces : leur habitat était sujet à l'érosion et à de terribles surgissements rocheux ; la plus haute chaîne montagneuse de l'ère de l'homme, l'Himalaya, n'existait même pas au crétacé.

Les enregistrements fossiles n'offriraient jamais

qu'une vision sélective et morcelée de la réalité. Il y a toujours eu des monstres et des merveilles inimaginables au sens propre du terme – comme cette immense créature volante.

Grâce aux délicats mouvements de ses index hypertrophiés, le cachalot vira sur l'aile et fila comme une flèche vers une couche particulièrement riche en plancton aérien.

Cette cruelle nuit n'était pas encore finie pour Purga.

En dépit de la perte de Second, elle continua à farfouiller. Elle n'avait pas le choix. La mort était la règle, la vie continuait. Pas le temps de s'apitoyer.

Mais quand elle regagna son terrier, une petite tête étroite sortit de l'obscurité et s'avança vers elle : museau mobile, toujours en mouvement, yeux noirs et brillants, moustaches frétillantes : c'était l'un des siens, un autre mâle.

Elle siffla et quitta l'entrée du terrier. Ça sentait le sang. Le sang de ses petits.

Ça avait recommencé. Sans hésiter, Purga se jeta sur le mâle. Mais il était gras et fort – sans aucun doute était-il un excellent chasseur – et il la repoussa sans difficulté.

Désespérée, elle sortit dans la lumière de cette aube si dangereuse, où les dinosaures, hauts comme des montagnes, commençaient à s'éveiller. Dans l'air résonnaient déjà les lointains appels des hadrosaures. Elle se dirigea vers un vieux bosquet de fougères qu'elle connaissait, et dont le sol autour des racines était sec et facile à creuser. Elle s'y enfouit rapidement, indifférente aux contorsions humides des vers et des cafards. Elle resta là, à l'abri de son cocon de terre, toute tremblante, essayant de chasser de son esprit l'odeur macabre du sang de ses petits.

Le drôle de mâle, ayant flairé les marques olfactives de Purga – qui sentait la femelle fertile –, avait remonté la piste jusqu'à son terrier, en prenant soin de recouvrir les traces de Purga avec les siennes, de façon à cacher sa présence aux autres mâles.

Quand il était entré dans le terrier, les petits s'étaient approchés de l'étranger, dont le signal « je-suis-de-votre-espèce » l'emportait sur l'aura qui aurait dû les avertir : « mais-pas-de-votre-famille ». Il sentait, aux odeurs de fourrures et de crottes, qu'une femelle saine et fertile vivait ici. La femelle pouvait lui servir, mais pas les petits. Sans eux, la femelle serait d'autant plus motivée pour élever la portée qu'il comptait lui donner.

Pour le mâle, ce n'était qu'une question de logique. Deux des petits, les plus forts, commençaient déjà à lui mordiller le ventre, à la recherche de lait, en dépit du fait qu'il avait déjà croqué leur petite sœur.

La nuit suivante, le mâle retrouva Purga grâce aux traces olfactives qu'elle avait laissées. Il puait toujours ses bébés morts, cette part d'elle qui était perdue. Elle l'attaqua sauvagement.

Deux nuits plus tard, elle accepterait de se laisser approcher. Bientôt, son ventre commencerait à s'arrondir, gros des petits qu'il lui aurait fait.

C'était dur.

C'était la vie.

Cela n'aurait en rien consolé Purga de savoir que ce territoire, où avaient déjà disparu deux de ses portées, serait bientôt submergé par une vague de souffrance et de mort si terrifiante qu'elle effacerait tout ce qu'elle avait enduré jusque-là.

IV

La Terre se trouvait à présent *à l'intérieur* du trouble halo de la comète, ce nuage vaporeux qui entourait le noyau proprement dit.

Sur toute la moitié de la Terre plongée dans la nuit, on voyait la queue de la comète s'étendre à l'opposé du soleil. On aurait dit que la planète s'était engagée dans un tunnel d'étincelles. Le ciel pétillait de météores, de fragments de la comète qui se désintégraient dans la haute atmosphère, créant un spectacle lumineux qui laissait les dinosaures indifférents.

Cependant, le noyau de la comète était plus gros que n'importe quel météore. Il se déplaçait à vingt kilomètres par seconde, une vitesse interplanétaire. Il avait déjà dépassé l'orbite lunaire.

Dans moins de cinq heures, il atteindrait la Terre.

Toute la nuit, les oiseaux et les ptérosaures chantèrent leur confusion ; le jour venu, ils s'effondrèrent, épuisés. Leurs neurones n'avaient pas été programmés pour comprendre l'apparition d'une nouvelle lumière dans le ciel, et leur trouble était si profond qu'il se situait à un niveau cellulaire. Sous la surface des mers, également, cette luminescence permanente avait perturbé non seulement le plancton, mais aussi de plus grosses créatures, comme les crustacés ; les chasseurs implacables des rivages et des côtes firent bonne chère.

Seuls les grands dinosaures ne semblaient pas incommodés. La lumière de la comète ne changeait pas la température de l'air, et quand le soleil et sa vraie lumière disparaissaient derrière l'horizon, ils retrouvaient eux aussi leur torpeur habituelle. Pendant la dernière nuit d'un règne qui avait duré près de deux cents millions d'années, les maîtres de la Terre dormirent en paix.

S'il n'y avait pas eu ces œufs de tyrannosaure, le jeune giganotosaure aurait aperçu un peu plus tôt la malheureuse troodon. Au pied des montagnes, il se déplaçait en silence, dans les ombres vertes de la forêt. Son nom signifiait « géant ».

La forêt était clairsemée, uniquement composée de maigres araucarias et de bosquets de fougères, qui ponctuaient un sol jonché de roches volcaniques aux aspérités tranchantes. Rien ne bougeait. Tout ce qui pouvait se cacher s'était déjà caché ; et le reste attendait, immobile, espérant que l'ombre de la mort passerait son chemin.

Le jeune giganotosaure arriva à un amoncellement de mousses et de lichens. À première vue, cela ressemblait à un entassement de débris formé par le vent ou par le passage d'animaux. Mais Géant reconnut les grattements caractéristiques et l'odeur entêtante des carnivores.

C'était un nid.

Le ventre gargouillant en prévision de ce festin, il s'attaqua au nid et entreprit de le réduire en pièces avec ses grosses pattes de devant. Une fois les œufs à découvert, Géant plongea la griffe de son pouce avec une précision chirurgicale au sommet du plus grand. Il commença par en extraire la tête de l'embryon. Alors que le mucus et le vitellus s'égouttaient en minces filets aux couleurs éclatantes, et que le bébé se tortillait doucement, Géant vit même battre son tout petit cœur.

De même qu'il y a une ressemblance troublante entre les embryons des chimpanzés, des gorilles et des hommes, les fœtus des dinosaures étaient tous pareils. Il n'y avait aucun moyen de savoir que celui-ci aurait donné, en grandissant, une femelle tyrannosaure. Aveugle, sourd, encore immature, l'embryon luttait pour ouvrir la bouche, croyant confusément voir la grosse tête de sa mère penchée sur lui pour le nourrir. Géant goba l'embryon et l'avala sans mâcher. La vie du bébé s'éteignit, broyée par des ténèbres acides.

Aucune importance. De toute façon, même si aucun prédateur ne s'était présenté, son œuf aurait été détruit avant sa naissance, par un monstre encore plus redoutable que le giganotosaure.

Géant venait d'une souche d'Amérique du Sud qui avait emprunté un pont de terre temporaire pour atteindre ce continent, quelque mille ans plus tôt.

Dans un monde où les continents étaient des îles s'éloignant lentement les unes des autres, la faune des dinosaures s'était diversifiée. En Afrique, on trouvait des géants herbivores à long cou d'apparence archaïque, ainsi que d'énormes créatures basses sur pattes, comme les hippopotames, mais dotées de terribles pouces crochus. En Asie, il y avait de véloces petits dinosaures à corne, dont le bec ressemblait à celui des perroquets. En Amérique du Sud, les énormes sauropodes étaient la proie de prédateurs géants qui chassaient en meute ; là, on se serait cru revenu dans le passé, au temps de la Pangée. Les dents des giganotosaures avaient évolué en s'aiguisant au cours de chasses au titanosaure dans toute l'Amérique du Sud.

Géant était encore un jeune mâle, et pourtant, il était déjà plus gros que la plupart des carnivores de cette ère, à quelques exceptions près. La tête de Géant, par rapport à son corps, était encore plus grosse que celle du tyrannosaure – cependant, son cerveau était plus petit. Les giganotosaures étaient moins agiles, moins rapides, moins futés ; ils étaient plus proches des anciens allosaures, dotés de tout ce qu'il fallait pour tuer avec les dents et les pattes, alors que les tyrannosaures, dont l'évolution s'était ingéniée à développer la tête, s'étaient spécialisés dans d'immenses coups de dents que les requins eux-mêmes n'auraient pas reniés. Alors que les tyrannosaures étaient des chasseurs solitaires pratiquant l'embuscade, les giganotosaures chassaient en meute. Pour terrasser un sauropode d'une cinquantaine de mètres pesant une centaine de tonnes, nul besoin d'avoir une tête : la force brutale et un grossier travail d'équipe suffisaient – sans compter une sorte de folie frénétique.

En traversant ce pont de terre qui les avait menés dans ce nouveau pays, les giganotosaures s'étaient vus contraints d'affronter un ordre préexistant de prédateurs. Les envahisseurs avaient rapidement compris que, s'ils voulaient prendre le contrôle du pays et détrôner les carnivores dominants, ils devaient commencer par un sanglant coup d'État.

Ce qui expliquait pourquoi ce jeune giganotosaure mâle croquait à belles dents les embryons poisseux des tyrannosaures. Systématiquement, Géant brisa tous les œufs. Le nid construit avec tant de soin se transforma bientôt en un désordre de coquilles d'œufs, de lambeaux de mousse et de restes de bébés démembrés. Géant se régalait – tout en œuvrant pour sa cause.

Ce serait une passation de pouvoir. Les tyrannosaures avaient été longtemps au sommet de la pyramide des prédateurs, maîtres du pays sur plus d'une centaine de kilomètres à la ronde, comme si l'ensemble de cet écosystème si élaboré n'avait été en fait qu'une grande ferme destinée à assurer leur subsistance. De nombreuses espèces dont ils étaient les prédateurs avaient fini par s'accommoder de leur formidable présence : grâce à ses armures, armes ou manœuvres évasives, chaque espèce de proie avait atteint ce stade où la perte de quelques éléments ne menaçait en rien la survie du troupeau.

Avec le temps, tout cela aurait pu changer. Les prélèvements effectués par les envahisseurs étaient tellement élevés qu'ils auraient fait imploser la chaîne alimentaire, perturbant toutes les créatures, les grandes comme les petites, avant qu'un nouvel équilibre ne s'instaure. Et avec un peu plus de temps encore, les différentes espèces de proies auraient développé de nouveaux comportements, et surtout évolué de façon à établir de nouveaux rapports ou à se doter de carapaces leur permettant de s'accommoder des giganotosaures.

Rien de tout cela n'arriverait jamais. Le clan des giganotosaures n'aurait pas le temps d'exploiter son triomphe. Pas dans les quelques heures qui restaient.

Le nid détruit, Géant s'éloigna. Il avait encore faim. Comme toujours.

L'air, immobile et vaporeux, empestait la charogne. Quelque chose de gros venait de mourir : de la viande facile, à n'en pas douter. Il se fraya un chemin à travers un taillis de fougères et ressortit dans une autre petite clairière. Plus loin, derrière un rideau de verdure, il distinguait les flancs carbonisés d'une jeune montagne volcanique.

Un dinosaure se tenait au milieu de la clairière : un troodon, immobile au-dessus d'une petite plaque de terre dénudée.

Géant se figea. Le troodon – une femelle – ne l'avait pas vu. En outre, elle était seule ; il n'y avait nulle trace de ces compagnons attentifs qu'il avait l'habitude d'associer aux meutes de ces petits et agiles dinosaures.

Quelque chose dans sa façon de bouger n'était pas normal – autant de signes que les sinistres rouages de son cerveau de prédateur interprétèrent comme une opportunité.

Dent-qui-Blesse aurait dû pouvoir se remettre de la perte de sa couvée.

C'était une époque barbare, après tout. Le taux de mortalité infantile était formidablement élevé ; et la mort subite pouvait survenir à tout instant de la vie. Tel était le monde dans lequel la troodon avait vécu.

C'en était trop. Elle n'en pouvait plus.

Elle avait toujours été la plus faible de sa couvée. Elle n'aurait même pas dû survivre aux premiers jours de sa naissance. Seulement, le sort en avait décidé autrement en jetant les prédateurs marsupiaux en maraude sur les autres rejetons de la couvée. En grandissant, elle avait appris à surmonter ses faiblesses physiques, et elle était devenue une bonne chasseuse. Mais, dans un sombre recoin de son esprit, elle était restée la plus faible, celle à qui ses frères et sœurs volaient sa nourriture – la considérant même parfois avec un œil cannibale.

Sans compter que le lent poison des fumées et des poussières volcaniques, à l'ouest, l'avait affectée. Sans compter qu'elle se sentait vieillir. Sans compter qu'elle était encore sous le choc de la perte de ses petits. Elle n'avait pas réussi à se retirer l'odeur de Purga de la tête.

Elle n'avait pas eu beaucoup de mal à pister cette odeur de sang hors de son propre territoire, par-delà les plaines inondées, les rivages marins, jusqu'à ce nouvel endroit qui sentait tant Purga.

Dent-qui-Blesse était silencieuse et immobile. Son flair lui disait que le terrier se trouvait juste sous ses pattes. Elle se pencha en avant, colla le côté de sa tête sur le sol. Mais elle n'entendit rien. Les primates ne faisaient pas un bruit.

Alors elle attendit, des heures et des heures, pendant que le soleil montait au zénith de ce dernier jour et que la lumière de la comète devenait soudain plus vive. Elle ne bougea pas davantage quand les premières météorites zébrèrent le ciel au-dessus d'elle.

Quand bien même elle aurait su que le giganotosaure ne la quittait pas des yeux, elle n'aurait pas bougé. Même si elle avait pu comprendre ce que signifiait le fulgurant éclat de la comète, elle serait restée de marbre. Elle voulait Purga, un point c'est tout.

Que son intelligence l'ait conduite à cela était d'une cruelle ironie. Dent-qui-Blesse faisait partie de ces rares espèces de dinosaures suffisamment intelligentes pour devenir folles.

Il ne faisait pas encore nuit. Purga n'avait qu'à regarder la lumière qui brillait à l'entrée sommaire de son terrier pour le savoir. Mais où était le jour, et où était la nuit, en ces temps étranges ?

Il y avait plusieurs nuits que la clarté blafarde de la comète l'empêchait de dormir, et elle était aussi épuisée, grincheuse et affamée que son compagnon, Troisième, et que ses deux bébés survivants. Ils étaient maintenant suffisamment grands pour chasser seuls, et donc dangereux. Coincés comme ils l'étaient dans ce terrier, s'il n'y avait pas assez à manger, les membres de la famille commenceraient à s'entre-dévorer.

Différents impératifs lui passèrent par la tête, et une décision fut arrêtée. Elle devait sortir, même si ce n'était pas le moment, même si dehors tout était inondé de lumière. Elle fit quelques pas hésitants vers la sortie du terrier.

Une fois dehors, elle s'arrêta, tous ses sens en éveil. Elle n'entendait aucun bruit de pas propre à faire trembler la terre. Elle s'avança, le museau frémissant, les moustaches vibrantes.

La lumière était vive, étrange. La comète continuait

à se désagréger, striant le dôme du ciel comme autant de feux d'artifice silencieux. C'était un spectacle extraordinaire, fascinant – trop lointain pour être effrayant.

Une cage immense tomba du ciel. Purga se précipita aussitôt vers son terrier. Mais les grosses pattes furent plus rapides qu'elle, et le jeu des muscles, aussi épais que des câbles d'acier, referma les griffes autour d'elle.

En face d'elle se dressaient maintenant une muraille de dents, une centaine, un mufle horrible, des yeux reptiliens gros comme sa tête. Une gueule géante s'ouvrit, dégageant une odeur de viande.

La tête du dinosaure, avec son immense groin à peau fine, n'avait pas la mobilité musculaire de Purga. Dent-qui-Blesse avait le museau rigide, inexpressif, comme celui d'un robot. Mais même si elle n'en montrait rien, tout chez Dent-qui-Blesse était focalisé vers le petit mammifère à sang chaud emprisonné dans sa griffe.

Les pattes collées contre son corps, Purga cessa de se débattre.

Curieusement, en ce dernier instant, elle éprouva une paix étrange que même Dent-qui-Blesse lui aurait enviée. Purga n'était plus toute jeune, et ses pensées, ses mouvements étaient ralentis. En outre, elle avait accompli tout ce qu'une créature de son espèce pouvait espérer accomplir. Elle avait eu des petits. Même prisonnière de la froide griffe reptilienne de la troodon, elle les sentait encore sur sa propre fourrure. À sa façon, elle était contente. Elle mourrait – ici et maintenant, dans quelques battements de cœur –, mais l'espèce était sauve.

... c'est alors que quelque chose se mit à bouger derrière la masse énorme de la troodon, quelque chose d'encore plus énorme, une montagne en mouvement, fantastiquement silencieuse.

La femelle troodon avait fait preuve d'une incroyable imprudence. Géant se fichait pas mal de savoir pourquoi. De même qu'il se fichait éperdument de la chose chaude qu'elle tenait entre ses griffes.

Il attaqua vite, sans bruit, avec une sauvagerie inouïe, mordant Dent-qui-Blesse au cou. Elle eut le temps de ressentir le choc, une douleur incroyable – puis, alors qu'elle sombrait dans un blanc cotonneux, un certain soulagement.

Ses griffes s'ouvrirent. Une boule de poils jaillit dans les airs.

Avant même que Dent-qui-Blesse ait touché terre, Géant avait frappé de nouveau. D'un coup, il lui ouvrit le ventre et commença à en sortir les viscères. Il en expulsa le contenu en les secouant dans tous les sens, et une pluie de nourriture sanglante et à moitié digérée retomba alentour.

C'est alors que ses deux frères surgirent de l'autre côté de la clairière et le rejoignirent. Les giganotosaures chassaient ensemble, même si leurs liens étaient des plus ténus. Géant savait qu'il ne pouvait défendre sa prise, mais il était déterminé à ne pas la perdre entièrement. Tout en dévorant le foie de Dent-qui-Blesse, il se retourna pour donner des coups de dents et de griffes.

Purga se retrouva par terre. Au-dessus d'elle, des montagnes se battaient avec une sauvagerie indescriptible. Un déluge de sang et de salive pleuvait sur elle. Elle n'avait aucune idée de ce qui s'était passé. Elle s'apprêtait à mourir. Et voilà qu'elle se trouvait dans la poussière, de nouveau libre.

Et la lumière dans le ciel était de plus en plus étrange.

Le noyau de la comète aurait pu traverser en dix minutes l'espace occupé par la Terre.

Son importante exposition à la chaleur avait fait perdre à la comète une bonne partie de sa masse, mais rien de catastrophique – pour elle. Si elle avait pu continuer sur sa trajectoire et frôler le soleil, alors l'ensemble du nuage qui l'entourait se serait dissipé sous l'effet de la chaleur, dispersant son halo et sa queue dans la nuit de l'espace, le noyau poursuivant seul son rêve d'éternité.

Si elle avait pu...

Pendant des jours et des semaines, la comète avait vogué dans le ciel, mais lentement, ne se déplaçant qu'imperceptiblement, d'heure en heure, pour toutes les créatures qui levaient les yeux vers elle, sans comprendre. Maintenant, la tête chauffée à blanc *glissait* : elle glissait dans le ciel, comme le soleil couchant, elle plongeait vers l'horizon, au sud.

Le silence s'abattit sur toute la surface éclairée de la planète. Autour des lacs asséchés, des myriades d'hadrosaures levèrent les yeux. Pendant un moment, les raptors cessèrent leur traque, leur cerveau plus affûté s'efforçant de comprendre ce spectacle sans précédent. Les oiseaux et les ptérosaures quittèrent leurs nids et leurs perchoirs à grands coups d'ailes, déjà effarouchés par une menace qu'ils ne pouvaient appréhender, cherchant le refuge des cieux.

Même les giganotosaures qui se disputaient âprement leur nourriture s'interrompirent.

Purga regagna à toute allure la nuit de son terrier. La tête décapitée de la troodon tomba derrière elle, bouchant l'entrée, son regard vide absurdement tourné vers Purga.

Et la lumière changeait toujours.

2

Les chasseurs de la Pangée

▼ Pangée, 145 millions d'années avant notre ère

Quatre-vingts millions d'années avant la naissance de Purga, un ornitholeste chassait le diplodocus dans la dense forêt du jurassique.

Cet ornith était une femelle dinosaure carnivore qui avait la bougeotte. Elle avait à peu près la taille d'un être humain, mais son corps était si svelte qu'elle en pesait à peine la moitié. Elle avait de puissantes pattes arrière, une longue queue qui lui permettait de garder son équilibre et des dents en forme de cônes pointus. Sa peau était couverte d'un fin duvet de plumes marron, qui constituait un camouflage précieux dans ces parties de la forêt où elle et les siens avaient évolué, devenant des chasseurs de charognes et d'œufs. Elle ressemblait à un gros oiseau mal plumé.

Mais son front avait quelque chose de quasi humain, avec sa haute boîte crânienne qui coiffait bizarrement une face étroite, assez semblable à un museau de crocodile. Elle avait, autour de la taille, une ceinture à laquelle était accroché un fouet enroulé sur lui-même. Dans sa longue main préhensile elle tenait un outil, une sorte de pieu.

Elle avait aussi un nom, que l'on aurait pu traduire par « Celle-qui-Écoute », car, tout enfant déjà, elle disposait d'une ouïe exceptionnelle.

Celle-qui-Écoute était une femelle dinosaure avec un gros cerveau, qui fabriquait des outils et qui avait même un nom.

Hormis leur formidable capacité à tout saccager, les troupeaux d'hadrosaures et de dinosaures cuirassés de l'époque de Purga faisaient pâle figure à côté des géants du passé. Car c'est au jurassique que vécurent les plus grands animaux que la Terre ait jamais portés. Et des chasseurs armés de pieux empoisonnés les avaient pourchassés.

Celle-qui-Écoute et son compagnon se glissaient silencieusement à travers les ombres vertes à l'orée de la forêt, se déplaçant avec une coordination muette qui leur donnait l'air d'être les deux moitiés d'une seule créature. Depuis des générations, en remontant jusqu'à l'écarlate stupidité de leurs ancêtres, cette variété de carnivores avait toujours chassé en couple. Et c'est ce qu'ils faisaient à présent.

Les forêts de cette époque étaient dominées par des araucarias et des ginkgos immenses. Dans les espaces dégagés, le sol était couvert de fougères, d'arbrisseaux et de buissons de cycas en forme d'ananas. Mais il n'y avait pas de plantes à fleurs. C'était un monde plutôt fade, qui avait quelque chose d'inachevé, un monde brun et gris-vert, un monde sans couleurs, où se déplaçaient les chasseurs.

Celle-qui-Écoute fut la première à percevoir l'approche d'un troupeau de diplodocus. Elle l'entendit dans ses os, sous la forme d'un doux martèlement.

Elle s'agenouilla immédiatement, écartant les fougères et les épines de conifères, et colla sa tête au sol.

Le bruit était un grondement assourdi, comme celui d'un lointain tremblement de terre. C'étaient les voix les plus graves des diplodocus – Celle-qui-Écoute les appelait les voix-du-ventre, des vibrations sourdes qui portaient à des kilomètres à la ronde. Le troupeau de diplodocus avait dû quitter le bosquet où il avait passé la nuit, si froide, ces longues heures de trêve où chasseurs et chassés glissaient dans une immobilité sans rêve. On ne pouvait attaquer les diplodocus que lorsque leur troupeau se déplaçait, dans l'espoir d'en séparer un jeune vulnérable, ou un invalide.

Le compagnon de Celle-qui-Écoute s'appelait Stego, parce qu'il était entêté, aussi difficile à détourner de son chemin qu'un puissant – mais notoirement stupide – stégosaure. Il demanda : *Bougent-ils ?*

Oui, répondit-elle. *Ils bougent.*

Les chasseurs carnivores avaient l'habitude de travailler en silence. Aussi communiquaient-ils grâce à une sorte de langue à clics accompagnée de gestes de la main et d'inclinaisons du buste – mais sans la moindre expression faciale, puisque ces orniths avaient le faciès rigide, comme tous les dinosaures.

Quand ils approchèrent du troupeau, les bruits de ventre des énormes animaux devinrent nettement perceptibles. Ils faisaient trembler le sol : les crosses languides des fougères vibraient, la poussière dansait, comme par anticipation. Enfin, les orniths entendirent les pas de ces puissants animaux, impacts formidables et lointains, semblables aux éboulis de rochers dévalant les collines.

Les orniths atteignirent l'orée de la forêt. Le troupeau se trouvait droit devant eux.

Lorsque les diplodocus se déplaçaient, on aurait dit

que c'était tout le paysage qui bougeait, comme si les collines avaient été déracinées et glissaient nonchalamment. Un observateur humain aurait sûrement eu du mal à comprendre ce spectacle. Il y avait un problème d'*échelle* : ces énormes masses mouvantes ne pouvaient pas être d'origine animale ; elles devaient être géologiques.

La plus grosse créature de ce troupeau de quarante-trois diplodocus était une immense femelle, qui en était la matriarche depuis plus d'un siècle. Elle faisait une bonne trentaine de mètres de longueur, cinq mètres de hauteur au niveau du bassin, et pesait une vingtaine de tonnes – cela dit, même les plus jeunes du troupeau, dont certains n'avaient pas dix ans, étaient déjà plus massifs que les plus grands éléphants d'Afrique. La matriarche marchait le cou et la queue tendus à l'horizontale, le tout formant une droite parallèle au sol qui s'étendait sur plusieurs dizaines de mètres. Le poids de ses énormes entrailles était supporté par de puissantes hanches et des pattes pachydermiques. Des ligaments aussi épais que des câbles couraient le long de son immense cou, sur son dos et jusqu'au bout de sa queue, à travers des canaux qui passaient le long de sa colonne vertébrale. Le poids de son cou et de sa queue tendait les ligaments du cou, faisant contrepoids à la gigantesque masse de son torse. En fait, elle était construite comme un pont suspendu biologique.

La tête de la matriarche paraissait absurdement petite, comme si elle avait été dessinée pour un autre animal. Quoi qu'il en soit, c'était là que se trouvait le conduit par lequel passait toute sa nourriture. Elle se nourrissait en permanence, à l'aide de ses puissantes mâchoires capables d'arracher des bouchées aux troncs des arbres, mettant en branle ses énormes muscles tandis que cette médiocre nourriture était transformée. Elle mangeait même en dormant. Dans le monde luxuriant de cette fin du jurassique, trouver à manger n'était pas un problème.

Une si grosse bête ne pouvait se mouvoir qu'avec une lenteur chtonienne. Mais la matriarche n'avait rien à craindre. Elle était protégée à la fois par l'immensité de sa taille, par une rangée de piquants aussi aiguisés que des dents et par une cuirasse de plaques dorsales sommaire. Elle n'avait pas besoin d'être intelligente ou agile, ni d'avoir de bons réflexes ; son petit cerveau ne servait finalement qu'à faire fonctionner le biomécanisme de son corps immense, à bouger et à conserver son équilibre et son allure. Compte tenu de sa masse considérable, la matriarche n'était pas dénuée d'une certaine grâce un peu étrange. En somme, une ballerine de vingt tonnes.

Et le troupeau avançait, et les herbivores grondaient, reniflaient, mugissaient, irrités, quand le corps massif de l'un se mettait en travers de la route d'un autre. Et par-dessus tout ça, il y avait toujours le grondement des estomacs des diplodocus. À l'intérieur de ces puissants gésiers, des cailloux en perpétuel mouvement meulaient et broyaient la piètre pitance à peine mâchée par les petites têtes et les joues flasques. Cela faisait le bruit d'une petite usine en pleine activité.

Autour de cet immense cortège vibrionnaient tous ceux qui attachaient leurs pas à ceux des grands herbivores. Des insectes vrombissaient autour des diplodocus et de leurs montagnes de déjections, particulièrement toute une flopée de petits ptérosaures insectivores. Certains poussaient l'audace jusqu'à se poser sur les immenses dos insoucieux des diplodocus. Il y avait même une paire de disgracieux proto-oiseaux aux allures de poulets qui couraient entre leurs pattes, avalant allègrement larves, tiques et cafards. Venaient enfin les dinosaures carnivores, qui chassaient les chasseurs proprement dits. Celle-qui-Écoute aperçut une petite troupe de jeunes coelurosaures, qui s'amusaient à pourchasser leurs proies entre les pattes pareilles à des troncs d'arbre des herbivores, risquant à tout moment de se faire écraser par une patte tombant au mauvais moment ou par un coup de queue malencontreux.

C'était une immense communauté en mouvement, une ville marchant interminablement à travers la forêt qu'était le monde. C'était également la communauté à laquelle appartenait Celle-qui-Écoute – elle y avait passé toute sa vie, elle y resterait jusqu'à son dernier jour.

La matriarche diplodocus avait atteint un bosquet de ginkgos de belle taille, couverts de bourgeons appétissants. Elle tendit la tête, raidissant les câbles de son cou, afin d'y regarder de plus près. Puis elle plongea la gueule dans les branches et commença à brouter, cassant les rameaux de ses grosses dents. Les autres adultes se joignirent à elle. Les animaux se contentaient pour l'instant de rentrer dans les arbres, brisant les troncs, allant parfois jusqu'à les déraciner. Bientôt, le bosquet fut aplati. Les ginkgos mettraient des dizaines d'années à se remettre de cette petite visite. Les diplodocus changeaient la configuration du paysage. Ils laissaient derrière eux une sorte de gigantesque ébauche à ciel ouvert, un corridor de savane verte dans un monde entièrement recouvert de forêts. En fait, le troupeau ravageait tant la végétation qu'il ne pouvait faire autrement qu'avancer, telle une armée semant la destruction sur son passage.

Ce n'étaient pas les plus terribles des herbivores – cet honneur revenait aux brachiosaures, de gigantesques mangeurs d'arbres qui pesaient parfois jusqu'à soixante-dix tonnes, mais se déplaçaient seuls ou en petits groupes. Les troupeaux de diplodocus, forts parfois d'une centaine de têtes, avaient façonné le paysage comme aucun autre animal avant eux, et comme aucun autre ne le ferait après.

Ce troupeau informel poursuivait son éternel voyage vers l'est, avec des éléments sans cesse renouvelés mais toujours la même structure, depuis... *dix mille ans*. Le monde était assez vaste pour permettre des voyages aussi titanesques.

La Terre du jurassique était dominée par un seul et même continent : la Pangée, ce qui voulait dire « le Pays de toute la Terre ». C'était une puissante contrée. L'Amérique du Sud et l'Afrique s'étaient assemblées pour former une énorme plate-forme rocheuse, un supercontinent dont un fleuve colossal parcourait le cœur – un fleuve dont l'Amazone et le Congo n'étaient que des affluents.

La fusion des continents avait coïncidé avec une formidable pulsion de mort. La disparition des barrières montagneuses et océaniques avait entraîné le brassage des espèces de plantes et d'animaux. À présent, une faune et une flore uniformes s'étendaient sur toute la Pangée, d'un océan à l'autre, d'un pôle à l'autre, et cette uniformité se maintenait alors que de puissantes forces tectoniques étaient déjà à l'œuvre et s'apprêtaient à briser cette masse considérable de terre. Seule une poignée d'espèces animales avait survécu à la fusion : les insectes, les amphibiens, les reptiles – et quelques protomammifères, des créatures reptiliennes possédant certaines caractéristiques des mammifères, qui constituaient une engeance hideuse, primitive et inachevée. Et pourtant, c'est cette poignée d'espèces qui finirait par donner le coup d'envoi à tous les mammifères, y compris aux humains, et aux familles d'oiseaux, de crocodiles et de dinosaures.

Comme en réponse à l'immensité de leur territoire, les dinosaures étaient devenus immenses eux-mêmes. Il ne faisait aucun doute que leur gigantisme était parfaitement adapté à cette époque, où la végétation était variée et imprévisible. Grâce à son long cou, le diplodocus pouvait ratisser méthodiquement une zone immense sans avoir besoin de bouger, engloutissant toute la verdure à sa portée, jusqu'aux branches basses des arbres.

Mais les orniths, plus malins, représentaient pour les diplodocus un nouveau péril, un danger auquel l'évolution ne les avait pas préparés. Cependant, après plus d'un siècle d'existence, la matriarche avait fini par développer une ébauche de sagesse, et ses yeux, rougis par l'âge, trahissaient une certaine compréhension de ces véloces horreurs qui poursuivaient son espèce.

Et voilà que les patients orniths tenaient leur chance.

Les diplodocus étaient encore massés autour de ce qui restait du malheureux bosquet de ginkgos. Au bout de leur long cou, leur tête plongeait et replongeait, comme une pelleteuse, dans le feuillage massacré. Les jeunes s'efforçaient de rester auprès de leurs parents, mais pour le moment ils se sentaient exclus, oubliés par les gigantesques adultes.

Exclus, oubliés... et vulnérables.

Stego tourna la tête vers une jeune femelle diplodocus. Elle était un peu plus petite que les autres ; à peine plus grande que le plus grand des éléphants d'Afrique, une vraie nabote. Elle avait du mal à se faire une place dans le troupeau en train de fourrager, et elle attrapait ce qu'elle pouvait tout en rôdant autour des siens, avec les mouvements saccadés d'un gros oiseau balourd.

Il n'existait pas de vraie loyauté entre diplodocus. Le troupeau constituait un mode de fonctionnement pratique, et non une famille. Les diplodocus pondaient leurs œufs à la lisière des forêts, et les abandonnaient. Les petits qui réussissaient à survivre restaient à l'abri des arbres, jusqu'à ce qu'ils soient suffisamment grands pour s'aventurer dans le vaste monde, à la recherche d'un troupeau.

Il y avait une raison stratégique à la vie en troupeau : le seul nombre assurait leur protection. Par ailleurs, les troupeaux avaient besoin de sang neuf pour se renouveler. Et tant pis si un prédateur s'attaquait à l'un des jeunes : il y en aurait toujours un autre, quelque part dans l'immensité des forêts de la Pangée, pour le remplacer. Ce genre de perte était le prix à payer pour pouvoir saccager la nature.

Ce jour-là, le moment de s'acquitter de ce droit était apparemment venu, et la petite femelle rabougrie allait en faire les frais.

Celle-qui-Écoute et Stego prirent à leur ceinture leur fouet en cuir de dinosaure. Le fouet levé, le pieu prêt à frapper, ils rampèrent à travers les dures broussailles, les arbrisseaux et les fougères qui pullulaient à l'orée de la forêt. Même si les diplodocus les repéraient, ils ne réagiraient probablement pas, le programme évolutif des diplodocus ne prévoyant pas de procédure particulière pour l'arrivée d'une paire de prédateurs aussi minuscules.

Il y eut, à l'aide de subtils mouvements, hochements de tête et échanges de regards, une conversation silencieuse.

Celle-là, dit Stego.

Oui. Faible. Jeune.

Je vais courir vers le troupeau. Avec le fouet. Pour leur faire peur. Séparer la petite.

D'accord. Laisse-moi y aller d'abord...

Cela aurait dû être la routine. Mais, alors que les orniths approchaient, les coelurosaures se dispersèrent et les ptérosaures prirent lourdement leur envol.

Stego siffla entre ses dents. Celle-qui-Écoute fit volte-face.

Elle se retrouva nez à nez avec un autre ornith.

En fait, il y en avait trois. Un peu plus grands que Stego et elle. C'étaient de belles bêtes, chacune dotée de son propre type de crête, dont les écailles épineuses et colorées couraient du sommet de la tête à la base du cou. Celle-qui-Écoute sentit sa propre crête se hérisser, en réaction à un très ancien instinct.

Ces orniths étaient nus. Ils n'avaient pas de ceinture d'écorce tressée à la taille, comme Celle-qui-Écoute ; ils ne portaient ni fouet, ni pieu, et leurs longues mains étaient vides. Ils ne faisaient pas partie du peuple de chasseurs de Celle-qui-Écoute. C'étaient de lointains cousins – des orniths sauvages –, cette variété à petit cerveau dont Celle-qui-Écoute et les siens étaient issus.

Elle bondit, la gueule grande ouverte, et siffla. *Partez ! Allez-vous-en !*

Les orniths sauvages ne bougèrent pas d'une écaille. Ils regardaient Celle-qui-Écoute, bouche bée, en remuant légèrement la tête d'avant en arrière.

Celle-qui-Écoute ressentit une pointe d'inquiétude. Naguère, ces trois-là auraient fui à leur approche ; les sauvages avaient depuis longtemps appris à craindre la morsure des armes maniées par leurs cousins plus futés. Là, la faim l'emportait sur la peur. Il y avait sans doute un bon moment que ces brutes épaisses n'étaient pas tombées sur un troupeau de diplodocus, leur principale source de nourriture. Ces habiles opportunistes espéraient certainement s'approprier ce que Celle-qui-Écoute et Stego étaient partis chasser.

La forêt recouvrait toute la surface du monde, et on commençait à s'y bousculer.

Celle-qui-Écoute, à qui ces primitifs rappelaient douloureusement qu'elle avait été autrefois aussi barbare qu'eux, savait qu'elle n'avait pas intérêt à montrer sa peur. Elle fit encore, bravement, quelques pas vers les trois orniths sauvages, baissa la tête et esquissa une suite de gestes. *Si vous croyez que vous allez me voler ma pitance, vous vous trompez. Tirez-vous de là, sales bêtes.* Les abrutis lui répondirent par des crachats et des sifflements.

Ce vacarme commençait à attirer l'attention des diplodocus. La frêle femelle s'était déjà empressée de rejoindre le gros du troupeau, hors de portée des chasseurs. Et la grande matriarche elle-même parcourait les environs du regard, sa tête pivotant à la manière d'une caméra montée sur une grue.

C'était précisément l'instant que les allosaures attendaient.

Les allos se dressèrent, aussi raides que des statues, dans la pénombre verdoyante de la forêt, debout sur leurs deux grandes pattes arrière, leurs mains à trois doigts pendant au bout de leurs petits avant-bras. C'était un groupe de cinq femelles, presque adultes – et qui faisaient néanmoins déjà dix mètres de long et près de deux tonnes. Les allosaures n'étaient absolument pas intéressées par une femelle maigrichonne. Elles avaient jeté leur dévolu sur un gros diplodocus mâle, pas encore tout à fait adulte, lui non plus. Alors que le troupeau entrait en effervescence, perturbé par le tohu-bohu des orniths en train de se chamailler, ce même gros mâle se retrouva séparé de la masse protectrice des siens.

Les cinq allos attaquèrent immédiatement, sur terre et dans les airs. Avec les griffes de leurs pattes arrière, semblables à des grappins, elles lui infligèrent sur-le-champ de profondes et horribles blessures. Elles se servirent pour l'assommer de leur robuste tête, le rouèrent de coups, et plongèrent enfin dans sa chair leurs dents acérées comme des dagues. Contrairement aux tyrannosaures, elles avaient de grosses pattes, et de longs et puissants bras avec lesquels elles s'agrippaient au diplodocus tout en le lacérant.

De tous les carnivores terrestres qui virent jamais le jour, les allosaures étaient les plus lourds. On aurait dit des éléphants marchant sur les pattes de derrière, capables de courir et mangeant de la viande.

C'était un spectacle d'une violence inouïe, un carnage abominable.

Les diplodocus contre-attaquèrent. Les adultes, poussant des mugissements indignés, faisaient osciller leur cou immense au ras du sol, dans l'espoir d'écarter tout prédateur assez fou pour oser s'approcher. L'un d'eux se dressa même sur ses pattes arrière, ce qui était terriblement impressionnant à voir.

Pour finir, ils se servirent de leur arme la plus formidable. Leur queue se mit à décrire de grands mouvements de balancier, emplissant l'air de chocs sourds qui se réverbéraient dans le sol. Cent quarante-cinq millions d'années avant l'homme, les diplodocus avaient été les premiers animaux sur Terre à passer le mur du son.

Les allosaures battirent précipitamment en retraite. Cela n'empêcha pas l'une d'elles de prendre dans le dos un puissant coup de queue supersonique, qui lui brisa les côtes. Les allosaures étaient faits pour aller vite, et leurs os étaient légers ; le bout de la queue lui avait brisé trois côtes, ce qui la gênerait pendant des mois.

En attendant, l'attaque, qui n'avait duré que ces quelques terribles secondes, avait atteint son but.

L'une des immenses pattes du diplodocus mâle s'était dérobée sous son poids, ses tendons déchiquetés n'étant plus capables de le soutenir. À bout de forces, il leva la tête et poussa un mugissement à glacer le sang. Il mettrait des heures à mourir – les allosaures, comme de nombreux carnivores, adoraient s'amuser avec leur proie –, mais sa vie s'arrêtait là.

Peu à peu, le tumulte des queues fouettant l'air cessa, et le troupeau retrouva son calme.

Le point final allait être mis par la gigantesque matriarche.

Quand les allosaures avaient attaqué, les orniths, soudain unis dans la terreur, avaient fui la clairière. Maintenant, côte à côte, Celle-qui-Écoute et Stego rôdaient furtivement dans les broussailles en bordure de la forêt, leurs armes inutilisées à la main. La chasse était remise à plus tard. Mais tout n'était pas perdu. Quand les allos seraient rassasiées, il resterait peut-être encore un peu à manger sur le diplodocus mort...

C'est alors que la matriarche donna un dernier coup de son énorme queue, dont l'extrémité atteignit Stego en plein dans le dos, lui ouvrant les chairs jusqu'à l'os. Il poussa un hurlement et bascula vers l'avant, gueule ouverte, et resta à terre. Il leva une dernière fois les yeux vers Celle-qui-Écoute, et une lueur traversa ses pupilles fendues.

Déjà, l'une des allosaures s'approchait, mue par quelque macabre dessein. Celle-qui-Écoute n'arrivait plus à bouger, toujours sous le choc.

D'un bond, l'allo fondit sur Stego, qui s'agita en

hurlant dans la boue. L'allo s'amusa à lui donner quelques coups de museau, presque amicaux.

Puis, à la vitesse de l'éclair, l'allo plongea et, d'un coup de dents d'une puissance et d'une précision étonnantes, trancha la tête de Stego. Elle attrapa Stego par les épaules, l'attira à elle. Sa tête pendouillait encore, retenue par quelques lambeaux de peau, mais il avait cessé de vivre. Elle le traîna jusqu'à l'orée de la forêt, loin du troupeau, et commença à le dévorer rageusement. La mâchoire et le crâne des allos étaient munis d'articulations qui leur permettaient, à la manière des pythons, d'ouvrir immensément la gueule et de positionner leurs dents de façon à engloutir plus efficacement leur proie.

Celle-qui-Écoute s'aperçut qu'elle était en train de regarder bêtement une trace d'allosaure, une sorte de cratère à trois doigts imprimé dans la terre piétinée. *Une chasseuse sans son compagnon est comme un troupeau sans matriarche*, disait un proverbe ornith qui allait et venait dans son cerveau.

L'énorme matriarche tourna la tête et regarda Celle-qui-Écoute dans les yeux. Celle-ci comprit. Avec leurs conneries, les orniths avaient permis aux allos d'attaquer. Alors, d'un coup de queue, la matriarche avait frappé Stego. Et l'avait donné aux allos. Pour se venger.

La matriarche tourna de nouveau la tête et mugit, satisfaite.

Dans l'esprit de Celle-qui-Écoute, quelque chose se mit à durcir, un cœur noir.

Elle savait qu'elle passerait le restant de ses jours avec ce troupeau. Elle savait également que la matriarche en était la clé de voûte : protégeant les autres de sa masse, les guidant grâce à la sagesse acquise au fil du temps. Sans elle, le troupeau perdrait de sa coordination, serait plus vulnérable. Désormais, personne n'était aussi important pour Celle-qui-Écoute que la matriarche.

Et Celle-qui-Écoute se promit qu'elle aussi se vengerait.

La nuit, les orniths regagnaient leur forêt ancestrale, où ils avaient jadis chassé les mammifères, les insectes, et cherché les nids de diplodocus. Ils s'éparpillaient par petits groupes, postaient tout autour du campement des sentinelles armées jusqu'aux dents. Ce soir-là, la veillée funèbre se prolongea inhabituellement. Ce peuple d'orniths ne comptait guère plus d'une centaine de membres, et la perte d'un jeune mâle, fort et intelligent comme Stego, était un désastre.

Au cœur de cette froide nuit, Celle-qui-Écoute n'arrivait pas à fermer l'œil.

Elle regardait le ciel où une aurore boréale sculptait des formes lumineuses, vertes et pourpres. À cette époque, le champ magnétique de la Terre était trois fois plus puissant qu'à la nôtre, et lorsqu'il piégeait les vents solaires, les aurores boréales s'étendaient parfois d'un pôle à l'autre. Mais ces lumières scintillantes ne signifiaient rien pour Celle-qui-Écoute. Elles ne la réconfortaient pas. Elles n'arrivaient même pas à lui changer les idées.

Elle se réfugia dans le souvenir des jours heureux et simples où, comme leurs ancêtres, elle allait avec Stego en quête d'œufs de diplodocus. L'astuce consistait à repérer un endroit de la forêt, pas trop éloigné de la lisière, qui paraissait désert, et où le sol était couvert de feuilles. Les orniths, qui avaient l'ouïe fine, n'avaient qu'à poser l'oreille sur le sol pour entendre, avec un peu de chance, les crissements éloquents des bébés diplodocus dans leurs œufs. Celle-qui-Écoute avait toujours préféré rester près de « son » nid, jusqu'à ce que les bébés diplodocus commencent à percer leur coquille et à sortir leurs petites têtes de la boue couverte de débris.

Pour l'esprit inventif de Celle-qui-Écoute, ce n'étaient pas les jeux qui manquaient.

Elle pouvait tenter de deviner quel bébé apparaîtrait ensuite. Ou s'amuser à voir en combien de battements de paupière elle pouvait éliminer le nouvel arrivant, après qu'il eut entrevu la lumière du jour. Elle pouvait même, pour varier les plaisirs, laisser sortir de leur coquille tous ces bébés d'un mètre de long, mal assurés sur leurs pattes, dodelinant de la tête et de la queue, et dont la seule priorité était de fuir dans les profondeurs de la forêt. Elle pouvait alors laisser un bébé atteindre les broussailles – enfin, presque –, le ramener en arrière et lui arracher les pattes une à une, ou lui sectionner la queue d'un coup de dent, et tout en la rongeant, le regarder se débattre jusqu'à la fin de sa courte vie.

Tous les carnivores intelligents jouaient. C'était une façon d'apprivoiser le monde, et la façon dont les proies se comportaient permettait d'aiguiser ses réflexes. Pour leur époque, les orniths étaient des carnivores particulièrement intelligents.

Un jour, une vingtaine de milliers d'années auparavant, l'un d'eux – une femelle – avait imaginé un nouveau jeu. Elle avait pris avec une de ses pattes préhensiles un bout de bois qui traînait là, et s'en était servie pour tapoter les œufs encore intacts.

La génération suivante avait transformé ce bâton en crochet pour extraire les embryons, et en pieu pour les transpercer de part en part.

Celle d'après avait testé ces nouvelles armes sur de

plus grosses proies : de jeunes diplodocus, de moins de cinq ou six ans, qui ne faisaient pas encore partie d'un troupeau mais qui constituaient déjà une belle prise dont la viande valait bien celle de plusieurs centaines d'embryons. Au même moment, un langage rudimentaire avait vu le jour, permettant aux meutes de chasseurs de communiquer entre elles.

Une sorte de course aux armements avait suivi. À cette époque où les proies étaient immenses, les efforts des orniths consistant à mettre au point des outils et un système de communication plus sophistiqués, et une société mieux structurée, furent rapidement récompensés par de meilleures et plus grosses prises. Le cerveau des orniths se développa rapidement, leur permettant de fabriquer des outils mieux adaptés, de développer leur société et de perfectionner leur langage – et ce cerveau, meilleur et plus gros lui aussi, exigea à son tour d'être mieux nourri, ce qui requérait de nouveaux outils. C'était un cercle, vertueux celui-là, qui se reproduirait plus tard, dans la longue histoire de la Terre.

Les orniths s'étaient maintenant répandus partout dans la Pangée, en suivant leurs proies qui sillonnaient le supercontinent en tous sens, le long des immenses voies ancestrales à travers la forêt.

Mais tout changeait. La Pangée était en train de se diviser, sa colonne dorsale s'affaiblissait. De profondes crevasses, larges comme des vallées, pleines de cendres et de lave, commençaient à s'ouvrir. De nouveaux océans, formant une croix, se créaient : un jour, l'Atlantique séparerait les Amériques de l'Afrique et de l'Eurasie, tandis que le puissant Téthys, à l'équateur, dissocierait l'Europe et l'Asie de l'Afrique, de l'Inde et de l'Australasie. Et la Pangée serait divisée en quatre.

C'était aussi une époque de changements climatiques, aussi rapides que drastiques. La dérive des continents donnait le jour à de nouvelles montagnes, qui arrêtaient les précipitations ; des forêts moururent, d'immenses déserts naquirent. Génération après génération, leur terrain d'action se restreignant et la végétation n'ayant pas le temps de se remettre de leurs passages dévastateurs, il y eut de moins en moins de grands troupeaux de sauropodes.

Et pourtant, sans les orniths, les sauropodes auraient pu survivre longtemps encore. Ils auraient même pu connaître le bel été des dinosaures, le crétacé.

Seulement voilà, il y avait eu les orniths...

Celle-qui-Écoute eut beau trouver d'autres compagnons, et continuer à élever de fières portées de sauvages et vigoureux petits, elle n'oublia jamais ce qui était arrivé à son premier partenaire, Stego. Elle n'osait pas affronter la matriarche. Tout le monde savait que les meilleures chances de survie du troupeau reposaient sur la vieille et puissante femelle. Il fallait donc qu'elle continue de vivre. En effet, aucune nouvelle matriarche n'était encore apparue pour la remplacer.

Mais, lentement et sûrement, Celle-qui-Écoute échafaudait son plan.

Cela lui prit dix ans. Pendant ce temps, l'effectif du troupeau de diplodocus diminua de moitié. Les allosaures aussi connaissaient un rapide déclin, leurs proies se faisant de plus en plus rares sur le supercontinent.

Enfin, au terme d'une saison particulièrement rude et sèche, on s'aperçut que la vieille commençait à boiter. Peut-être l'arthrite s'attaquait-elle à ses hanches, comme elle s'était déjà attaquée à son long cou et à sa queue.

Bientôt.

Un jour, le vent d'est apporta quelque chose à Celle-qui-Écoute. Une odeur, qu'elle n'avait pas sentie depuis bien longtemps. L'odeur du sel. Elle comprit alors que le sort de la matriarche n'était plus si important.

Les chasseurs étaient enfin d'accord à son sujet.

L'énorme femelle diplodocus avait maintenant cent vingt ans. Sa peau portait les traces des attaques vaines de divers prédateurs, et la plupart des épines osseuses de son dos étaient cassées. Et pourtant, elle continuait à grossir. Elle pesait à présent vingt-trois tonnes, un poids considérable. Mais la dégénérescence de ses os, après une vie entière passée à supporter héroïquement son énorme masse, l'obligeait à ralentir dangereusement.

Le jour où elle fut définitivement à bout de forces, il suffit de quelques minutes de petit trot vigoureux au troupeau pour qu'elle s'en retrouve séparée.

Les orniths attendaient. Cela faisait des jours qu'ils attendaient. Ils réagirent aussitôt.

Trois mâles s'avancèrent – les fils de Celle-qui-Écoute. Ils encerclèrent la matriarche, faisant claquer leurs fouets, de minces tresses de cuir tanné qui imitaient les craquements supersoniques des diplodocus.

Quelques diplodocus tournèrent vaguement la tête vers l'arrière. Ils aperçurent la matriarche et ses petits prédateurs. Plusieurs millions d'années de programmation neurale expliquaient que les diplodocus avaient encore du mal à comprendre la menace que représentaient ces frêles carnivores. Les têtes se détournèrent, et les diplodocus continuèrent à paître, comme si de rien n'était.

La matriarche voyait les minuscules créatures faire

des cabrioles devant elle. Elle poussa un grondement courroucé auquel les pierres qu'elle avait dans l'estomac joignirent leurs sombres échos. Elle essaya de lever la tête, de se dresser sur ses pattes, mais trop d'articulations étaient bloquées dans une immobilité atrocement douloureuse.

C'est alors que la seconde vague de chasseurs fit irruption. Armés de pieux empoisonnés, ils s'attaquèrent à la matriarche avec leurs pattes et leurs pieds griffus, comme jadis les allosaures, portant un coup avant de reculer.

Mais la matriarche n'avait pas vécu plus d'une centaine d'années par hasard. Rassemblant ses dernières forces, ignorant les chauds élancements provoqués par les aiguillons plantés dans sa chair, elle parvint à se relever sur ses pattes arrière. Comme un immeuble sur le point de s'écrouler, elle domina le petit groupe de carnivores, qui fuirent devant elle. Elle retomba, et cela fit comme un petit tremblement de terre, le choc envoyant dans ses pattes avant des vagues de douleur qui se répercutèrent dans les principales articulations de son corps.

Si elle avait pu fuir, si elle avait pu rattraper son troupeau, elle aurait pu survivre, et même se remettre des blessures causées par les pieux. Mais ce dernier effort, monumental, l'avait anéantie. Elle n'eut même pas le temps de souffler. De nouveau, les chasseurs s'approchèrent et la lardèrent de coups de griffes et de pieux.

Alors Celle-qui-Écoute s'avança.

Elle avait tout enlevé, jusqu'au fouet qui d'habitude pendait à sa ceinture. Elle se jeta sur la matriarche, secouée d'élancements montagneux. Le cuir épais de sa peau résistait même à ses puissants coups de griffe. Témoignage de ses anciennes blessures, des sortes de ravines grouillantes d'excroissances bulbeuses rouge et vert vif s'entrecroisaient sur sa couenne. L'odeur de chair en décomposition était presque insoutenable. Mais Celle-qui-Écoute se cramponna fermement, enfonçant ses griffes dans la chair meurtrie de la matriarche. Elle grimpa jusqu'aux épines brisées qui couraient le long du dos de la diplodocus, mordit à pleines dents la chair de son ennemie et commença à arracher une à une les écailles épineuses scellées sur son cuir.

Peut-être, dans un coin sombre de son vieux cerveau, la vénérable diplodocus se rappela-t-elle le jour où elle avait détruit la vie de cette petite ornith. Quoi qu'il en soit, sentant de nouvelles douleurs lui darder le dos, elle essaya de tourner le cou, sinon pour mettre un terme à cette torture, du moins pour voir ce qui la causait. Mais elle n'arrivait plus à bouger.

Celle-qui-Écoute poursuivit ses horribles et frénétiques travaux d'excavation jusqu'à la moelle épinière, qu'elle sectionna d'un sévère coup de dents.

La montagne de viande dura plusieurs jours, pendant lesquels le peuple de chasseurs eut la panse pleine, et ses jeunes un nouveau terrain de jeu : l'immense caverne formée par la cage thoracique de la matriarche.

Pourtant, Celle-qui-Écoute fut en butte à force critiques, hochements de tête et gestes divers. *C'est une erreur. C'était la matriarche. Nous aurions dû l'épargner, attendre qu'une autre arrive. Regarde comment le troupeau se comporte à présent, tout va de travers, il n'y a plus de discipline, et de moins en moins de membres. Maintenant, nous avons à manger. Mais demain, ce sera la famine. Tu as été aveuglée par ta colère. Nous avons été fous de t'écouter...* Et ainsi de suite.

Celle-qui-Écoute garda son avis pour elle. Elle était parfaitement consciente des dégâts occasionnés au troupeau par la perte de la matriarche. Cela l'avait affaibli, ses chances de survie se réduisaient chaque jour un peu plus. Mais elle savait que cela n'avait aucune importance, à présent. Elle avait senti l'odeur du sel.

Une fois la matriarche rongée jusqu'à l'os, le peuple de chasseurs reprit sa route, suivant, comme toujours, le corridor de savane qui menait à l'est et son sillage ancestral de désolation, de sol piétiné et d'arbres arrachés.

Jusqu'au jour où ils arrivèrent au bout de la terre. Derrière une ultime ceinture d'arbres – au pied d'une petite falaise de grès – s'étendait un océan scintillant. Les énormes diplodocus commencèrent par tourner en rond, troublés, en ce lieu inconnu, avec son odeur bizarre, électrique, d'ozone et de sel.

Les diplodocus venaient d'atteindre la côte est de ce qui serait plus tard l'Espagne. Ils contemplaient le puissant Téthys, qui s'était ouvert une voie vers l'ouest, à travers les blocs continentaux en train de se fracturer. Bientôt, les eaux du Téthys finiraient par envahir complètement toute la zone menant à la côte ouest, coupant à jamais en deux le supercontinent.

Celle-qui-Écoute se tint au bord de la falaise, emplissant de lumière ses yeux habitués à la pénombre des forêts. Elle inspira profondément l'odeur d'ozone et de sel qu'elle sentait depuis tant de jours. La matriarche était partie, complètement partie – mais cela n'avait plus aucune importance. De toute façon, maintenant qu'il avait traversé la totalité du supercontinent, le troupeau n'avait plus nulle part où aller.

Les orniths s'en seraient peut-être mieux sortis si leur civilisation avait été moins rigide. Peut-être, s'ils avaient appris à dresser les grands sauropodes – ou bien simplement à les ménager en ces temps difficiles –, auraient-ils survécu plus longtemps. Mais tout en eux criait leur origine de chasseurs et de carnivores. Même leurs mythes rudimentaires étaient pleins d'histoires de chasses, et de légendes où il était question d'un équivalent ornitholesque du Walhalla. Ils étaient des chasseurs capables de fabriquer des outils, et ils ne seraient jamais rien d'autre, jusqu'au jour où il n'y aurait plus rien à chasser.

Toute l'histoire de la grandeur et de la décadence des orniths s'était jouée en quelques milliers d'années à peine, ce qui n'était qu'une mince strate de temps par rapport aux quatre-vingts millions d'années durant lesquelles les dinosaures régneraient encore. Les orniths confectionnaient leurs outils à partir de matériaux périssables – bois, fibre végétale, cuir. Ils ne découvrirent jamais les métaux, ils n'apprirent jamais à tailler la pierre. Ils ne faisaient même pas de feux, ce qui aurait peut-être permis de retrouver des traces de leurs foyers. Ils n'existèrent qu'un court moment ; et les fines couches de roches ne garderaient aucune trace de leur crâne anormalement développé. Une fois disparus, les orniths ne devaient rien laisser aux archéologues humains – si ce n'est l'énigme de la brutale extinction des grands sauropodes. Celle-qui-Écoute et les siens, à l'instar de l'immense cachalot des airs et d'innombrables autres bêtes fabuleuses, disparaîtraient pour toujours.

Le cœur percé d'une soudaine détresse, Celle-qui-Écoute lança son pieu dans l'océan. Il disparut dans un étincellement d'eau bleue.

3

La Queue du Diable

▼ Amérique du Nord, 65 millions d'années avant notre ère

I

Il fut un temps où les collisions interplanétaires étaient utiles, une force du bien.

La Terre s'était formée près de la lumière du soleil. L'eau et les autres matières volatiles s'étaient rapidement évaporées, faisant du jeune monde un désert de roches. Et puis les comètes, venues d'au-delà du système solaire, avaient libéré leurs composants, que le froid de l'espace avait agrégés entre eux : à commencer par l'eau, qui avait rempli les océans de la Terre, puis des composés de carbone, dont la chimie devait être au cœur de toute vie. La Terre s'engageait dans une interminable alchimie au cours de laquelle de complexes molécules organiques allaient être fabriquées dans le bouillonnement aveugle des jeunes océans. Ce devait être un long prélude à la vie. Et rien de tout cela n'aurait eu lieu sans les comètes.

Le temps des collisions était à présent révolu ; c'est du moins ce qu'il semblait. Dans le nouveau système solaire, les planètes et les lunes restantes suivaient des orbites à peu près circulaires, selon un vaste mouvement d'horlogerie. Les objets dont la course était moins bien ordonnée avaient été à peu près tous éjectés.

À peu près.

La chose qui surgissait à présent de la nuit, et dont la surface – recouverte de neige sale – crépitait à la chaleur du soleil, était comme un écho de la dramatique formation de la Terre.

Ou un cauchemar.

À l'époque humaine, la péninsule du Yucatán serait une langue de terre plate qui s'enfoncerait loin au nord du Mexique, dans le golfe. Sur la côte nord de cette péninsule se trouve aujourd'hui un petit port de pêche appelé Puerto Chicxulub (ce qui se prononce Chic-chou-loube). C'est un endroit peu attrayant, une plaine crayeuse semée de trous et de sources d'eau fraîche, de broussailles et de plantations d'agaves.

Soixante-cinq millions d'années auparavant, au cours du long été humide des dinosaures, c'était le fond de l'océan. Les plaines du golfe du Mexique étaient inondées jusqu'aux contreforts de la Sierra Madre orientale. La péninsule du Yucatán gisait sous cent mètres d'eau. Les couches sédimentaires qui formeraient plus tard Cuba et Haïti étaient encore dans les profondeurs de la mer, attendant d'être soulevées au-dessus des eaux par les mouvements telluriques.

À une époque où les mers étaient chaudes et peu profondes, Chicxulub était un endroit comme les autres. C'était pourtant bien là qu'un monde allait mourir.

Chicxulub est un nom d'origine maya, un nom très ancien, forgé par un peuple aujourd'hui disparu. Maintenant qu'il n'y a plus de Mayas, plus personne ne sait comment le traduire exactement. Mais une légende locale prétend qu'il signifie « la Queue du Diable ».

Au cours de ses derniers instants, la comète, venant du sud-est, survola l'Atlantique et l'Amérique du Sud.

II

Une énorme ammonite se laissait flotter dans les eaux claires.

Cette créature des fonds marins, de la taille d'une roue de tracteur, ressemblait à une sorte d'escargot géant, à la coquille élaborée, d'où sortaient précautionneusement une tête et des pattes. Au fur et à mesure de sa croissance, elle avait accru le nombre de spirales de sa coquille, avançant d'une chambre à l'autre ; désormais, les chambres abandonnées, mais toujours reliées entre elles, servaient à la flottabilité et aux manœuvres.

L'ammonite se déplaçait avec une grâce surprenante, sa coquille spiralée, verticale, fendant les eaux. Elle regardait constamment autour d'elle, à l'aide de ses grands yeux intelligents.

Les eaux translucides, chauffées par le soleil, grouillaient de créatures et de plancton. Certaines de ces créatures – les huîtres, les palourdes, toutes sortes de poissons – auraient paru familières aux yeux des humains. D'autres pas du tout : notre ammonite, de très nombreuses espèces de calmars et, semblables à des ombres passant dans les profondeurs azurées de l'océan, divers reptiles marins : des mosasaures et des plésiosaures – les baleines et les dauphins de cette époque.

Alors que la journée avançait, un nombre sans cesse croissant d'ammonites montaient vers la lumière et restaient entre deux eaux, où elles dérivaient, suspendues comme des cloches.

Mais l'ammonite repéra un mouvement sur le fond marin. Elle redescendit rapidement, en sortant ses tentacules sensitifs de sa coquille. Elle identifia aussitôt la chose qui détalait, à demi enfoncée dans le sable granuleux : un crabe. Elle sortit de sa coquille d'autres palpes munis de crochets et les enroula autour du crustacé, s'y cramponnant fermement. Le crabe fut extrait sans aucune difficulté du doux lit marin. Un bec massif, pareil à celui d'un oiseau, s'avança, et l'ammonite mordit dans la coquille du crabe, juste entre les yeux. Elle injecta des sucs digestifs dans la coquille, et commença à aspirer la soupe qui en résulta.

Comme les eaux diffusaient des particules de ce fluide, d'autres ammonites rappliquèrent prestement.

Ensuite, notre ammonite vit une ombre se déplacer au-dessus d'elle – une ombre dotée d'un museau et de nageoires, glissant silencieusement, rapidement. C'était un élasmosaure : un reptile marin, une sorte de plésiosaure au cou démesuré. Abandonnant sa proie, l'ammonite se recroquevilla dans sa coquille, dont l'ouverture fut immédiatement scellée par un opercule chitineux.

L'élasmosaure se jeta sur l'ammonite, faisant basculer sa coquille, et referma sa puissante mâchoire sur la partie la plus étroite de la spirale – sans parvenir à l'entamer. Après y avoir laissé quelques dents, l'élasmosaure abandonna la coquille, qui retomba sur le fond de la mer. Sa conscience rudimentaire s'emplit néanmoins de douleur et de frustration.

L'ammonite avait été violemment secouée, mais elle était encore en vie, à l'abri de sa forteresse spiralée.

Cependant, une jeune ammonite n'eut pas cette

chance. Elle essaya de fuir, se propulsant de-ci de-là à petits coups de jet.

L'élasmosaure se satisfit amplement de ce lot de consolation. Il referma adroitement ses dents sur la coquille spiralée, à l'endroit où le corps était accroché à la paroi intérieure. Puis il l'agita brutalement, jusqu'à ce que l'ammonite, toujours vivante, tombe dans l'eau, à nu pour la première fois de sa vie. Le lézard-poisson n'en fit qu'une bouchée.

L'élasmosaure repéra ensuite un nuage dans l'eau et nagea sans hésiter dans sa direction.

Le nuage était un banc de bélemnites. Plusieurs milliers de ces petits calmars nageaient de concert pour leur protection. Leurs systèmes défensifs – sentinelles, jets d'encre, mouvements de diversion... – étaient généralement efficaces, même contre des prédateurs aussi rapides que cet élasmosaure. Mais son plongeon furieux les avait pris au dépourvu. Ils se dispersèrent, lâchant un nuage d'encre à la face de leur énorme poursuivant, bondissant parfois même hors de l'eau, dans l'air illuminé par la comète. Et pourtant, ils moururent par centaines, des centaines de tête d'épingle de conscience, chacune à sa façon, unique et inimitable.

Pendant ce temps, l'ammonite tueuse de crabe avait prudemment rouvert sa coquille. Un tube musculeux sortit de l'ouverture et cracha un jet d'eau à haute pression, propulsant l'ammonite dans les hauteurs miroitantes des eaux bleues. Elle avait perdu son crabe. Mais peu importait. Ce n'étaient pas les proies qui manquaient.

C'était ainsi. Une époque de sauvage prédation, sur terre comme dans les mers. Les mollusques chassaient les ammonites, forant leur coquille, empoisonnant leurs proies, projetant des fléchettes mortelles. En réponse, les bivalves avaient appris à s'enterrer profondément dans les sédiments, ou s'étaient munis de piquants, de coquilles plus dures, afin de dissuader les assaillants. Les berniques et les bernacles avaient abandonné les fonds des océans pour coloniser les eaux moins profondes des rivages, où seuls les prédateurs les plus déterminés viendraient les chercher.

En attendant, les mers grouillaient de prédateurs reptiliens. Les tortues carnivores et les plésiosaures à long cou se repaissaient de poissons et d'ammonites – tout comme les ptérosaures, ces reptiles volants qui avaient appris à plonger pour se nourrir des richesses de l'océan. Ces prédateurs étaient à leur tour dévorés par d'énormes pliosaures à la puissante mâchoire : longs d'environ vingt-cinq mètres, avec une bouche d'environ trois mètres à elle seule, leur unique tactique consistait à secouer et à massacrer leur proie. Les pliosaures furent les plus grands carnivores que la planète ait jamais portés.

Les foisonnantes mers du crétacé grouillaient de vie. C'était depuis des dizaines de millions d'années un ballet tridimensionnel de chasseurs, de proies, de vies et de morts. Et voilà qu'une lumière intense grandissait à la surface étincelante de la mer, comme si le soleil tombait du ciel.

Le regard de l'ammonite fut attiré vers la surface. Elle était suffisamment intelligente pour éprouver une sorte de curiosité. C'était du jamais vu. Mais qu'est-ce que ça pouvait bien être ? En tout cas, la prudence s'imposait : « nouveau » voulait souvent dire « dangereux ». Une fois encore, l'ammonite se retira dans sa coquille.

Mais, cette fois, même sa forteresse mobile ne pourrait la protéger.

La comète traversa l'atmosphère terrestre en quelques fractions de seconde. Elle chassa si violemment l'air autour d'elle qu'elle le propulsa dans l'espace, laissant une traînée de vide derrière elle.

L'ammonite se trouvait juste à l'endroit de l'impact. On aurait dit qu'un immense œil de lumière venait de s'ouvrir dans le ciel ; et l'ammonite mourut, désintégrée. Comme les bélemnites. Et l'élasmosaure. Et les huîtres, et les palourdes. Et le plancton.

Les ammonites avaient parcouru les océans de la Terre, se ramifiant en milliers d'espèces, pendant plus de trois cents millions d'années. Dans l'année qui suivrait, pas une ne survivrait. Pas une. Déjà, au cours des premières fractions de cette première seconde, de longues lignées généalogiques s'étaient brutalement éteintes.

La petite douzaine de mètres d'eau n'offrit à la comète pas plus de résistance que l'air. Toute l'eau fut immédiatement vaporisée, en une fraction de seconde.

Puis le noyau de la comète – mille milliards de tonnes, une montagne volante de glace et de poussière – heurta le lit de l'océan. Il lui fallut deux secondes pour s'écraser sur les roches des fonds marins, libérant en cet instant une énergie calorique équivalente à celle de toutes les éruptions volcaniques et de tous les tremblements de terre de la planète pendant mille ans.

Le noyau de la comète fut entièrement détruit. Le fond marin lui-même fut vaporisé : les roches se transformèrent en vapeur. La croûte terrestre répercuta l'onde de choc. Et un étroit cône de brouillard minéral incandescent jaillit en direction du sillage de la comète, droit dans le tunnel qu'elle avait formé dans l'air au cours de ses derniers instants. On aurait dit le faisceau lumineux d'un phare géant. Autour de cette colonne de lumière, une effervescence de roches pulvérisées, fracassées, représentant plusieurs centaines de fois la masse de la comète, fut projetée hors du cratère – qui allait en s'élargissant.

Au cours des toutes premières secondes, des milliers de milliards de tonnes de roches solides, en fusion ou vaporisées, furent projetées vers le ciel.

Sur la côte de la mer qui occupait l'intérieur de l'Amérique du Nord, les troupeaux d'hadrosaures s'étaient massés autour des mares d'eau stagnante. Ils se bousculaient et se pressaient les uns contre les autres en poussant des mugissements lugubres. Des prédateurs, à commencer par des raptors gros comme des poules, considéraient d'un œil froidement calculateur de jeunes hadrosaures égarés. Ailleurs, plusieurs ankylosaures s'étaient rassemblés, leur brillante cuirasse disparaissant sous la poussière. On aurait dit une légion romaine en manœuvre.

Une lueur orange brillait plus loin, au sud, comme une nouvelle aurore. Puis un fin rai de lumière aveuglante monta vers le ciel, aussi droit que s'il avait été tracé à la règle – plus droit, en fait, qu'un rayon laser, car ce flux de roches incandescentes ne subissait aucune réfraction au cours de son passage à travers le tunnel foré dans l'air surchauffé de la Terre. Tout cela se passait en silence, dans l'indifférence générale.

La femelle suchomimus à museau de crocodile marchait au bord de l'océan, ses longues griffes prêtes à frapper. Comme d'habitude, elle était à la recherche de poissons. La perte de son compagnon, quelques jours auparavant, n'était plus qu'une douleur sourde qui allait en s'estompant. C'était la vie ; son chagrin diffus ne lui coupait pas l'appétit.

Plus loin, quelques stegoceras s'étaient dispersés en quête de nourriture. Ces pachycephalosaures étaient presque aussi grands que des hommes. Les mâles avaient une énorme protubérance osseuse sur le crâne, afin de protéger leur tout petit cerveau lors des joutes à faire trembler la terre auxquelles ils se livraient lorsqu'ils étaient en rut. Ils se donnaient d'énormes coups de tête, un peu comme les mouflons. En ce moment même, deux énormes mâles se battaient, leurs têtes caparaçonnées s'entrechoquant, et la plaine retentissait des échos osseux de leurs collisions. Cette espèce avait sacrifié dans ces combats un grand potentiel évolutif. Ce casque osseux hypertrophié limitait, depuis déjà plusieurs millions d'années, le développement de l'encéphale de ces pachycephalosaures. Prisonniers de leur logique biochimique, ils se moquaient éperdument des changements de luminosité, et de ces ombres doubles qui glissaient sur le sol.

Les affaires continuaient comme tous les autres jours, sur cette plage du crétacé.

Pourtant, quelque chose venait du sud.

À présent, le cratère était une cuvette lumineuse de matières en fusion flamboyantes et bouillonnantes, tellement immense qu'elle aurait pu engloutir toute la zone de Los Angeles qui s'étendrait plus tard de Santa Barbara à Long Beach. Elle était si profonde qu'elle aurait pu contenir quatre Everest empilés l'un sur l'autre, et ses lèvres étaient si hautes qu'elles dépassaient l'altitude à laquelle s'épanouiraient, plus tard, les blancs sillons des avions supersoniques. En quelques minutes, un cratère de quatre-vingt-dix kilomètres de diamètre et de trente kilomètres de profondeur venait de se former. Mais cette structure stupéfiante n'en était pas moins éphémère. Déjà, d'immenses failles venaient de s'ouvrir, et de gigantesques glissements de terrain emportaient les parois abruptes du cratère sur des dizaines et des dizaines de kilomètres.

Le lit de la mer commençait à ployer. La roche du fond de l'océan avait été repoussée sur une vingtaine de kilomètres dans le manteau de la Terre par le coup de boutoir de la comète. À présent elle rebondissait, et remontait vers la surface en crevant le lac de matière en fusion. La couche rocheuse, quasi liquéfiée, rejaillit violemment, formant un gigantesque anneau de matière meurtrie : une chaîne de montagnes d'une quarantaine de kilomètres surgit en quelques secondes. Pendant ce temps, l'eau s'engouffrait dans la fosse creusée dans le lit de l'océan, alors que les débris éjectés commençaient à retomber sur le sol ébranlé par les secousses, sous la forme d'une pluie de roches en fusion. La température atteignait par endroits plusieurs milliers de degrés, et dans l'air embrasé l'azote se combinait à l'oxygène, formant des gaz délétères qui stagneraient là pendant des années. C'était un chaos de feu, de vapeurs et de lave.

Après la collision, une formidable couronne d'air surchauffé jaillit du Yucatán à une vitesse interplanétaire, se ruant vers l'Amérique du Sud en traversant le golfe du Mexique. Dix minutes plus tard, l'onde de choc atteignait la côte du Texas à une vitesse supersonique.

Au sud de la plage, la colonne lumineuse s'était ouverte comme une fleur de lumière. Elle commença à s'estomper, et ses couleurs changèrent, devinrent plus profondes, d'un blanc orangé, moucheté de rouge à la base. C'est alors qu'un voile obscur masqua l'horizon sud. Et tout cela dans le plus parfait silence. La mort se déplaçait à une vitesse bien supérieure à celle du son. Les troupeaux de dinosaures n'avaient rien remarqué : les jeunes pachycephalosaures se battaient encore, décrivant toujours les mêmes pas de danse darwiniens.

Mais les oiseaux et les ptérosaures connaissaient les cieux. Un groupe de ptérosaures avaient moissonné l'océan, rasant les flots afin de récolter du poisson dans leurs becs au gracieux design hydrodynamique. À présent, ils regagnaient la terre ferme à grands coups d'ailes. Une volée de petits oiseaux qui ressemblaient à des mouettes les suivaient, battant l'air de leurs petites ailes gris clair qui semblaient palpiter dans la lumière minérale.

La femelle suchomimus fut la seule sur des milliers de dinosaures à réagir à cette débauche de lumière. Elle se tourna vers le sud, et ses pupilles étroites s'étrécirent encore devant ce spectacle. Une sorte d'instinct la fit jaillir hors de l'eau et gagner rapidement les hauteurs du rivage. Le sable chaud était trop meuble et ralentissait sa progression, mais elle redoubla d'efforts.

Deux jeunes raptors, qui jouaient avec la carapace d'une tortue échouée, levèrent la tête, intéressés, en voyant passer la suchomimus. Dans un coin du rusé cerveau de la suchomimus, une alarme s'était déclenchée. Elle enfreignait un grand nombre de règles comportementales ; elle s'était placée en situation de vulnérabilité. Mais un instinct plus profond encore lui disait que la bande noire qui avançait sur l'horizon constituait une bien plus grande menace que n'importe quel raptor.

Elle atteignit une rangée de dunes basses. Une boule de fourrure détala, outrée, sous ses pattes et s'éclipsa à la vitesse de l'éclair.

Partout sur la plaine côtière, la lumière commençait à diminuer.

Et les dinosaures s'inquiétèrent enfin. Les troupeaux d'herbivores, les hadrosaures et les ankylosaures, tous cessèrent de brouter et tournèrent la tête vers le sud.

L'éventail de roches qui montait vers le ciel était maintenant invisible, caché par le mur de ténèbres dressé sur l'horizon. Mais c'était un mur mouvant, dont la paroi bouillonnait, agitée de convulsions. Des éclairs fusaient çà et là dans ses entrailles, y éveillant des fulgurances d'un blanc violacé.

Même en ces ultimes secondes, très peu de dinosaures comprirent ce que la chose avait d'insolite. C'était un drôle de crépuscule, et voilà tout. Quelques-uns commencèrent à somnoler, leur système nerveux réagissant à la baisse de l'intensité lumineuse.

Puis, loin au sud, l'onde de choc frontale explosa. En un battement de cœur, on passa du silence au vacarme. Le front percuta les troupeaux d'animaux. Les hadrosaures furent projetés dans les airs, les énormes adultes se tortillèrent dans tous les sens, leurs mugissements se perdant dans la soudaine fureur. La joute des stegoceras au crâne blindé fut interrompue pour ne jamais reprendre. Quelques ankylosaures se cramponnèrent au sol comme des bunkers, le dos tourné à ce vent de folie. Mais même la plaine autour d'eux volait dans les airs, la végétation arrachée et éparpillée, jusqu'aux lacs, qui se vidèrent entièrement. Les dunes basses explosèrent autour de la suchomimus, l'ensevelissant instantanément dans des ténèbres caillouteuses.

L'onde de choc passa, aussi vite qu'elle était venue.

Quand elle sentit que le sol cessait de trembler, la suchomimus commença à gratter la terre. Elle éternua pour chasser le sable de ses narines, battit plusieurs fois ses paupières translucides pour se nettoyer les yeux et se releva tant bien que mal.

Elle fit prudemment quelques pas. Le nouveau sol était instable et jonché de caillasses. S'y déplacer était difficile.

La plaine côtière était méconnaissable. La dune qui l'avait abritée avait complètement disparu. Il avait suffi de quelques secondes pour effacer le patient travail de plusieurs siècles de vent. La plaine était noyée sous les débris : bouts de roches pulvérisées, boue du fond de l'océan, et même algues ou petites créatures marines échouées. Et dans le ciel un bouillonnement de nuages filait vers le nord.

Un énorme tumulte ébranlait encore les nuées alors que les ondes sonores s'entrechoquaient. Mais la suchomimus ne les entendait pas. Elle était sourde. Le premier passage de l'onde de choc lui avait crevé les tympans.

Il y avait des dinosaures morts partout.

Même les gros hadrosaures gisaient, écrasés, à terre. Les corps tordus, brisés, disparaissaient à moitié sous le sable et la boue. Des raptors avaient été jetés les uns sur les autres, leurs corps déliés entremêlés. À perte de vue, des vieux reposaient au côté de plus jeunes, des parents parmi leurs enfants, des prédateurs au milieu de leurs proies, unis dans la mort. La plupart des catastrophes, inondations ou incendies, affectaient de préférence les plus faibles, les jeunes, les vieillards et les malades. Ou bien ils frappaient une espèce en particulier – comme ces épidémies qui empruntaient un pont de terre entre les continents, portées par un hôte involontaire. Mais, cette fois, il n'y aurait pas de survivants – à part ceux qui avaient eu beaucoup de chance, comme la suchomimus.

Celle-ci aperçut un poisson argenté. Le vent l'avait transporté en quelques secondes sur la terre ferme, à plus d'une douzaine de kilomètres, et il tressautait, toujours vivant. L'estomac de la suchomimus gronda doucement. C'était la fin du monde, et elle avait faim.

Mais le vent n'avait pas terminé son ouvrage. Déjà,

la masse d'air revenait à toute allure par-delà l'océan pour remplir le vide créé au moment de l'impact. C'était comme une immense inspiration.

La suchomimus, toute à ses jeux avec son poisson, vit la muraille noire revenir sur elle ; cette fois, la masse d'air s'était chargée, à l'intérieur des terres, de débris, de roches, de boue, d'arbres arrachés. Il y avait même le cadavre d'un énorme tyrannosaure, qui tournoyait sans vie, très haut dans les airs.

Alors, la suchomimus plongea à nouveau dans le sable.

Le front de choc jaillissait toujours du cratère infernal, se répandant comme une cascade sur une pierre étale. Vers l'intérieur des terres, à l'endroit où Géant s'était attaqué au nid de la tyrannosaure, l'onde de choc avait tout détruit dans un cercle assez grand pour englober la lune entière.

Du front en marche surgissaient des tornades pareilles à des enfants démoniaques, nés pour détruire.

Pour Géant, la tornade était un tube noir qui unissait le ciel et la terre. À la base du tube, des sortes d'échardes s'élevaient, tourbillonnaient et retombaient. Autrefois, les ancêtres du giganotosaure avaient envahi un continent ; maintenant, Géant se dressait sur ses pattes de derrière et secouait la tête en sifflant, les yeux rivés à la menace approchante.

Mais il ne s'agissait pas, cette fois, d'un quelconque saurien venu le défier. C'était une muraille de ténèbres, c'était la nuit en marche.

Finalement, quelque chose dans l'esprit de Géant remarqua les branchages éparpillés au pied de ce monstre météorologique. Ces « branchages » étaient des *arbres*, des séquoias, des ginkgos et des arbres-fougères, fauchés comme des aiguilles de pin.

Ses frères firent la même constatation. Alors, ils tournèrent tous les trois le dos à la chose et détalèrent.

La base de la tornade ouvrit une tranchée dans la masse verte de la forêt, détruisant les arbres, soulevant les roches, projetant dans les airs des animaux qui pesaient parfois plus de cinq tonnes, immenses et lents herbivores qui tout à coup avaient des ailes. La plupart d'entre eux moururent avant même de retomber à terre.

Dans son terrier, Purga tremblait de tous ses membres. Elle avait été réveillée par les secousses de la terre. Son mâle et elle se pelotonnèrent autour de leurs deux petits et écoutèrent les mugissements du vent, le fracas des arbres arrachés, brisés, les cris des dinosaures à l'agonie.

Purga ferma les yeux, déconcertée, terrifiée, attendant une seule chose : que ce bruit s'arrête.

Dans les contreforts des Rocheuses, la maman azhdarchidé sentit approcher ce vent de folie. Rapidement, elle replia ses ailes et retourna vers son nid en se dandinant sur les poignets et les rotules.

Ses petits se blottirent autour d'elle, mais elle n'avait rien à leur donner à manger, et, furieux, ils se mirent à la becqueter. Ces bébés ne pouvaient pas voler, la membrane de leurs ailes ne s'étant pas encore développée. Pour le moment, ils n'avaient qu'une ébauche de peau flasque entre le doigt des pattes avant et les pattes de derrière. Pourtant, à leur manière, ils étaient déjà magnifiques ; les écailles de leur cou – héritées de leurs ancêtres reptiliens – resplendissaient. Elles accrochaient la lumière du soleil et brillaient de mille feux.

Mais voilà que des nuages obscurcissaient le soleil. Dans ces hauteurs, ils étaient à l'abri des tornades. Seulement, le front de choc constituait toujours une muraille bouillonnante d'air agité, tumultueux, encore puissant, même si loin de la zone d'impact.

Un premier coup de vent secoua le nid. Les bébés s'agitèrent en piaillant.

Instinctivement, la mère battit des ailes et prit son envol. Une pulsion primitive l'avait emporté. Elle pourrait toujours avoir d'autres couvées, si elle survivait. Ses bébés, abandonnés derrière elle, criaillaient de colère et de peur.

À l'approche du mur de vent, tout fut calme pendant un instant.

La vitesse de vol de l'azhdarchidé diminua. Elle fit demi-tour et déploya ses ailes, agissant de nouveau en réponse à des mécanismes instinctifs. Elle tendit ses longs doigts directeurs et ses pattes arrière, et par de subtils mouvements saccadés des cuisses et des genoux elle ajusta la tension de ses ailes. C'était une formidable machine de vol, un appareillage à nul autre pareil de tendons, de ligaments, de muscles, de peau et de fourrure, façonné par des dizaines de millions d'années d'évolution.

Mais le vent de la comète n'avait que faire de tout cela. Il s'en fichait éperdument.

Frappant la corniche rocheuse, il réduisit le nid en miettes et balaya les os des victimes des ptérosaures – dont ceux de Second –, qui valsèrent soudain dans les airs avec une multitude d'autres débris. Les bébés s'envolèrent : pour la première fois, pour un très court moment, et pour mourir.

Quant à la maman azhdarchidé, ce fut comme si elle avait volé dans un mur de poussière et de gravillons, et même de morceaux de végétation, de bois et de roche. Elle sentit ses fragiles os se casser. Elle roula plusieurs fois sur elle-même, aussi impuissante qu'une feuille morte.

Une fois de plus, la suchomimus se releva, non sans peine. Elle avait mal partout, aux pattes, aux bras, à la queue, à la tête ; partout où l'avaient heurtée les débris volants, les miettes d'un monde pulvérisé.

Une fois de plus, la plage était devenue un endroit des plus étranges. Le sol était maintenant recouvert de débris de l'intérieur des terres, de fragments d'arbres écrasés, d'animaux broyés, de ptérosaures et d'oiseaux morts ou mourants, et même de limon du fond des lacs. Rien ne bougeait – mis à part les animaux à l'agonie, et la suchomimus.

Elle se rappela le poisson qu'elle s'apprêtait à manger. Mais il était parti.

Au-dessus d'elle, de noires traînées de nuages zébraient le ciel, comme un rideau qu'on tire. Le soleil disparut ; et il se passerait beaucoup, beaucoup de temps avant qu'on le revoie.

Au sud, le couvercle du ciel se mit à briller d'une étrange lueur orangée. Une brise apporta une odeur bien précise, violente : l'odeur de l'*ozone*. L'odeur de la mer. Elle se remémora les clapotis de l'eau, les écailles luisantes des poissons nageant dans les hauts fonds. Elle devait regagner la mer. Elle avait toujours vécu au bord de la mer ; elle y serait en sécurité. Après avoir poussé un mugissement lugubre qu'elle-même n'entendit pas, elle avança à l'aveuglette en direction de l'odeur, ignorant les sinistres détritus sur lesquels elle marchait.

La tortue de mer avait eu de la chance. Au moment où la comète s'était écrasée, elle nageait dans les fonds marins, loin de la zone de l'impact.

Elle appartenait à l'une des plus anciennes espèces de la grande dynastie des reptiles. Pourtant, primitive ou non, cette tortue était une formidable chasseuse.

Son corps était peu exigeant. Il n'avait besoin que du vingtième de la nourriture qu'avalait un dinosaure du même poids. Formidablement protégée par sa carapace blindée, chasseuse réfléchie, les seuls dangers auxquels elle était confrontée dans l'existence étaient les débarquements annuels qu'elle devait effectuer sur les plages pour y pondre ses œufs, avant de se hâter de regagner l'abri des eaux.

Elle avait un petit cerveau et une vague conscience. Elle vivait seule, dans un monde monotone et monocolore. Elle n'était en rien liée à ses parents ou à ses rejetons, et ne comprenait pas vraiment que les œufs qu'elle pondait donneraient naissance à une nouvelle génération. Mais elle était très vieille, méfiante et endurante.

Et voilà que quelque chose venait perturber le bleu de sa solitude. Un formidable courant entraînait la mer vers le sud.

La tortue rama obstinément à contre-courant, vers le fond. Tous ses instincts, façonnés par des milliards d'années de tempêtes tropicales, lui criaient : Plonge, plonge le plus profondément possible, mets-toi à l'abri !

Mais ce courant ne ressemblait à aucun de ceux qu'elle avait connus. Dans ces eaux de plus en plus boueuses et agitées, elle aperçut des créatures bien plus grandes qu'elle, et même des pliosaures géants, entraînés malgré eux par cette énorme marée. En outre, alors qu'elle continuait à descendre, des débris lui tombèrent dessus, des ammonites désemparées, des palourdes, des calmars, et même des roches arrachées au sol.

Elle arriva enfin à la vase molle du fond. Agitant ses quatre ailerons, elle creusa la vase, s'efforçant d'ignorer la grêle d'objets qui rebondissaient sur sa carapace. Un jour ou l'autre, il faudrait bien qu'elle remonte à la surface, pour y retrouver l'air et la chaleur ; mais elle pouvait attendre, attendre longtemps – le temps qu'il faudrait, le temps que cet orage monstrueux mettrait à s'apaiser.

C'est alors que les ménisques scintillants de la surface descendirent vers elle – et la mer *se vida*. La tortue se retrouva en pleine lumière, dans un bain de boue. Une sorte de choc brutal ébranla soudain son petit cerveau. Le monde avait basculé cul par-dessus tête ; ça n'avait pas de sens.

Et voilà que le boueux fond marin, exposé à l'air libre, était agité de secousses.

À la lumière étrange, et sans cesse changeante, du jour, la suchomimus aperçut enfin la mer. Avec un cri rauque de soulagement, elle se rua vers l'avant.

Mais la mer continuait de reculer, laissant un lit de vase luisante. Et plus elle courait pour la rejoindre, plus la mer s'éloignait.

Un poisson s'agita sous ses pattes. Elle s'arrêta, le temps de le sortir de la vase et de l'avaler tout rond. Dans la minuscule conscience du poisson s'inscrivit une sorte de soulagement ; cette mort était rapide par rapport à l'horrible suffocation qu'il aurait endurée sur cette nouvelle plage.

Le fond marin, offert au ciel pour la première fois depuis des millions d'années, grouillait de vie. Il était entièrement recouvert de palourdes, de crustacés, de calmars, de poissons et d'ammonites de toutes les tailles, qui tous étouffaient à l'air libre.

Plus au sud gisaient de gigantesques formes. La suchomimus vit un plésiosaure, échoué lui aussi. C'était un carnivore marin de plusieurs tonnes et de huit mètres de long, qui haletait, étendu dans la vase, ses quatre énormes nageoires évasées, brisées, étalées autour de lui. Il s'agitait en tous sens, ses énormes ailerons battant l'air, sa gueule formidable insultant sauvagement le destin qui l'avait échoué là.

En d'autres circonstances, c'eût été un spectacle prodigieux. Mais la suchomimus fit demi-tour, sidérée.

Elle regarda vers le nord, vers la terre, et vit des créatures sortir en rampant des forêts dévastées, des marécages ravagés par le vent. La plupart étaient des ankylosaures et d'autres monstres caparaçonnés, abrités jusque-là par leur lourde armure, élaborée à l'origine pour les protéger des dents et des griffes des tyrannosaures. Ils se traînaient vers le fond marin à découvert, en quête d'un abri, d'eau fraîche et de nourriture.

Alors les ankylosaures ouvrirent grand leur gueule et battirent en retraite, une fois encore. La suchomimus regarda, sans comprendre. Ils mugissaient, et elle ne les entendait pas.

Elle se retourna vers la mer, vit ce qui les avait terrifiés.

Ce que l'air avait fait, l'eau le faisait à son tour.

À partir du point d'impact, propulsée par le formidable afflux de chaleur, une onde de choc circulaire avançait à présent sur l'océan. Son pouvoir destructeur était limité, l'impact ne s'étant pas produit en eaux profondes. Cependant, au moment où elle arriva sur la côte de l'Amérique du Nord, la vague faisait déjà une bonne trentaine de mètres de haut. Et quand ce tsunami atteignit les hauts-fonds de la côte du Texas, il se dressait à plus de dix ou vingt fois la hauteur de la vague initiale.

Rien dans l'histoire génétique de la suchomimus ne l'avait préparée à affronter pareille chose. La mer revenait, telle une chaîne de montagnes en mouvement, surgissant à toute allure de l'océan enfui. Elle ne pouvait l'entendre, mais elle sentait que cela ébranlait le fond marin livré au ciel, et puis il y avait l'agressive puanteur du sel et de la roche pulvérisée. Elle se dressa sur ses pattes arrière, releva la tête et montra les dents, comme pour défier le tsunami lancé sur elle.

La muraille liquide se cabra au-dessus d'elle. Il y eut un instant de pression, de noirceur, de force énorme la comprimant. Elle mourut dans la seconde.

Le tsunami roula vers la terre, dominant de toute sa hauteur les minuscules ankylosaures qui fuyaient pesamment. Il les écrabouilla, malgré leur armure. Puis il continua, laminant tout sur son passage, le long du vieux chenal marin asséché. En reculant, les eaux avaient laissé derrière elles quantité de détritus, d'immenses monceaux de débris remontés du fond des océans. C'était comme un gigantesque marécage, et tout ça à cause d'une pierre tombée dans cette mare du crétacé.

Sur terre, au Texas, rien ne survécut.

Dans la mer, seule une poignée de créatures résista à cette catastrophe océanique.

L'une d'elles était la tortue de mer. Elle s'était enfouie assez profondément dans la vase pour que les eaux du tsunami l'épargnent. Quand elle sentit qu'un genre de calme était enfin revenu, elle s'extirpa de la boue et remonta dans les eaux assombries par des nuages de débris, de lambeaux d'animaux et de plantes.

Les tortues, ces vétérans de l'évolution, avaient déjà dépassé le zénith de leur diversité. Mais là où des créatures plus spectaculaires avaient péri, par dizaines de milliers, les tortues avaient survécu. Quand le monde est dangereux, l'humilité est un facteur de longévité.

L'impact avait projeté une onde d'énergie de l'autre côté de la Terre. En Amérique du Nord et du Sud, sur des milliers de kilomètres, les tressaillements d'une Terre meurtrie enfantèrent des failles, provoquant des glissements de terrain. Les vagues rocheuses s'affaiblirent au fur et à mesure de leur propagation, mais les strates internes de la Terre agirent comme une lentille géante qui concentra toute l'énergie sismique aux antipodes de l'impact, c'est-à-dire au sud-ouest du Pacifique. Même là, de l'autre côté de la planète, le plancher océanique se souleva dix fois plus que lors du tremblement de terre de San Francisco de 1906.

Les ondes de choc n'allaient pas cesser de traverser la planète, se croisant, s'entrechoquant, se renforçant. Pendant des jours et des jours, le monde allait résonner comme une cloche.

De l'espace, on aurait dit qu'un chancre flamboyant s'étendait sur toute la Terre à partir du point encore fumant de l'impact. Ce n'était plus qu'un nuage immense de matières en fusion, éjectées dans l'espace.

Dans le vide, les gouttelettes éparses commençaient à refroidir, formant de durs agrégats de poussières. Une partie de toute cette matière serait à jamais perdue pour la planète, rejoignant le fin crachin minéral qui dérivait entre les mondes : quelques millénaires plus tard, des fragments de plancher océanique du Yucatán retomberaient sous forme de météores sur Mars, Vénus ou la Lune. Une partie de cette matière interplanétaire tournerait en orbite autour de la Terre, y formant un anneau temporaire – noir, immonde –, qui finirait par se disperser sous les actions conjuguées de l'attraction du soleil et de la Lune.

Mais la majeure partie de tout cela n'allait pas tarder à retomber sur la Terre.

D'ailleurs, la formidable grêle avait déjà commencé. Les premiers grêlons venaient des plus gros débris jaillis des bords du cratère – la plupart étant des fragments du fond calcaire des océans fracassés. Ces gros morceaux n'avaient pas été fondus par le dégagement de chaleur du début de l'impact. Mais, en retombant dans l'atmosphère surchauffée de la Terre, ils s'embrasèrent. Des rais de lumière de plusieurs centaines de kilomètres de long commencèrent à zébrer le ciel, comme des figures de géométrie tracées au tableau noir par un savant fou. Certains de ces fragments étaient suffisamment gros pour éclater sous l'effet de la chaleur, de sorte que d'autres rais jaillissaient de ces explosions de lumière.

De toutes les créatures situées dans un rayon de plusieurs milliers de kilomètres autour de l'impact, l'énorme cachalot des airs avait été, et de loin, le moins affecté.

Notre cachalot, donc, avait regardé descendre la lumière sur le Yucatán, avait observé ce mortel rayon laser fait de comète et de fond marin vaporisés, avait même entrevu la formation du cratère, alors que la roche s'ourlait de plis partant du lit de l'océan mis à nu, avant de s'arrêter sur place, paralysée par une formidable poigne chtonienne. S'il avait pu décrire ce qu'il avait vu, le cachalot aurait laissé à la postérité un fascinant compte rendu du plus violent impact que la Terre avait connu depuis la fin du bombardement qui l'avait engendrée, quatre milliards d'années plus tôt.

Mais le cachalot n'en avait cure. Il n'avait même pas été gêné par le vent ; il volait bien trop haut, et avait toujours trouvé à se nourrir alors que les couches d'air délavé filaient loin au-dessous de lui. De lointaines lumières dans le ciel, un tumulte à la surface – à l'image de ces tourbillons crémeux qui parcouraient souvent la terre et les océans – ne signifiaient rien pour une créature qui volait à l'orée de l'espace. Tant que les courants aériens lui apporteraient le fin plancton aérien dont il se nourrissait, il continuerait à flâner dans son domaine intangible, à l'abri de tout.

Mais cet orage n'était pas comme les autres.

Le cachalot des airs avait l'habitude des météores. Ce n'étaient que des traits brillants dans l'indigo du ciel au-dessus de lui. Les milliards de débris cosmiques qui pleuvaient sur la Terre brûlaient à peu près tous dans les hauteurs de la stratosphère, c'est-à-dire le royaume du cachalot des airs.

Mais quelques-uns tombaient *plus bas*, dans l'air plus dense de la Terre, au-dessous de lui. Le cachalot n'avait pas d'ouïe – il n'en avait nul besoin, dans cet air raréfié, silencieux, où aucun prédateur n'était à l'affût –, mais s'il en avait été doté, il aurait entendu le léger sifflement des météores au moment où ils redescendaient vers la planète dont ils venaient d'être expulsés. Il vit même tomber les premiers morceaux de fonds marin : tout en bas, une longue floraison d'étincelles lumineuses s'épanouit comme de petites fleurs. Cela ressemblait à ce qu'on pourrait voir depuis un bombardier volant à haute altitude.

Pour la première fois depuis son enfance, le cachalot eut peur. Pour la première fois, il ne s'agissait plus d'un spectacle lumineux aérien, mais d'une *pluie*, de lumière et de feu. Une pluie qui tombait du ciel tout autour de lui – et de plus en plus drue. Il fit demi-tour, un peu tard. Battant l'air lentement de ses immenses ailes, il se dirigea vers le nord.

Il y eut une explosion de lumière.

Le fragment de roche chauffé à blanc n'était vraiment pas bien grand. Après avoir heurté le cachalot, il poursuivit sa chute vers les denses forêts du crétacé, n'ayant perdu qu'une infime fraction de son énergie cinétique. Mais le complexe système nerveux du cachalot transmit à son petit cerveau des signaux de douleur atroce. Il tourna sa grosse tête vers la droite et vit que son aile était lacérée et brûlée.

Si le météore avait heurté le centre de l'aile, il y aurait probablement fait un trou des plus nets, mais le cachalot aurait sans doute vécu un peu plus longtemps. Seulement, il n'avait pas eu de chance. Le météore avait pulvérisé l'une des articulations de son immense et fragile doigt directeur. Son aile commença à se déchiqueter en vastes lambeaux, laissant à nu les os brisés.

Le gris-bleu de la Terre se retrouva au-dessus de lui. Il eut beau battre l'air de son aile intacte, il perdit tout contrôle et tomba en piqué. Pourtant, il était toujours conscient et se tordait lentement sur lui-même, se disloquant comme un cerf-volant foudroyé. La pluie de météores s'intensifia. Certains, pareils à des balles, forèrent des tunnels dans les délicates cavités de son corps, lacérèrent ses vessies natatoires, pulvérisèrent le fragile filigrane de son squelette, aussi léger que l'air, achevant de mettre en pièces ses magnifiques ailes.

La douleur fut bientôt insupportable. Son esprit s'emplit d'images rassurantes et délicieuses, où il dérivait loin dans les hauteurs d'une Terre paisible. Il mourut bien avant que ce qui restait de son torse ne touche terre, les poumons broyés par la densité de l'air.

Géant faisait tout ce qu'il pouvait pour se redresser.

Juste en face de lui, un stegoceras marchait d'un pas lourd, abasourdi, le caparaçon d'os et de chair couleur rouge qui ornait son front paraissant étonnamment déplacé. Ce jeune mâle avait eu la chance de trouver à s'abriter sous un épais bosquet d'araucarias et avait survécu à la tempête, en n'ayant à déplorer qu'une côte cassée. Mais son clan avait disparu, comme aspiré par le vent. Il leva la tête et se mit à mugir lugubrement. On aurait dit le cri désespéré d'un enfant perdu appelant ses parents.

Ce ne fut pas sa mère qui lui répondit, mais deux énormes carnivores : deux giganotosaures, qui s'approchèrent de lui lentement, en secouant la tête, sans le quitter des yeux. C'était l'apocalypse, et la chasse continuait.

Malgré la sensation de peur causée par l'adrénaline qui coulait dans ses veines, le stegoceras remarqua quelque chose de bizarre. Un troisième giganotosaure, aussi massif et puissant que les autres, semblait se désintéresser de lui. Ce troisième monstre dressait la tête vers une chose qui venait du ciel. Confus, effrayé, le stegoceras se tourna vers le sud, où un horrible orange cancéreux sourdait d'une procession de nuages noirs.

Le premier météore passa en hurlant au-dessus d'eux, tel un frelon étincelant. Il fila en rase-mottes au-dessus de la forêt détruite et alla s'écraser un peu plus loin sur un contrefort, fracassant la jeune roche volcanique. Une nouvelle pluie de matières en fusion s'abattit, martelant le sol jonché de débris. Tous les dinosaures se tournèrent dans cette direction, choqués et effarouchés, oubliant un instant leur animosité innée.

C'est alors qu'un second météore traversa le stegoceras de part en part, comme une balle à haute vélocité. Une fraction de seconde plus tard, quand il heurta la croûte terrestre, le météore évacua son énergie résiduelle dans la roche. L'explosion déchiqueta le stegoceras avant même qu'il ne retombe à terre. Et sous la brève averse de sang qui le criblait, Géant rentra la tête dans les épaules, déconcerté.

Les météores commençaient maintenant à tomber sur ce qui restait de la forêt dévastée. Des flammes s'élevèrent.

Géant et ses frères détalèrent, paniqués. Autour d'eux, la pluie de météores s'épaissit encore, pilonnant la terre, creusant des cratères et enflammant les broussailles. On aurait dit que les giganotosaures couraient au beau milieu d'un champ de tir.

Purga, elle aussi, sentit la fumée.

Les primates pouvaient échapper au feu en s'enfouissant dans leur terrier, creusé profondément dans la fraîcheur de la terre. Ils ressortaient ensuite, une fois le feu passé, dans les vestiges de la forêt détruite et carbonisée. Alertée par son instinct, Purga sentit que cette fois-ci les choses étaient différentes. Elle se fraya un chemin de l'autre côté de son mâle et de ses petits blottis les uns contre les autres, contourna l'affreuse tête coupée de la troodon et sortit au grand jour. Elle fut immédiatement éblouie, ses yeux adaptés à la vision nocturne n'étant pas faits pour ce flot inhabituel de lumière. Mais elle distinguait tout de même le fait saillant de ce jour sinistre entre tous : l'incendie qui achevait de détruire la forêt écrasée, et la pluie continuelle, incompréhensible, de météorites.

Elle ne pouvait rester là. Mais où aller ?

La couverture verdoyante qui masquait les contreforts des Rocheuses ayant déjà été dévastée par les rafales de vent, rien ne dissimulait plus les nuages de fumée volcanique qui s'attardaient à leurs sommets. Et là où les bourrasques produites par la comète avaient chassé l'air humide et chaud vers le haut des pentes escarpées, d'épais cumulus s'accrochaient aux cimes des montagnes.

De l'ombre. L'obscurité. Peut-être même un peu de pluie.

Elle fit un pas à découvert, les moustaches hérissées. Elle avançait par petits bonds, s'arrêtant tous les trois ou quatre pas pour s'aplatir contre le sol.

Elle se retourna. Derrière la tête de la troodon, son compagnon et ses petits braquaient sur elle trois paires d'yeux grands ouverts. Un instinct forgé par des centaines de millions d'années la pressait de regagner la fraîcheur de la terre, ou de grimper dans la sécurité des arbres, afin d'échapper aux terribles griffes, dents et pattes de ce monde de géants – pour lesquels elle était une proie facile. Mais les arbres gisaient à terre, renversés, et son terrier n'était déjà plus un sanctuaire.

Elle détala droit devant elle, en direction des montagnes drapées de nuages.

Son compagnon la suivit, inquiet, méfiant. L'un des bébés l'imita. L'autre, terrifié, désemparé, s'en retourna à toute allure dans les profondeurs du terrier. Purga ne pouvait rien pour lui. Elle ne le reverrait jamais.

C'est ainsi que ces trois petites créatures pareilles à des musaraignes, portant en elles tout le potentiel de l'humanité, se frayèrent, pas à pas, un chemin au milieu des plaines fumantes, sous une pluie de météores.

Du feu naissait le feu. Les poches d'incendie éparses se rejoignaient peu à peu. Et comme la température de l'air ne cessait de monter, même les humides sous-bois s'embrasèrent. Le vent se mit à souffler, soulevant des spirales de fumée. Ici, comme partout, du nord au sud de l'Amérique, les feux commençaient à s'autorépliquer, selon une logique qui leur était propre, se nourrissant d'eux-mêmes, s'entretenant les uns les autres.

Ainsi naquirent de gigantesques incendies. Tout ce qui pouvait brûler brûla : de la moindre parcelle de végétation à la plus petite algue encore luisante de son souvenir d'eau, tout s'enflamma. Les animaux s'embrasèrent. Les raptors brûlaient comme des brindilles, et les énormes herbivores caparaçonnés cuisaient, tout simplement, dans leur monstrueuse coquille.

Les trois giganotosaures parvinrent tout de même à fuir. Ils avaient réussi à atteindre une clairière dans la forêt, où se trouvait un lac. Ils crevaient de chaud, leur mâchoire pendait mollement, et ils avaient la tête embrumée par la puanteur des fumées.

Le ciel offrait un spectacle incroyable. Un voile de ténèbres montait du sud-est comme un rideau de théâtre sur la scène. Quant à cet orange, si inquiétant, il s'étendait toujours et brillait de plus en plus – il était maintenant presque jaune. Et les météores pleuvaient, encore et encore, sur le sol boueux.

Au bord du lac, une scène de désolation attendait les giganotosaures.

Des dinosaures en déroute. Des troupeaux d'espèces rivales d'hadrosaures se mélangeaient, des bêtes lourdement cuirassées, comme les ceratops ou les ankylosaures, se bousculaient, des herbivores couraient à côté de leurs prédateurs. Il y avait même quelques mammifères, aveuglés par la lumière, qui décampaient au milieu de toutes ces pattes gigantesques. C'était la débâcle. Tous ces animaux chargeaient, les pattes brûlées par le sol fumant, fonçant les uns dans les autres sans se voir. Une heure ou deux plus tôt, c'eût été inimaginable. L'étroite imbrication écologique reliant les herbivores aux carnivores et les prédateurs aux proies, qui avait mis plus de cent cinquante millions d'années à s'élaborer, venait d'être totalement anéantie.

Géant se fraya un chemin entre ses congénères

paniqués, n'hésitant pas à les bousculer, poussé vers l'eau par un profond instinct. Il plongea dans le lac, écartant les débris fumants qui flottaient à la surface. Il faisait encore délicieusement frais au fond. Il avait la tête sous l'eau, mais il voyait les météores qui continuaient à tomber dans le lac, où ils traçaient des sillons de bulles, comme des balles.

Soudain, une ombre se dressa devant lui, tel un missile, et ouvrit une grande gueule blanche. À travers l'eau boueuse, Géant vit une rangée de dents coniques. Il recula précipitamment.

Le crocodile s'était allongé au fond du lac, où il attendait patiemment, en silence.

C'était une femelle, une lointaine cousine du deinonychus – un animal marin –, et jusqu'à présent les événements de ce jour de panique n'avaient pas signifié grand-chose pour elle. Elle avait bien senti la terre trembler, et les secousses qui avaient suivi, dans l'eau, elle avait bien vu ces lumières étranges, dans le ciel... Mais elle était sûre de sortir indemne de cet orage, comme elle avait déjà survécu à de nombreux autres. Son métabolisme étant capable de se mettre dans une sorte d'état de veille prolongé quand c'était nécessaire, elle pouvait rester sous l'eau plus d'une heure d'affilée. Elle pensait lentement, sans précipitation. Elle savait qu'elle n'avait qu'à rester ici, vautrée dans la boue. L'orage finirait bien par passer, et les proies viendraient de nouveau à elle.

Et voilà qu'un dinosaure s'était aventuré comme un gros pataud dans son lac. Il ne s'était pas contenté de rester au bord, pour boire et brouter un peu, comme ces stupides hadrosaures. Non, il avait *plongé* dedans. Il avait osé venir *patauger* dans son domaine. Elle ressentit de la colère, du fait de cette intrusion, de la colère mais aussi une certaine satisfaction à l'idée du repas facilement gagné qui l'attendait. Elle quitta son lit de boue et remonta vers la surface, qui étincelait à la lumière de la comète. C'est alors que d'autres corps tout aussi massifs plongèrent désespérément dans les eaux turbides et commencèrent à se débattre dans la vase du fond.

Évidemment, elle passa à l'attaque.

Géant fit un écart, évita de justesse la gueule de la crocodile et réussit, sans l'avoir voulu, à lui flanquer un coup de patte sur le museau. La crocodile recula vivement, puis revint aussitôt à la charge. Géant aurait pu battre en retraite et sortir de l'eau, mais une horde d'animaux se jetaient dans le lac, juste derrière lui. La crocodile donna des coups de dents dans tous les sens, mordant les envahisseurs. Les animaux se mirent à se bagarrer à tout va.

C'est alors qu'il y eut une violente secousse : une réplique du choc sismique causé par la comète faisait trembler les fondations mêmes de la Terre. Le sol se souleva, s'ouvrit – et l'eau se retira, laissant Géant échoué, au milieu de la végétation en train de sécher et d'animaux qui se tortillaient.

La crocodile, soudain exposée à l'air chaud et sec, n'y comprenait rien. Elle essaya de s'enfoncer dans la boue, ainsi que l'y avait jadis poussée l'instinct qui l'avait guidée, alors qu'elle sortait de sa coquille, à faire ses premiers pas dans l'eau. Mais la boue durcissait, séchait à tout allure ; elle n'arrivait même pas à creuser la vase.

Et les météores tombaient toujours, trouant les nuages de fumée comme autant de colonnes de lumière.

Les rafales de vent et le tsunami avaient déjà détruit à peu près toutes les créatures vivantes des deux Amériques, du Nord et du Sud, des insectes jusqu'aux dinosaures. Ailleurs dans le monde, des feux de plus en plus intenses achevaient de tuer à peu près tout ce qui avait pu survivre.

Mais le pire restait à venir.

La matière brute soulevée à la périphérie du cratère formé par la comète était vite redescendue, généralement en martelant le sol ébranlé, dans un rayon équivalent à deux fois celui du cratère – le reste retombant sous la forme de météores, tels ceux qui avaient incendié les forêts. Le grand plumet central de roches vaporisées avait continué de s'élever. Des particules de matière solide se condensèrent dans ce nuage étincelant, encore chauffé à blanc, et se mirent à pleuvoir sur la Terre. Mais alors qu'elles s'étaient élevées dans un tunnel de vide, elles retombèrent dans l'atmosphère, qui absorba toute leur énergie. C'était une grêle de feu mortel, une couverture à l'échelle de la planète, faite d'innombrables milliards de minuscules météores incandescents.

Partout sur Terre, l'air se mit à briller.

Purga venait d'atteindre les contreforts des Rocheuses. Son compagnon, Troisième, et son seul bébé encore en vie étaient à ses côtés. Ils ne pouvaient pas aller plus avant vers les montagnes proprement dites, car le sol fracassé et bouleversé par les secousses sismiques était jonché de pierres plus grosses que Purga.

Il faudrait qu'ils s'en contentent. Purga commença à creuser un terrier dans la terre meuble.

Elle regarda une dernière fois derrière elle, l'endroit d'où elle venait. Sous les nuées ardentes, la terre s'était mise à briller d'une lueur orangée ; c'était un spectacle extraordinaire. Même ici, sur cette pente rocheuse, elle sentait la chaleur ; même ici, elle sentait la fumée et la puanteur des chairs carbonisées.

Elle voyait les nuages qui l'avaient attirée là – c'étaient des lambeaux de nuages, mais ils étaient toujours là, sur les hauteurs : orange et blancs, ils s'inscrivaient sur un fond de ciel aussi noir que la nuit et reflétaient les lueurs de la terre en feu. Et voilà que, derrière les nuages, une lumière orangée venue du sud montait à l'assaut du ciel. Le ciel lui-même s'illuminait comme si c'était l'aube. Les couleurs virèrent rapidement à l'orange, puis au jaune, et devinrent d'un blanc étincelant, aussi vif que le soleil.

Un puissant souffle d'air chaud les atteignit enfin.

Les primates grattèrent désespérément le sol.

Sur le fond craquelé du lac, Géant avait réussi à se relever tant bien que mal. Il était entouré de cadavres. Il n'arrivait pas à respirer ; sa poitrine avait du mal à inspirer l'air, lourd de fumée et de particules de végétation carbonisées ou rougeoyantes. Tout cela formait un vrai brouillard à couper au couteau. Tout n'était que fumée, poussière, et cendres tourbillonnantes.

La chaleur vibrante, aussi forte que dans un four, charriait une odeur de viande carbonisée.

Et puis il avait mal à la patte avant. Il la leva, intrigué. Ses doigts étaient en train de brûler, comme des chandelles.

Il pensa à ses frères. Ce fut sa dernière pensée.

Il mourut d'un coup, emporté par un choc fulminant, si violent qu'il ne se rendit compte de rien. Ses organes vitaux furent détruits trop vite pour que son cerveau enregistre la moindre sensation. Ses muscles se mirent à cuire, son sang se coagula dans ses veines. Ses membres se contractèrent et sa colonne vertébrale se cabra, de sorte qu'il adopta, au moment de la mort, une curieuse posture, un peu comme un boxeur : la tête renversée en arrière, les pattes avant dressées, les pattes arrière légèrement fléchies. Sa chair se craquela et tomba en lambeaux, puis l'émail de ses dents se fendit.

Tout cela avant même qu'il ait touché terre.

Les roches elles-mêmes commencèrent à se fissurer.

Telle une pierre précieuse, dans cet éclat soudain rappelant les anciens océans de sa compagne la Lune, la Terre était magnifique. Mais c'était la beauté d'un monde à l'agonie.

La moitié de l'énergie calorifique libérée par la combustion de l'air fut absorbée par la haute atmosphère et le sol. Partout sur la planète, le ciel était aussi brûlant que le soleil. Les plantes et les animaux s'embrasèrent instantanément. Les arbres des incroyables forêts du crétacé flambèrent comme des aiguilles de pin. Dans le ciel, tous les oiseaux disparurent dans des bouffées incandescentes, les ptérosaures furent engloutis dans la gueule de l'extinction. Les trous où s'étaient réfugiés les mammifères, les insectes et les amphibiens se transformèrent en autant de petits cercueils. Le second bébé de Purga, solitaire et gémissant, rôtit en un instant.

Purga fut épargnée. Les derniers nuages, ombrés de noir, s'effilochèrent et se dissipèrent rapidement – mais pendant ces minutes cruciales que dura la grande explosion de chaleur, ils protégèrent le sol en dessous d'eux d'un ciel aussi brûlant que le soleil.

C'était une heure après l'impact.

III

Au bout de quelques jours, la terre cessa de trembler. Les immenses pattes des dinosaures ne la martèleraient plus jamais.

Purga était habituée à l'obscurité. Mais pas au *silence*, à ce calme inquiétant qui n'en finissait pas de durer.

Pendant d'innombrables générations, les dinosaures avaient réglé l'existence de l'espèce de Purga. Longtemps après ce cataclysme, elle aurait de vagues visions de dinosaures attendant en silence de prendre au piège tout mammifère assez imprudent pour pointer le nez hors de son terrier.

Mais elle ne pouvait rester là, dans ce trou creusé à la va-vite. Pour commencer, il n'y avait rien à manger ; la petite famille avait rapidement attrapé et avalé tous les vers et les scarabées qu'elle avait pu trouver. Purga ne savait même pas s'il faisait jour ou nuit. Son cycle nycthéméral avait été complètement perturbé par sa fuite, le jour de l'impact, et la nichée se réveillait souvent à des heures indues, la faim le disputant à la peur de l'étrange silence glacé de la surface. Ils se chamaillèrent entre eux, se griffant, se mordant.

À mesure que le temps passait, la température chutait, la chaleur intense du ciel en feu laissant la place à un froid mordant. Les primates étaient pour l'instant abrités sous une épaisse couche de terre, mais elle ne les protégerait pas éternellement.

Finalement, Troisième se tourna vers le bébé – *Dernière*, puisqu'elle était le dernier bébé de Purga encore en vie. Purga ne pouvait pas voir Troisième. Mais, grâce à son ouïe surdéveloppée et à ses moustaches, elle sentit que son compagnon s'approchait du bébé, pas à pas, la gueule grande ouverte, comme à l'affût d'un mille-pattes.

Troisième était à la fois furieux, perturbé et terrifié. Mais il avait surtout très faim. Ce qu'il s'apprêtait à faire n'était pas complètement insensé. Après tout, il n'y avait rien à manger ici. Si la chair du bébé permettait aux adultes de vivre un peu plus longtemps, assez longtemps pour qu'ils puissent donner naissance à une autre portée, alors leur programme génétique n'aurait pas été écrit en vain. C'était un calcul on ne peut plus froidement logique.

Peut-être, en d'autres circonstances, Purga aurait-elle accepté l'agression que s'apprêtait à commettre Troisième. Peut-être même l'aurait-elle aidé à tuer son bébé. Elle avait déjà vécu une longue vie, pour une créature de son espèce. Elle avait vécu une longue série d'événements extraordinaires : la destruction de son premier foyer, la chasse obstinée que lui avait faite Dent-qui-Blesse, le cauchemar de l'impact de la comète, et maintenant ce naufrage dans ce monde de froid et de silence.

Les priorités s'établirent d'elles-mêmes. Elle mordit sauvagement Troisième à la cuisse et s'interposa à tâtons entre sa fille et lui.

Dernière était aussi perturbée que ses parents. Mais, d'une manière ou d'une autre, elle parvint à comprendre que sa mère cherchait à la protéger de son père. Alors, elle fit comme elle : elle montra les dents à Troisième. Pendant de longues secondes, le terrier résonna de sifflements, de crachements agressifs, de bruits de petites pattes grattant la terre ; trois paires de moustaches occupaient tout l'espace entre les primates, chacun attendant que l'autre frappe en premier.

Pour finir, Troisième recula. Il abandonna étonnamment vite, renonça à sa posture agressive pour aller se pelotonner, tout seul, dans un coin du terrier. Purga resta près de sa fille jusqu'à ce qu'elle ait évacué sa colère et son agressivité.

Ce fut ce dernier incident qui modifia l'équilibre des forces dans l'esprit de Purga.

Ils ne pouvaient pas rester là, sinon ils finiraient par

mourir de faim, ou geler, s'ils ne s'entre-dévoraient pas avant. Ils devaient sortir coûte que coûte, malgré les mystérieux dangers tapis dans ce monde nouveau et silencieux, là-haut. Ça suffisait ! Quand son horloge interne la réveilla, la fois suivante, Purga repoussa le bouchon de terre qui obstruait l'entrée du terrier.

Elle sortit dans le noir.

Le feu du ciel avait duré deux jours. Maintenant, d'un pôle à l'autre, la Terre blessée était couverte de poussière et de cendres, qui formaient comme un noir linceul orné de fines guipures jaunes, presque blanches : des nuages d'acide sulfurique. D'astre étincelant, la Terre était devenue une sombre étoile, morne et lugubre, encore plus noire que le cœur de la comète qui était à l'origine du désastre. De la poussière et des cendres : poussière des fragments de la comète, de la vase du fond des océans, des débris volcaniques rejetés à la suite des violentes secousses sismiques qui avaient plissé la planète. Quant aux cendres, c'étaient celles de toutes les formes de vie qui avaient brûlé : la végétation, les mammifères, et les diverses espèces de dinosaures d'Amérique, de Chine, d'Australie, de l'Antarctique... Tout cela avait été réduit en cendres par les énormes incendies des premiers temps, brûlé une seconde fois par l'explosion de chaleur, puis projeté dans le chaos de la stratosphère. Pendant ce temps, le soufre calciné par la forte chaleur qui avait frappé le lit de roches du fond marin, dans les premiers instants de l'impact, s'attardait dans les airs, y formant des cristaux d'acide sulfurique. Les nuages acides, hauts et brillants, cachaient les rayons du soleil, et un froid intense s'emparait de la Terre.

Purga, Troisième et Dernière rampèrent avec mille précautions hors du terrier, les moustaches plus frémissantes que jamais. Dans le cœur glacé de l'Amérique du Nord, l'après-midi touchait à sa fin. Si le ciel avait été dégagé, le soleil aurait déjà brillé haut sur l'horizon. Mais sur Terre régnait le plus sinistre des crépuscules. Les ténèbres étaient si profondes que les grands yeux sensibles de Purga avaient du mal à les percer.

Elle fit quelques petits pas sur les roches dénudées, calcinées. Tout allait de travers. Nulle part elle ne sentait les choses vertes en train de pousser, nulle part elle ne sentait l'âcre puanteur épicée des dinosaures et de leurs déjections. Au lieu de tout cela, elle ne sentait que les cendres. L'épaisse couche de vie brun-vert du crétacé était partie en fumée : les feuilles mortes, les étrons, tout avait disparu. Tout ce qui restait appartenait au règne minéral, des roches et de la terre. Purga aurait aussi bien pu avoir été transportée à la surface de la Lune.

Et puis, il faisait tellement *froid*. Un froid intense, pénétrant, qui la traversait jusqu'à la moelle.

Elle arriva aux vestiges de ce qui avait été un petit bosquet d'arbres-fougères. Elle gratta le sol avec ses griffes, mais la terre était étrangement dure – si froide qu'elle s'écorcha les coussinets. Elle se lécha la patte, et un mince filet d'eau lui coula dans la bouche.

Quelques jours auparavant, une forêt tropicale et des marécages s'étendaient là. Il n'avait pas gelé à cet endroit depuis des millions d'années. Pourtant, du givre s'y était formé. Purga gratta la terre, afin d'engloutir le plus possible de cette drôle de chose froide. Elle avala ainsi plusieurs gorgées d'eau mêlée de cendres et de saletés.

Elle redoubla d'énergie pour creuser. Elle savait que même après les feux les plus intenses il y avait toujours moyen de trouver à manger : noisettes grillées, vers et insectes profondément enfouis. Mais les noisettes et les spores étaient piégées sous une couche de sol gelé, trop dure pour ses petites pattes.

Alors elle repartit, se frayant un chemin dans le noir à l'aide de ses moustaches.

Elle parvint à une petite mare – l'empreinte de ce qui avait été un ankylosaure. Son museau heurta une chose dure comme la pierre, et très froide. Un froid intense traversa sa fourrure. Elle recula précipitamment.

Elle n'avait jamais vu de glace.

Avec un surcroît de précautions, elle donna quelques petits coups, avec son museau et ses pattes de devant, sur la glace. Elle gratta, creusa – elle sentait bien qu'il y avait de l'eau, cachée dedans, et ça la rendait folle de ne pas pouvoir l'atteindre. Alors, déçue, elle commença à faire le tour de la petite mare, appuyant dessus, la tapotant. Elle trouva enfin un endroit où la patte de l'ankylosaure, tombant sur une molle et chaude couche de boue, s'était enfoncée un peu plus profondément dans la terre. Là, la glace était plus fine, et quand elle y donna un coup de patte, sa surface craqua et se souleva. Elle fit un bond en arrière, effarouchée. Le morceau de glace bascula dans les eaux noires. Purga s'avança tout doucement. Cette fois-ci, quand elle pointa son museau hésitant, elle trouva de l'eau. Très froide, certes, et déjà en train de se recouvrir d'une pellicule de glace, mais de l'eau quand même. Elle en avala plusieurs gorgées, oubliant l'âcreté des cendres et de la poussière qui s'y trouvaient mêlées.

Attirés par les lapements de Purga, Troisième et Dernière accoururent. Très vite, ils agrandirent le trou qu'elle avait ouvert, se donnant de petits coups d'épaules tant ils étaient pressés d'avaler l'eau poussiéreuse.

Pour la première fois depuis que la comète avait frappé la Terre, les choses commençaient enfin à s'améliorer pour Purga : pas beaucoup, mais un peu.

C'est alors que quelque chose lui toucha l'épaule : quelque chose de léger et de froid. Elle poussa un petit cri et se retourna vivement. C'était petit, blanc, et ça fondait déjà.

D'autres flocons tombèrent doucement du ciel, au gré d'un hasardeux et apaisant mouvement. Quand l'un d'eux s'approcha d'elle, elle fit un petit bond et le happa comme elle aurait gobé une mouche. Elle avait, dans la bouche, un peu de glace fondante.

Il neigeait.

Alors, terrifiée, incapable d'en supporter davantage, elle fit demi-tour et fila se réfugier dans son terrier.

L'impact avait vaporisé les eaux des océans. Après plusieurs semaines passées à flotter dans les airs, elles commençaient à redescendre.

Il y avait vraiment *beaucoup* de vapeur. Et c'était un véritable déluge qui s'abattait sur toute la planète.

Cette pluie apportait son propre lot de malheurs. Les nuages de glace étaient chargés d'acide sulfurique, et la collision avait également projeté dans l'atmosphère de petits nuages de métaux toxiques, qui retombaient maintenant avec la pluie. La seule teneur en nickel de l'atmosphère était déjà plus de deux fois supérieure à celle que les plantes pouvaient supporter. Des pluies diluviennes arrachaient aux sols des substances comme le mercure, l'antimoine et l'arsenic, et les concentraient dans les lacs et les rivières.

Et ainsi de suite. Pendant plusieurs années, les pluies seraient empoisonnées.

La pluie lava la poussière et les cendres. Sur toute la surface de la planète, une fine couche d'argile noire se déposa, une couche noire qui marquerait, pour l'éternité, une limite dans les roches sédimentaires du futur – une frontière argileuse qu'étudieraient un jour Joan Useb et sa mère : tout ce qui restait d'une biosphère.

Enfin, après des mois d'obscurité, le soleil finit par poindre derrière l'épaisse couverture de poussière et de cendres qui entourait la planète. Mais ce n'était qu'une tête d'épingle, qui ne dispensait quasiment pas de chaleur à ce monde gelé ; et pendant encore une année, la Terre ne connaîtrait aucune aube. Juste le plus sinistre des crépuscules.

Quand le soleil réapparut, il éclaira une Terre jonchée de squelettes.

Les plantes tropicales qui n'avaient pas été brûlées avaient été tuées par ce froid soudain. Les dinosaures qui avaient survécu mouraient les uns après les autres, de faim et de froid, et les prédateurs survivants les dévoraient aussitôt. Mais çà et là de petites choses s'activaient dans la cendre : des insectes – fourmis, cafards et scarabées –, des escargots, des grenouilles, des salamandres, des tortues, des lézards, des serpents, des crocodiles – des créatures qui avaient pu se cacher dans la boue ou au fond de l'eau –, et beaucoup, beaucoup de mammifères. Leur pelage et leur aptitude à s'enfouir sous la terre les avaient protégés des rigueurs du froid. Et leur capacité à se nourrir d'un peu tout et n'importe quoi s'était également révélée des plus utiles.

C'était comme si le monde grouillait de rats.

En ce temps-là, les survivants faisaient des petits. En ce temps-là, malgré le froid et le manque de nourriture, et en l'absence de leurs prédateurs, ils ne cessaient de croître et de se multiplier. En ce temps-là, les bistouris aveugles de l'évolution prenaient le matériau brut adapté aux conditions de vie d'un monde disparu et le taillaient, le retaillaient pour l'adapter au nouveau.

La femelle euoplocephalus avançait péniblement, toute seule, dans le froid infini, à la recherche du fourrage dont elle avait besoin.

C'était une ankylosaure d'une dizaine de mètres de longueur, qui avait pesé jusqu'à six tonnes, autrefois, avant que ne commence cette longue période de famine. Une cuirasse faite de plaques osseuses était sertie sur son dos, son cou, sa queue, ses flancs et sa tête. Même ses paupières étaient ossifiées. Les plaques étaient incluses dans un entrelacs de ligaments épais, qui permettait à l'énorme carapace, malgré son poids, de demeurer flexible. Sa longue queue se terminait par une masse de concrétion osseuse. Elle avait jadis utilisé cette massue pour estropier un jeune tyrannosaure, son plus grand triomphe – même si elle était incapable de se le rappeler, toute cette armure ayant limité la place du cerveau dans son crâne, et l'utilité d'en avoir un.

Bien que soudaine à l'échelle géologique, la grande mort qui établissait à présent son empire sur toute la planète ne l'avait pas été à ce point dans l'esprit de tous ceux qui l'avaient endurée. Pendant des jours, des semaines, des mois, beaucoup de ceux qui étaient pourtant condamnés – dinosaures y compris – s'accrochèrent à la vie.

D'une certaine manière, les euoplos étaient relativement bien équipés pour survivre à la fin du monde. Leur taille massive, leur puissance et leur imposante armure, tout cela, combiné à la chance de s'être trouvé sous une épaisse couche de nuages non loin de la rive d'un fleuve, avait permis à un petit nombre des siens de survivre à l'horreur des premières heures. Elle avait déjà connu des périodes de sécheresse, autrefois, et elle comptait bien traverser ce désastre inattendu. Elle n'avait qu'à rester en mouvement, et repousser les prédateurs.

C'est ainsi qu'elle parcourait la surface d'un monde gelé, à la recherche de nourriture. Et ne trouvait presque rien.

L'un après l'autre, ses compagnons étaient tombés pour ne jamais se relever, la laissant seule.

Par une cruelle ironie du sort, elle avait connu un ultime accouplement, avec un mâle maintenant mort, et elle se retrouvait pleine d'œufs fécondés.

Dans ce nouveau monde, une terre de glace et de ténèbres recouverte d'un drap de ciel gris-noir, l'euoplo n'avait pas pu retourner aux rookeries ancestrales. Elle avait donc construit un nid de son mieux sur le sol nu, couvert de cendres, de ce qui avait jadis été une forêt luxuriante. Elle avait pondu ses œufs, en mugissant, les disposant soigneusement en spirale. Les euoplos n'étaient pas des mères particulièrement attentives ; ces chars d'assaut de six tonnes n'étaient pas équipés pour prodiguer amour, soins et câlins. Mais l'euoplo était restée près du nid pour le défendre contre les prédateurs.

Peut-être, malgré le climat, les œufs auraient-ils pu éclore. Peut-être certains des petits auraient-ils survécu au grand froid ; de tous les dinosaures, l'ankylosaure était probablement le plus apte à supporter les conditions du nouveau monde, autrement plus difficile, qui s'annonçait.

Mais la pluie drue avait emporté tous les éléments nutritifs dont son corps avait besoin pour fabriquer de bons œufs. Certains de ses œufs avaient une coquille si épaisse que jamais aucun bébé ne pourrait en sortir, d'autres étaient au contraire si fragiles qu'ils se brisèrent lors de la ponte. Puis la pluie se mit à tomber directement sur eux, les endommageant, la sinistre saucée lessivant leur couche protectrice.

Aucun des œufs ne devait éclore. L'euoplo, éplorée, perturbée au plus profond de son métabolisme, s'en était allée. Dès qu'elle fut partie, un nuage de fourrures – des mammifères en quête de proie – s'abattit sur la couvée. Les mammifères se chamaillèrent si bien qu'ils réduisirent le nid à l'état d'un boueux champ de bataille.

Dernière représentante de son espèce, l'euoplo arpentait la contrée, guidée par un ultime impératif : survivre. Mais les poisons et la pluie l'affectaient elle aussi. Les créatures comme Purga pouvaient se protéger du déluge au fond de leur terrier, sous les rochers – et même, une fois, sous la carapace évidée d'une tortue morte. Mais l'euoplo était trop grosse : elle n'avait nulle part où se cacher, et elle ne pouvait pas creuser le sol pour s'y enterrer. Aussi avait-elle le dos à vif. Ses grandes plaques osseuses étaient à nu, les ligaments qui les reliaient enflammés et à vif.

Instinctivement, elle se dirigea cahin-caha vers la mer.

Trois mois après l'impact, Purga et Dernière parcouraient péniblement un paysage gelé, aussi dur que la roche.

Elles voyaient très peu d'animaux : de temps en temps, une grenouille les regardait passer avec méfiance, un oiseau s'envolait à leur approche, abandonnant derrière lui un reste de proie gelé, ses criaillements éveillant des échos sinistres dans ce monde de silence. Les vestiges de l'abondante végétation du crétacé, plaques de broussailles et souches d'arbres, maintenant gelés, ressemblaient à des sculptures noircies. Toutes les tentatives pour les ronger étaient récompensées par une bouchée de glace, et, plus d'une fois, par une dent ébréchée.

Elles n'étaient plus que deux. Troisième était mort, victime du froid.

Purga rêvait de sécurité, de grimper dans les arbres ou de s'enfoncer dans la terre meuble. Mais il n'y avait pas d'arbres, seulement des cendres, des souches et des racines, et le sol était trop dur pour être creusé. Pour dormir, elles devaient se contenter d'amasser un vague tas de débris, et elles se faisaient un nid de cendres, de branches carbonisées et de bouts de bois, où elles se blottissaient en tremblant, se pelotonnant l'une contre l'autre pour se tenir chaud.

Après plusieurs jours d'errance, Purga et Dernière commencèrent à longer, lentement, la côte de la mer intérieure d'Amérique.

Là aussi, les plages caillouteuses étaient gelées, des blocs de glace flottaient sur l'eau, du même gris charbonneux que le ciel. Mais la douce houle poussait toujours ses odeurs salines vers la plage. Là, au bord de l'océan, les primates trouvèrent à manger – des algues, des petits crustacés, et même quelques poissons échoués.

Les mers aussi avaient été ravagées par l'impact. Le manque de lumière et les pluies acides avaient empêché la photosynthèse du plancton dans les couches supérieures des océans. La disparition de cet élément essentiel de la chaîne alimentaire marine provoqua l'extinction en cascade de toutes les espèces, comme une théorie de dominos. Sur la Terre meurtrie, la mort établissait son royaume en tous lieux ; la glace qui couvrait les océans noirs cachait un holocauste terrifiant, dont ils mettraient plus d'un million d'années à se remettre.

Purga trouva une étoile de mer échouée. Peu habituée à se nourrir d'animaux marins, elle n'avait jamais vu pareille bête auparavant. Elle lui donna un petit coup de museau, espérant deviner à quelle catégorie cette bête appartenait : bonne ou mauvaise à manger ?

Purga se déplaçait mollement. En fait, c'est à peine si elle voyait l'étoile de mer.

Elle perdait ses forces. Elle avait toujours soif, et ressentait une douleur tenace dans la gueule, dans la gorge, et jusqu'au fond de ses entrailles. Elle n'était déjà pas bien grosse, mais, depuis l'impact, elle s'était beaucoup amaigrie. En outre, faite pour vivre dans les jungles tropicales, elle se trouvait soudain plongée dans des conditions arctiques. Sa fourrure avait beau l'aider à conserver sa chaleur, son corps, long et maigre, n'avait pas la rondeur des créatures mieux adaptées au froid. De fait, elle brûlait beaucoup de calories et de masse corporelle en tremblant.

Elle n'avait plus que la peau sur les os, elle était très affaiblie, perpétuellement épuisée, ses pensées devenaient de plus en plus confuses, son instinct s'émoussait.

Elle vieillissait. Les primates qui vivaient en parasites avaient élaboré une stratégie de survie qui consistait à se reproduire à toute allure : ils étaient tout simplement trop nombreux pour que les féroces dinosaures réussissent à les éliminer complètement. Peu importait pour l'espèce que les individus vivent longtemps. Déjà, Purga arrivait au terme de sa courte – et étonnamment riche – petite vie.

Dernière souffrait également, bien sûr. Mais elle était plus jeune, elle avait plus de réserves. Purga voyait bien qu'elles s'éloignaient l'une de l'autre. Ce n'était pas un manque de loyauté. C'était une question de survie. Purga sentait, au fond d'elle-même, qu'un jour sa fille ne la considérerait plus comme une compagne avec laquelle on cherche sa pitance, ni même comme un poids mort, mais comme de la nourriture. Après tout ce à quoi elle avait survécu, il n'était pas impossible que l'ultime vision de Purga soit celle des dents de sa propre fille se refermant sur sa gorge.

Mais pour l'instant elles sentaient une odeur de viande. Et elles virent d'autres rescapés, des sortes de rats, qui rôdaient sur la plage. Il y avait à manger, là-bas. Purga et Dernière jouèrent des griffes et des dents pour se joindre à la meute.

Sa conscience vacillant comme une ampoule grillée, l'euoplo parvint à grand-peine au bord de l'océan.

Elle baissa les yeux, sans comprendre. L'eau lui léchait les pattes, criblée de grosses gouttes de pluie. Le sable était moucheté de suie noire et de poussière volcanique, et jonché d'os de petites créatures. Elle distingua les corps argentés de quelques poissons, morts, leurs yeux arrachés par des oiseaux qui avaient profité de l'aubaine. Loin de se réjouir, l'euoplo n'éprouva qu'un mélange de fatigue, de faim, de soif, de solitude et de souffrance.

Elle leva la tête. Le soleil, qui se couchait au sud-ouest, était un disque rouge sang, plongeant dans un horizon gris anthracite surplombé par un ciel charbonneux.

L'euoplo resta sans bouger au bord de l'eau. Elle était l'un des derniers grands dinosaures encore en vie à la surface de la Terre, et elle se dressait là, telle une statue érigée en hommage aux siens. Sa tête et sa queue lui paraissaient particulièrement lourdes, d'autant plus lourdes qu'elles étaient lestées par son épaisse carapace. Elle les laissa retomber. Elle mourrait sans descendance ; et cet affreux remords occupait quasiment tout l'espace disponible dans sa minuscule conscience.

Elle sentit quelque chose lui mordre profondément le coussinet d'une patte.

C'était un mammifère, un thérien. Il n'était guère plus impressionnant que Purga, mais il avait des dents particulièrement acérées – un peu comme celles, plus tard, des lions. Il avait couru vers elle et l'avait *mordue*, avec une hardiesse insensée. L'euoplo meugla d'indignation. Dans un immense effort elle leva la patte, mais ne frappa que l'eau, soulevant une énorme gerbe de grisaille. Le petit mammifère véloce s'échappa.

Puis, partout autour d'elle, d'autres survivants s'attroupèrent.

Aucun de ces animaux n'était spécialement grand. Purga et Dernière étaient là, avec d'autres mammifères qui s'étaient maintenus en vie dans la chaleur de leurs terriers. Il y avait des oiseaux, que leur sang chaud et leur petite taille avaient protégés d'une catastrophe à laquelle leurs si spectaculaires cousins avaient succombé. Il y avait également des insectes, des escargots, des grenouilles, des salamandres, des serpents, toutes sortes de créatures qui avaient survécu en se cachant dans des trous, au fond des fleuves ou dans des grottes. Ces petits animaux, rapides et rusés, avaient depuis longtemps l'habitude de se nourrir de ce que laissaient les autres et de se cacher dans la moindre anfractuosité. Pour eux, la chute de la comète n'avait pas tellement compliqué les choses.

Ils se rapprochèrent de la géante, ultime représentante des monstres qui avaient dominé leur monde pendant une centaine de millions d'années. Au cours des longs mois de nuit qui avaient suivi l'impact, alors qu'ils se répandaient partout dans un monde qui ressemblait de plus en plus à un charnier, nombre d'entre eux avaient appris à se repaître d'un nouveau genre de nourriture : la viande de dinosaure.

Les temps avaient changé.

L'extinction est un terminus bien plus définitif que la mort.

Au moins la mort apportait-elle une consolation : on savait que sa descendance continuerait après soi, que quelque chose de son espèce se poursuivrait. L'extinction anéantissait jusqu'à cet ultime réconfort. L'extinction, c'était la fin de la vie – celle de ses enfants et de tous ses petits-enfants en puissance, de tous ceux de son espèce, jusqu'à la fin des temps ; la vie continuerait, mais elle n'aurait plus rien à voir avec *soi*.

Aussi terrible qu'elle puisse être, l'extinction était pourtant chose fréquente. La nature regorgeait de toutes sortes d'espèces, toutes liées les unes aux autres par le jeu subtil de la compétition ou de la coopération, toutes luttant sans répit pour leur survie. Personne, aucune espèce, ne pouvait rester éternellement sur le devant de la scène, et le risque d'échec était toujours présent, par suite d'un manque de chance, d'un désastre, ou de l'apparition d'un compétiteur mieux adapté ; et, depuis toujours, le prix de l'échec était l'extinction.

Or, la chute de la comète avait provoqué une extinction *de masse*, l'une des plus terribles de la longue histoire de cette planète ô combien meurtrie. La mort n'épargnait aucun royaume biologique, sur terre, dans les mers et dans les airs. Des familles entières, des royaumes entiers d'espèces s'étaient anéantis dans les ténèbres. C'était une crise biotique de première grandeur.

Alors, peu importait que l'on soit bien adapté ou non, bien équipé ou non pour échapper à ses prédateurs ou lutter contre ses voisins, puisque la plupart des règles de base étaient en cours de révision. En cas d'extinction de masse, mieux valait être petit, nombreux, réparti sur une vaste zone, et avoir un endroit où se cacher.

Et, surtout, être capable de digérer les autres survivants de cette apocalypse.

Même alors, la survie était autant une question de chance que de gènes : ce n'était pas une question d'évolution mais de hasard. Ils étaient petits, doués pour trouver des cachettes, et pourtant plus de la moitié des mammifères s'étaient éteints en même temps que les dinosaures.

Cela dit, l'avenir appartenait aux mammifères.

L'euoplo ne se rendit même pas compte que ses pattes se dérobaient sous son poids. Mais il y eut soudain une moiteur froide sous son ventre, puis une âcre salinité dans sa bouche, au moment où sa tête heurta l'eau.

Elle ferma les yeux. Sa lourde armure opacifiait ses paupières. Elle poussa un sourd mugissement – un son que n'importe quel membre de son espèce, s'il en était resté ne serait-ce qu'un, aurait entendu à des kilomètres à la ronde –, tenta de recracher l'eau salée qu'elle avait dans la gueule. Elle se rétracta dans son armure osseuse, comme une tortue rentrant dans sa carapace. Bientôt, elle n'entendit même plus le crépitement de la pluie sur l'eau et le sable, ni les hideuses petites créatures qui piaillaient et se chamaillaient autour d'elle.

Elle rendit son dernier souffle sans connaître la paix, seulement un immense deuil reptilien. Au moins ne sentit-elle pas grand-chose quand les petites dents se mirent à l'ouvrage.

Ce dernier grand dinosaure était une véritable réserve de viande et de sang, qui nourrit la horde querelleuse d'animaux pendant toute une semaine.

Après cela, les pluies acides commencèrent à délaver les énormes plaques mâchurées qui couvraient son dos, et lorsqu'elles furent d'un blanc luisant, Purga et Dernière firent la connaissance d'un autre groupe de primates. Il y en avait tout un tas, la plupart de l'âge de Dernière, ou plus jeunes – ils étaient probablement nés après l'impact, et n'avaient pratiquement rien connu, au cours de leur vie, que ce monde de disette. Ils étaient maigres, faméliques, et très déterminés. Deux d'entre eux étaient des mâles.

Ils sentaient drôlement. Ils n'avaient en fait aucun lien de parenté, si lointain fût-il, avec l'espèce de Purga. C'étaient pourtant, indubitablement, des pattes aux moustaches, des *Purgatorius*. Les mâles ne s'intéressèrent pas à Purga : son odeur, si particulière, leur disait qu'elle était trop âgée pour avoir d'autres portées.

Dernière jeta à sa mère un ultime regard. Puis elle fila vers les autres, et les mâles, les moustaches frétillantes, commencèrent à la flairer et à lui donner de petits coups de leurs museaux ensanglantés.

Ce fut la dernière fois que Purga vit sa fille.

IV

Un mois plus tard, alors qu'elle se promenait seule, Purga tomba sur un tapis de fougères.

Ravie, elle trottina de toute la vitesse de ses petites pattes. Ce n'étaient que des pousses basses, une sorte de couvre-sol, mais leurs frondaisons offraient une douce ombre verte et, dessous, on voyait des spores, de petits points bruns.

De la verdure, dans un monde de suie et de cendres grises.

Les fougères étaient particulièrement endurantes. Leurs spores étaient tellement résistantes qu'elles arrivaient à survivre au feu, et si petites que le vent les transportait sur de grandes distances. Dans certains cas, les nouvelles pousses surgissaient directement d'un réseau de racines ayant survécu, des racines noires, plongeant loin sous terre, qui étaient encore – et de beaucoup – plus indestructibles que les racines des arbres. À cette époque, alors que la lumière revenait peu à peu, permettant à nouveau la photosynthèse, les fougères n'avaient à peu près pas de rivales. Le monde qui renaissait de la boue d'argile et de cendre retrouvait un aspect qu'il n'avait pas eu depuis le dévonien, quatre cents millions d'années auparavant, quand les premières plantes terrestres ayant jamais vu le jour – notamment certaines fougères primitives – avaient pour la première fois tenté de coloniser la terre ferme.

Purga grimpa. La plus grande de ces plantes accrochées au sol lui offrit un mirador de quelques centimètres de hauteur, mais elle se hissa sur les frondaisons avec reconnaissance. Cela suffit à déclencher en elle un flot de souvenirs incohérents d'une époque où elle se faufilait dans les branches des immenses forêts du crétacé à jamais disparues.

Plus tard, elle creusa la terre. Il pleuvait toujours, et le sol était marécageux, mais en creusant entre les épaisses racines des fougères elle put se construire un douillet petit terrier. Elle commença à se détendre, pour la première fois depuis l'impact – peut-être même pour la première fois depuis que cette dingue de troodon s'était mise à la poursuivre.

La vie n'attendait plus rien de Purga. L'un de ses

petits avait survécu et donnerait à son tour naissance à d'autres portées, à travers lesquelles son fleuve de gènes continuerait à couler, jusqu'à un lointain et inconnu futur. Par une ironie du destin elle avait survécu. En effet, elle aurait certainement déjà succombé à ses prédateurs si le grand vide qui avait empli le monde ne lui avait offert quelques mois de répit – chèrement payés par le trépas de plusieurs milliards de créatures.

Aussi confortablement installée qu'il lui était possible de l'être, elle se prépara à s'endormir dans un cocon de terre qui sentait encore l'incendie dans lequel un monde avait disparu.

La planète était en train de se remplir à toute allure de créatures à la vie brève mais qui se reproduisaient rapidement. La quasi-totalité de la population de la planète était déjà née, à l'aube de cette nouvelle ère. Elle n'avait pas connu les cendres, les ténèbres ni les charognes. Dans son sommeil, Purga grattait la terre avec ses pattes. Elle était l'une des dernières créatures au monde à se souvenir encore des dinosaures, et les terribles lézards continuaient de la pourchasser – dans ses rêves.

Un matin, elle ne se réveilla pas, et son douillet terrier devint son tombeau.

Une couverture sédimentaire déposée par l'océan recouvrit bientôt le vaste cratère d'impact. La déformation géologique disparut sous une couche de calcaire d'une centaine de mètres d'épaisseur.

Il ne restait rien de la Queue du Diable, hormis quelques traces. Le noyau avait été pulvérisé au cours des toutes premières secondes de l'impact. Bien avant que le ciel ne s'éclaircisse, ce qui restait du halo et de la superbe queue – le mince corps de la comète, maintenant séparé de sa petite tête – avait été dispersé par les vents solaires.

La comète laissait pourtant derrière elle une sorte de mémorial. Dans la mince strate argileuse on retrouverait un jour des tectites – ces petits morceaux de la Terre qui avaient été soufflés dans l'espace, où ils avaient fondu, et qui avaient pris au cours de leur rentrée dans l'atmosphère la forme de petites gouttes de rosée ou de minuscules capsules spatiales de verre. On retrouverait aussi des fragments de quartz et d'autres minéraux, vitrifiés dans d'étranges configurations par l'énergie dégagée lors de l'impact. Il y avait des tessons de carbone cristallin, qui normalement ne se formaient que dans les couches profondes de la Terre, mais qui avaient cuit à la surface au cours de ces terribles secondes : de tout petits diamants jonchaient les cendres des forêts carbonisées et les cadavres des dinosaures du crétacé. Il y avait même quelques traces d'acides aminés, ces molécules organiques complexes qui avaient jadis été semées à la surface de la Terre par d'anciennes comètes et qui avaient permis à la vie d'émerger : le cadeau quelque peu anachronique d'une visiteuse en retard.

Et puis, lorsque les nuages de poussière commencèrent à se disperser et le froid à s'atténuer, le dernier cadeau de la comète à la Terre apparut. De grandes quantités de dioxyde de carbone, issues de la cuisson des plaques de calcaire déposées au fond des océans fracassés, flottaient à présent dans les airs, ce qui déclencha un effet de serre d'une ampleur considérable. La végétation, après s'être efforcée de survivre, devait à présent s'adapter. Le premier millénaire fut une époque de marécages, de marais et de tourbières fangeuses, où les végétaux pourrissants encombraient les lacs et les fleuves. Partout à la surface du monde se déposèrent d'épais rubans de charbon.

Pour finir, cependant, alors que les spores et les graines s'envolaient de par le monde, de nouvelles familles de plantes se mirent à germer.

Petit à petit, la Terre devint verte.

En attendant, le temps faisait son œuvre sur les petits restes de Purga.

Dans les heures qui suivirent sa mort, des mouches à viande pondirent leurs œufs dans sa gueule et dans ses yeux. De même que les vers s'enfouissaient dans son petit corps, la flore intestinale qui l'avait si bien servie de son vivant se fraya un chemin vers l'extérieur. Ses entrailles gonflèrent puis crevèrent. Au contact de leur contenu, ses autres organes se mirent à pourrir, et son cadavre commença à se liquéfier, dégageant une épouvantable odeur de fromage. Qui attira d'autres mouches et scarabées carnivores.

Dans les jours qui suivirent sa mort, cinq cents types d'insectes différents festoyèrent dans le corps de Purga. Au bout d'une semaine il ne restait plus d'elle que ses os et ses dents. Même les longues molécules d'ADN ne pouvaient survivre indéfiniment. Les protéines se brisèrent en leurs constituants élémentaires, de minuscules briques d'acides aminés, qui à leur tour se dégradèrent en leur image-miroir.

Quelques jours plus tard, une coulée d'eau acide inonda le petit terrier. Les os de Purga furent emportés dans un creux, à quelques centaines de mètres de là, où ils se mélangèrent à des os de raptors, de tyrannosaures, d'hadrosaures, et même de troodons : les ennemis de toujours s'étaient réconciliés dans un final on ne peut plus démocratique.

Au fil du temps, au gré des inondations et des débordements des fleuves, d'autres couches de boue se déposèrent. Sous l'effet de la pression, la vase se changea en pierre. Et là, dans leur tombe minérale, les os de Purga se transformèrent une nouvelle fois – une eau riche en minéraux ne cessant de s'infiltrer dans chacun de leurs pores, les emplissant de calcite, de telle sorte qu'ils firent à leur tour partie de la pierre elle-même.

Profondément enterrée, Purga entama un incroyable voyage de plusieurs millions d'années. Les continents entrèrent en collision, la terre se souleva, emportant avec elle tous ses passagers enfouis, un peu comme un gigantesque paquebot voguant sur une immense vague. La chaleur et les forces de compression fracturèrent, tordirent les roches. Mais l'érosion – cette force destructrice, implacable, qui contrebalance les soulèvements créatifs de la Terre – se poursuivait. Pour finir, ce paysage se dota de plateaux angulaires, se hérissa de montagnes et se creusa de cuvettes désertiques.

Puis l'érosion s'attaqua à l'énorme tombe qui avait englouti les os de Purga. Comme la roche commençait à se déliter, des fragments d'os fossilisés émergèrent à la lumière, des corps remontèrent à la surface du sol, s'éveillant d'un sommeil long de soixante-cinq millions d'années.

Presque tous les os de Purga avaient disparu, retournant à la poussière en quelques instants à l'échelle géologique, anéantissant cette patiente préservation chtonienne. Mais, en 2010, une lointaine descendante de Purga trouverait une petite écharde noire dans un mur de roches grises, juste sous une couche de glaise noire, et comprendrait que c'était une petite dent.

Mais ceci n'aurait lieu que dans un lointain avenir.

4

La forêt vide

▼ Texas, Amérique du Nord, 63 millions d'années avant notre ère

Plesi grimpait dans l'immense forêt.

Elle escalada, comme un écureuil, un tronc écailleux, puis courut le long d'une grosse branche. Il n'était pas loin de midi, et pourtant la lumière était incertaine, tamisée par la voûte des arbres, très haut au-dessus d'elle. Le sol se perdait dans le vert, loin en bas. La forêt était silencieuse, on n'entendait que le doux chuintement des branches dans la brise chaude et les cris des oiseaux de la canopée, ces cousins colorés et lointains des dinosaures disparus.

C'était un monde de forêt. Et il appartenait aux mammifères – dont les primates, telle Plesi.

Elle jeta un coup d'œil derrière elle, sur sa branche, à ses deux petits, deux filles : Forte et Faible. Elles étaient à peu près deux fois plus petites que Plesi, et elles étaient pour l'heure blotties dans la fourche formée par l'arbre et la branche. En cet instant précis, Forte repoussait doucement Faible sur le côté. Chez certaines espèces, Faible, la maigrelette, aurait probablement été abandonnée à son sort. Mais l'espèce de Plesi n'était pas très prolifique, et dans ce monde imprévisible et périlleux il convenait de prendre soin de tous.

Sauf que Plesi ne pourrait pas protéger éternellement ses petites. Elles étaient sevrées, maintenant. Elles avaient appris à dénicher les fruits et les insectes qui habitaient cette chose, leur arbre natal, mais elles devaient encore apprendre à s'aventurer plus loin dans la forêt pour se nourrir.

Et pour cela, elles devaient apprendre à sauter.

Avec d'infinies précautions, dérapant sur l'écorce de la branche, Plesi se ramassa, sauta.

Plesi était une plesiadapis : elle appartenait, en fait, à ce qu'on appellerait plus tard la famille des carpolestidés. Plesi ressemblait beaucoup à sa lointaine ancêtre, Purga. Comme elle, elle rappelait assez une sorte de petit écureuil, avec ses petites pattes courtes, ou un grand rat à la queue touffue. Bien qu'elle fût une vraie primate, Plesi n'avait pas d'ongles mais des griffes, comme Purga, son cerveau n'était pas très développé, et ses yeux n'étaient pas sur le devant de sa tête mais sur les côtés. Elle avait d'ailleurs conservé ces grands yeux qui y voyaient dans le noir et qui avaient été si utiles à Purga, au temps des dinosaures.

L'amélioration la plus importante dont avaient bénéficié les primates depuis l'époque de Purga se trouvait dans sa bouche : les dents. Plesi appartenait à une espèce capable de décortiquer les fruits, comme le feraient, bien plus tard, les opossums d'Australie. C'était une évolution logique, pour que les primates puissent se nourrir. Rares étaient les animaux de cette époque qui mangeaient des feuilles. Dans un monde au climat étal, où les forêts tropicales ou paratropicales s'étendaient loin au-delà de l'équateur, les variations saisonnières étaient faibles, et ici, au Texas, les arbres ne renouvelaient pas souvent leur feuillage. En fait, les feuilles étaient pleines de toxines et de substances chimiques qui les rendaient amères ou carrément toxiques pour les mammifères un peu trop curieux.

Et pourtant, depuis Purga, en deux millions d'années, la lignée des primates n'avait pas connu beaucoup d'innovations. C'était d'ailleurs le cas de bon nombre d'espèces. Longtemps après l'impact, on aurait dit que le monde, vidé, avait été plongé dans une sorte de stase.

Plesi atterrit avec aisance sur la branche qu'elle visait.

Ses deux filles, encore hésitantes, recroquevillées contre le tronc de l'arbre, poussaient les miaulements plaintifs des bébés. Bien que chavirée par leurs petits cris, Plesi se contenta de lever la tête et d'agiter son museau. Puis elle essaya d'encourager ses deux petites à la rejoindre en grignotant les grappes de fruits qui poussaient sur ce nouvel arbre.

Les bébés réagirent enfin. À la surprise de Plesi, ce fut la plus petite, Faible, qui s'avança la première. Elle trottina jusqu'au bout de la branche, nerveuse, hésitante, mais en faisant preuve d'un bon sens de l'équilibre. Elle dressa la queue et banda ses muscles – puis elle se ramassa brusquement sur elle-même, lissa les poils de son museau et, enfin, sauta.

Elle avait très légèrement surestimé la distance. Elle déboula des airs et tomba sur sa mère, qui poussa un sifflement indigné. Mais ses pattes agiles agrippèrent promptement l'écorce noueuse, et elle se stabilisa. Toute tremblante, Faible se blottit contre sa mère et enfouit son museau dans son ventre, à la recherche d'un téton qui maintenant ne donnait plus de lait. Plesi la laissa faire tout de même. Ce réconfort serait sa récompense.

C'est alors qu'il y eut un trouble mouvement sur la branche de l'autre arbre. Forte, restée seule en arrière, fit un brusque plongeon, ses jeunes pattes glissant sur l'écorce. Elle ne prit pas le temps de regarder, elle n'essaya même pas de mettre à profit son aptitude innée à estimer les distances, elle s'élança tout bonnement dans les airs.

Un frisson de peur parcourut l'échine de Plesi.

Forte atteignit la branche, mais la heurta beaucoup trop violemment et retomba aussitôt en arrière. L'espace d'un battement de cœur, elle resta suspendue là, ses petites pattes de devant griffant en vain l'écorce, ses pattes de derrière fouettant l'air. Puis elle tomba.

Plesi la vit pirouetter dans les airs, se tortillant de tous côtés, la fourrure blanche de son petit ventre jetant comme un appel désespéré, ses pattes se refermant sur le vide. Et pendant tout ce temps elle ne cessa de pousser des piaillements d'enfant perdue. Puis elle tomba dans les feuilles et disparut en un éclair, avalée par la grande bouche verte qui, au-dessous d'elles, engloutissait tous les morts de la forêt.

Plesi se cramponna fermement à sa branche, en tremblant de tous ses membres. C'était arrivé si vite. Une petite de perdue – et ce n'était pas la plus malingre, la plus maigrelette des deux. Cela n'aurait pas dû arriver. Elle cracha d'un air de défi dans la verdure menaçante.

Puis, laissant Faible pitoyablement agrippée à sa branche, Plesi commença à descendre dans la verdure en direction du sol.

Elle atteignit enfin les branches les plus basses, plongea le regard dans ce qui était une oasis de lumière.

C'était l'une des rares clairières de cette infinie forêt. Quelques mois plus tôt, un vieil arbre était tombé, dévoré de l'intérieur, fracassé par un éclair. En s'écrasant, il avait ouvert un espace dans l'épaisse verdure. Cette clairière ne durerait pas longtemps. Mais, pour le moment, les plantes des sous-bois – à l'instar des fougères, ces vaillantes survivantes – profitaient de l'occasion pour germer, et le sol de la forêt était anormalement vert et luxuriant. Déjà, quelques arbrisseaux dressaient leurs courtes branches vers le ciel, dans une impitoyable course végétale pour voler la lumière et boucher le trou qui s'était ouvert dans la canopée.

La forêt était un endroit étrangement immobile. Les plus grands arbres de la canopée rivalisaient pour attraper le plus de lumière possible. Dans la pénombre des couches inférieures, il n'y avait pas assez de lumière pour entretenir la végétation, et le sol était perpétuellement jonché de matière végétale en décomposition et d'os d'animaux et d'oiseaux qui avaient eu la malchance de tomber là. Sous le sol silencieux, des graines et des spores attendaient leur heure. Elles pouvaient attendre des siècles, des milliers d'années s'il le fallait, le jour où la chance leur sourirait, et où s'ouvrirait dans la canopée une faille menant au jour. Alors, la course à la vie pourrait commencer.

Plesi glissa le long d'une racine aérienne jusqu'au sol. Elle traversa une tache de soleil en se faufilant, mal à l'aise, sous les immenses frondes d'une fougère. La terre ferme, qui ne bougeait ni n'oscillait, était très étrange pour elle, aussi étrange que les secousses d'un tremblement de terre auraient pu l'être pour un être humain.

Il y avait beaucoup d'animaux dans la clairière, attirés par l'espoir d'améliorer leur menu quotidien. Il y avait des grenouilles, des salamandres, et même quelques oiseaux, qui striaient les airs de grandes envolées de couleurs, à la recherche d'insectes et de graines.

Et il y avait des mammifères.

Il y avait des espèces de ratons laveurs, qui en fait étaient plutôt les proches cousins des créatures à sabots du futur, et des insectivores qui détalaient çà et là, et dont les descendants seraient, entre autres, les musaraignes et les hérissons. Il y avait aussi un téniodonte, qui ressemblait à un petit wombat grassouillet. Il creusait la terre, en véritable expert qu'il était, pour dénicher racines et tubercules. Toutes les bêtes qui cherchaient leur pitance dans cette clairière auraient paru très bizarres à des yeux humains. Leur comportement était étrange, furtif, disgracieux, presque reptilien. Elles passaient leur temps à regarder derrière elles, comme des cambrioleurs à la petite semaine redoutant le retour des propriétaires.

Ces mammifères étaient des rescapés du crétacé. À l'époque, d'une certaine façon, la Terre n'était qu'une immense cité faite pour complaire à ses propriétaires, les dinosaures. Maintenant que les habitants dominants avaient disparu, que les immeubles avaient été rasés, les seules créatures urbaines encore en vie étaient les occupants des égouts et des caniveaux, habitués à se repaître d'ordures.

Cette Terre en convalescence était un endroit très différent des rêves du crétacé. Les nouvelles forêts de la Terre étaient beaucoup plus denses que celles d'autrefois. Il n'y avait pas de grands herbivores : les sauropodes n'existaient plus, et il n'y aurait pas d'éléphants avant bien longtemps. Il n'y avait pas d'animaux assez massifs pour renverser ces arbres, et pour créer, dans de grands fracas de bois brisé, clairières, corridors et parcs immenses ressemblant à la savane. La végétation, devenue folle, avait tapissé le monde de verdure d'une densité et d'une profusion qu'on n'avait pas vues depuis que les premiers animaux avaient arpenté la Terre.

Mais ce décor était étrangement vide. Dans ces épaisses jungles, il n'y avait plus de grands dinosaures prédateurs, et les jaguars, les léopards et les tigres n'étaient pas encore arrivés. Pratiquement tous les habitants de la forêt étaient de petits mammifères vivant dans les arbres comme Plesi. Pendant extraordinairement longtemps – plusieurs millions d'années –, les animaux conserveraient les habitudes du crétacé, et pas une espèce de mammifère n'atteindrait une taille même moyenne. Les mammifères se cantonnaient encore dans les recoins et les ombres du monde vide, se contentant de grignoter des insectes, esquivant toute innovation, se bornant parfois à changer de dents.

Comme des prisonniers condamnés à une longue peine, les survivants de l'impact étaient on ne peut plus institutionnalisés. Les dinosaures avaient peut-être disparu, mais les habitudes des mammifères étaient enracinées en eux depuis trop longtemps ; la réinsertion n'était pas si facile, après une peine de cent cinquante millions d'années.

Mais les choses étaient en train de changer.

Plesi entendit enfin les faibles miaulements de sa petite.

Forte était pitoyablement recroquevillée à la lisière de la clairière, dans une sorte de nid de fougères brunâtres. Après sa dégringolade de l'arbre, elle avait quand même eu la présence d'esprit de se mettre à l'abri. Mais elle était loin d'être en sécurité : une énorme grenouille prédatrice à ventre rouge la lorgnait, avec un drôle de vide dans le blanc des yeux.

En voyant sa mère, Forte fit un bond, se précipita vers elle et chercha ses tétons – comme sa sœur avant elle. Mais Plesi la repoussa, lui refusant ce réconfort.

Plesi était profondément troublée. Une carpolestidé qui savait se montrer forte dans le nid mais n'avait aucun instinct pour la vie dans les arbres – qui n'avait même pas assez de jugeote pour rester silencieuse quand elle était à découvert –, cette carpolestidé-là avait peu de chances de survivre. Soudain, Forte n'avait plus l'air si forte, tout compte fait. Plesi sentit quelque chose de bizarre remuer en elle, qui la poussait à trouver un compagnon et à s'accoupler de nouveau. Pour l'instant, elle se contenterait de mordiller les flancs de Forte avec ses incisives tranchantes, et de la ramener vers l'arbre dont elles étaient descendues.

Mais à peine avait-elle fait quelques pas qu'elle s'arrêta brusquement.

Un prédateur braquait sur elle un mortel regard.

Un oxyclaenus. Un quadrupède à la fourrure soyeuse, au corps allongé, court sur pattes. Il ressemblait à une grosse fouine, même si sa tête et son museau rappelaient plus ceux de l'ours. Mais il n'avait aucun rapport ni avec la fouine, ni avec l'ours. En fait, c'était un ongulé, l'un des tout premiers représentants de cette grande famille à laquelle appartiendraient un jour les mammifères à sabots comme le cochon, l'éléphant, le cheval, le chameau, et même la baleine et le dauphin.

Pour un œil habitué aux guépards et aux loups, cet oxyclaenus aurait paru maladroit, lent, comme mal fini. Mais l'espèce à laquelle il appartenait avait appris à chasser dans les sous-bois clairsemés de cette interminable forêt. Il pouvait même grimper dans les branches basses des arbres, pour y poursuivre son gibier. En ces temps archaïques, cet oxy n'avait presque aucun concurrent.

Comme il regardait la forme aplatie et craintive de Plesi, deux froides questions s'imposèrent à son esprit : *Comment vais-je t'attraper ?* et *Hmm, je me demande si tu seras aussi bonne que tu en as l'air...*

Plesi s'était aplatie de tout son long par terre, tremblotante, les moustaches vibrantes, les babines retroussées sur ses petites dents pointues. Mais elle était dotée d'un instinct affûté par des millions de siècles passés entre les pattes des dinosaures. Et les rouages de son esprit procédaient froidement à une réévaluation des risques. Ici, à découvert, elle n'avait nulle part où se cacher. Il n'y avait pas non plus d'arbre où grimper, hors de portée de l'oxy. Et à n'en pas douter, si elle essayait de le distancer, il l'attraperait sans mal avec l'une de ses cruelles griffes.

En désespoir de cause, elle tendit le dos, ouvrit la gueule et cracha, si fort qu'elle aspergea l'oxy de salive.

L'oxy hésita devant cette surprenante agression venant d'une si petite bête. *Mais elle ne peut pas me faire de mal.* L'oxy, fâché, reprit rapidement sa position, s'apprêta à relever le défi de Plesi.

Trop tard. Plesi avait déjà disparu dans le sous-bois. Elle n'avait jamais eu l'intention d'attaquer l'oxy : seulement de gagner une précieuse seconde. Et elle avait laissé Forte derrière elle.

La jeune carpolestidé, clouée sur place par le regard du carnivore, s'aplatit comme si elle voulait rentrer sous terre. L'oxy broya Forte entre ses griffes, lui brisa la colonne vertébrale. Forte n'était plus que douleur. Elle se tourna vers son agresseur en montrant les dents. Elle avait découvert sur la fin quelque chose qui ressemblait à du courage. Mais cela ne lui servit à rien.

L'oxy joua quelque temps avec la petite bête estropiée. Et puis, enfin, il commença à la dévorer.

Tandis que le monde pansait ses blessures, sa nouvelle configuration transformait tous ses habitants.

Les mammifères s'essayaient à de nouveaux rôles. Les ancêtres des vrais carnivores, au nombre desquels compteraient un jour les chiens et les chats, étaient encore de petits animaux ressemblant à des furets, habitués à se nourrir d'un peu tout, et toujours à l'affût. L'oxyclaenus, lui, avait commencé à développer certaines spécialisations des prédateurs mammifères qui lui succéderaient : des pattes verticales permettant de courir longtemps, de puissantes dents permanentes dotées d'un double système de racines et de cuspides, s'emboîtant les unes dans les autres afin de broyer les chairs.

Tout cela faisait partie d'un ancien schéma.

Toutes les créatures vivantes s'escrimaient à survivre. Elles se nourrissaient, cicatrisaient, grandissaient, évitaient les prédateurs.

Aucun organisme n'était éternel. La seule façon de lutter contre l'affreuse annihilation de la mort était de se reproduire. Grâce à la reproduction, les informations génétiques d'un individu étaient transmises à sa descendance.

Mais aucune descendance n'était semblable à ses parents. Et chaque espèce possédait en permanence la capacité de changer. Tous les organismes devaient habiter dans un cadre déterminé par leur environnement – un environnement fait d'un climat, d'une terre et de choses vivantes, qu'ils modifiaient à leur tour. Comme tous cherchaient à survivre avec une férocité sans pitié, toutes les niches de l'environnement étaient pleines à craquer ; toutes les espèces viables capables de trouver un endroit où survivre étaient représentées.

Le plus important, c'était la place. Et la compétition pour cette place était terrible et sans trêve. Il naissait beaucoup plus de petits qu'il n'en pouvait survivre. Le combat pour la survie était implacable. Les perdants étaient éliminés, par la faim, par les prédateurs ou par les maladies. Ceux qui étaient ne serait-ce qu'un tout petit peu mieux adaptés à leur petit coin d'environnement avaient évidemment un petit peu plus de chances que les autres de gagner la bataille pour la survie – et par là même de transmettre leurs informations génétiques aux générations suivantes.

Mais l'environnement pouvait évoluer, en fonction des ajustements climatiques ou de la dérive des continents ; et les espèces se mélangeaient au gré des vagues migratoires arrivées par les ponts de terre, se retrouvaient confrontées à de nouveaux voisins. Comme leur environnement avait changé – tant du point de vue climatique qu'en termes de voisinage –, les critères d'adaptabilité changeaient aussi. Les principes de la sélection, eux, s'appliquaient toujours.

Ainsi, de génération en génération, les organismes vivants emboîtaient-ils le pas aux changements du monde. Toutes les variétés d'une espèce donnée qui fonctionnaient dans ce nouveau cadre étaient donc sélectionnées, et celles qui n'étaient plus viables étaient condamnées à disparaître : elles finissaient fossilisées ou se volatilisaient carrément, oubliées à jamais. Le renouvellement était constant, incessant. Tant que l'évolution « nécessaire » était dans le champ des variations génétiques possibles, les changements d'une population donnée pouvaient être rapides – les éleveurs humains de plantes et d'animaux domestiques s'en rendraient compte plus tard, quand ils s'efforceraient d'appliquer leurs propres idées de la perfection aux créatures en leur pouvoir. Mais quand les variations s'épuisaient, l'évolution marquait le pas, jusqu'à la survenue d'une nouvelle mutation. C'était un événement aléatoire, causé notamment par des radiations, qui ouvrait la voie à de nouvelles possibilités de variations.

C'était cela, l'évolution. Et ce n'était rien de plus : un principe des plus simples, reposant sur des lois tout aussi simples, évidentes. Mais c'était elle qui façonnerait toutes les espèces qui un jour ou l'autre habiteraient la Terre, depuis l'apparition de la vie jusqu'à l'extinction de la dernière espèce, sous un soleil mortel, loin, très loin dans le futur.

Elle était à l'œuvre en ce moment même.

C'était dur.

C'était la vie.

Plesi avait passé un marché silencieux avec l'oxy. *Prends mon enfant. Épargne-moi.* Alors même qu'elle retraversait les couches de verdure pour regagner la sécurité des arbres, et retrouver sa dernière fille, cet abominable stratagème continuait de lui occuper l'esprit.

Cela, et un sentiment venu du plus profond de ses cellules, une pensée qu'elle aurait pu formuler ainsi : *J'ai toujours su que c'était trop beau pour être vrai. Les dents et les griffes n'étaient pas parties. Elles s'étaient juste cachées. J'ai toujours su qu'elles reviendraient.*

Son instinct avait vu juste. Deux millions d'années après la trêve précaire imposée par la mort des dinosaures, les mammifères avaient commencé à s'entre-dévorer.

Cette nuit-là, Faible, déconcertée, terrifiée elle aussi, regarda sa mère s'agiter et grogner dans son sommeil.

5

Le temps des longues ombres

▼ Île d'Ellesmere, Amérique du Nord, 51 millions d'années avant notre ère

I

Au cours des longues journées de l'été arctique, il n'y avait ni vraies nuits, ni vrais matins. Mais alors que le soleil faisait timidement son apparition, la couverture nuageuse commençait à s'éclaircir ; la lumière et la chaleur tombaient de biais entre les immenses feuilles des arbres, le brouillard se levait sur le sol marécageux de la forêt, et les sensibles narines de Noth s'emplissaient d'odeurs de fruits mûrs et de végétation pourrissante, et du moite parfum de la fourrure des siens.

Ça *sentait* le matin, le commencement. Une agréable énergie emplit le jeune corps de Noth.

Ses puissantes pattes arrière ramassées sous son corps, sa queue épaisse dressée, il crapahuta le long de la branche pour se rapprocher de sa famille – son père, sa mère, et les deux nouvelles petites sœurs, des jumelles. Tout le monde s'épouillait, et c'était un grand moment de plaisir. Les doigts agiles de leurs petites pattes noires peignaient leur fourrure, pour en ôter les morceaux d'écorce, les petites crottes sèches des bébés, et les parasites qui faisaient un succulent petit déjeuner, bien sanglant. Ils perdaient bien quelques poils par-ci par-là, mais les adapidés adultes avaient déjà quasiment abandonné leur épaisse toison d'hiver.

Peut-être était-ce la lumière naissante qui inspirait ces chants ?

Cela avait commencé dans le lointain, le léger trémolo d'un mâle et d'une femelle qui entrelaçaient leurs voix ; probablement un couple. Très vite, d'autres voix s'étaient jointes au duo, formant un chœur de cris et de hurlements qui avait ajouté autant de contrepoints et d'harmonies au thème de départ.

Noth alla jusqu'au bout de la branche pour mieux les entendre. Il regardait à travers plusieurs couches de feuilles géantes, tournées vers le sud, en direction du soleil, comme autant de parasols miniatures. On y voyait très loin. La forêt circumpolaire n'était pas très dense, et les arbres, principalement des cyprès et des hêtres, étaient suffisamment espacés pour que leurs feuilles puissent capter au mieux la lumière rasante du soleil arctique ; la forêt avait en outre de nombreuses et grandes clairières, où farfouillaient de maladroits herbivores vivant à même le sol. Noth avait de grands yeux perdus dans un masque de fourrure noire – un peu comme ceux de sa lointaine ancêtre, Purga ; il y voyait bien dans le noir, mais était facilement ébloui par la lumière du jour.

Le chant voulait dire quelque chose d'assez simple : *Voici qui nous sommes ! Si vous n'êtes pas de la famille, restez à l'écart, car nous sommes forts et nombreux ! Si vous êtes de la famille, venez ! Venez !* Mais sa richesse allait bien au-delà de sa simple valeur utilitaire. C'était essentiellement des bulles de sons épars, issues du hasard, comme lorsqu'on chante le scat. Cet hymne ressemblait parfois, dans ses meilleurs moments, à une symphonie vocale spontanée, qui pouvait durer de longues minutes, avec des passages d'une extraordinaire pureté harmonique qui plongeaient Noth en transe.

Il leva le museau vers le ciel, appela.

Noth était une sorte de primate, que l'on baptiserait plus tard *Notharctus*. Il appartenait à la famille des adapidés. C'était un descendant des plesiadapis qui avaient vécu au cours du premier millénaire après la chute de la comète. Il ressemblait beaucoup à un petit lémurien. Il avait un torse conique, de longues et puissantes pattes de derrière, en comparaison desquelles ses bras, munis de mains noires préhensiles, étaient plutôt courts. Il avait une petite tête au museau proéminent et des oreilles dressées. Il était doté d'une longue et puissante queue, enrobée de graisse – dans laquelle il puisait pendant son hibernation. Il avait un tout petit peu plus d'un an.

Le cerveau de Noth était considérablement plus grand que celui de Plesi ou de Purga, et sa façon d'être au monde en était d'autant plus riche. La vie de Noth n'était donc pas que sexe, nourriture et souffrance ; il y avait de la place pour quelque chose qui ressemblait à de la joie. Et c'était de la joie qu'il exprimait dans sa chanson. Sa mère et son père joignirent rapidement leur chant au sien. Même les toutes jeunes sœurs de Noth y participèrent de leur mieux, ajoutant leurs petits miaulements aux voix des adultes.

Il était midi, et le soleil ne monterait pas plus haut ce jour-là ; il resterait bas sur l'horizon. Des rayons de lumière verte filtraient à travers les feuillages, trouant le dense et chaud brouillard sourdant de la végétation en décomposition sur le sol, où s'entrecroisaient les ombres des troncs d'arbre.

C'était Ellesmere, le point le plus au nord de l'Amérique du Nord. En été, le soleil ne se couchait jamais. Il se contentait de décrire des cercles dans le ciel, au-dessus de l'horizon, abreuvant de lumière les larges feuilles des conifères. C'était un endroit où les ombres étaient toujours longues, même au cœur de l'été. La forêt qui entourait le pôle avait des allures d'immense cathédrale sylvestre, dont les feuilles étaient les vitraux.

Et partout résonnaient les échos des voix des adapidés.

Les adapidés s'enhardirent et dégringolèrent des branches vers le sol.

Noth était avant tout un mangeur de fruits. Mais il tomba sur un appétissant scarabée. Sa magnifique carapace, d'un bleu-vert métallique, craqua sous sa dent. Tout en se déplaçant, Noth suivit les repères olfactifs des siens : *Je suis venu par ici. Par là, pas de danger... J'ai vu du danger, là. Les dents ! Les dents !... Je fais partie de ce groupe. Hé, la famille, par ici ! Les autres, tirez-vous... Je suis une femelle. Suivez ça pour me retrouver...* Ce dernier message provoqua chez Noth un désagréable tiraillement au niveau du bas-ventre. Il avait des glandes odoriférantes aux poignets et sous les bras. Il passa ses poignets sous ses aisselles, puis sur le tronc d'arbre, utilisant les petits éperons osseux de ses poignets pour incruster l'odeur et laisser une trace distinctive, en forme de croissant de lune, sur l'écorce. Le signal de la femelle était ancien ; la brève saison des amours était finie depuis longtemps. Mais l'instinct le poussait à recouvrir cette marque de sa propre signature multimédia afin d'éviter qu'un autre mâle ne s'intéresse à elle.

Quatorze millions d'années après la comète, Noth reproduisait le comportement de ses lointains ancêtres nocturnes, tel que le marquage olfactif de son territoire. Ses orteils étaient terminés non par des ongles, comme chez les singes, mais par des griffes servant à l'épouillage, comme chez les lémuriens. Il avait de grands yeux attentifs, et, à l'instar de Purga, il s'aidait de ses moustaches pour se diriger. Il avait conservé une ouïe et un odorat développés, et était équipé de véritables radars mobiles : ses oreilles toutes rondes. Quant à ses yeux, bien que fort larges et adaptés à la vision nocturne, ils n'étaient pas dotés de cet ultime perfectionnement apparu chez les créatures de la nuit : le tapetum, une couche réfléchissante jaune qui tapissait le fond de l'œil. Son museau sensible était sec. Sa lèvre supérieure, couverte de fourrure et mobile, lui donnait un faciès plus expressif que celui des premiers adapidés. Ses dents ressemblaient à celles des singes, sans celle, spécifique, qui servait à la toilette de ses ancêtres.

Comme toutes les espèces de la longue lignée qui partait de Purga et se perdait dans un futur inimaginable, Noth était une espèce intermédiaire, porteuse de toutes les reliques du passé et riche de toutes les promesses du futur.

Mais son corps et son esprit étaient sains et vigoureux, parfaitement adaptés au monde où il vivait. Et, ce jour-là, il était aussi heureux qu'il lui était possible de l'être.

Là-haut, dans la canopée, la mère de Noth prenait soin de ses deux petites dernières : Gauche et Droite.

La première préférait téter sa rangée de mamelles gauche, tandis que l'autre – plus petite, et qui se laissait plus facilement faire – devait s'accommoder de la droite. Les notharctus donnaient généralement naissance à d'importantes portées, et les mères avaient plusieurs rangées de mamelles pour pouvoir nourrir toute cette marmaille. En fait, la mère de Noth avait eu des quadruplés. Mais l'un des enfants avait été emporté par un oiseau, alors qu'un autre, rachitique, avait attrapé une infection et était mort. Leur mère les avait vite oubliés.

Elle saisit Droite et la plaqua contre le tronc de l'arbre, où elle resta accrochée. Sa fourrure brune se fondant sur l'écorce, elle attendrait ainsi sans bouger, pendant de longues heures, que sa mère revienne la chercher pour la nourrir.

C'était une sorte de protection. Les notharctus vivaient assez loin dans les profondeurs de la forêt pour être à l'abri des oiseaux de proie, mais les petits faisaient une cible facile pour les prédateurs qui rôdaient au ras du sol, comme les miacidés. C'étaient d'horribles animaux, de la taille d'un furet, qui n'hésitaient pas à s'en prendre aux terriers ou à s'emparer des proies tuées par d'autres prédateurs. Ils ne payaient pas de mine, et pourtant ils auraient de puissants héritiers : les chats, les loups et les ours des temps futurs. En plus, ils savaient grimper aux arbres.

Pour le moment, la mère attentive se déplaçait le long de sa branche, cherchant un autre endroit où laisser Gauche à l'abri. Mais ce bébé plus costaud se trouvait très bien là où il était, accroché à la fourrure du ventre de sa mère, et refusait de la lâcher. Après avoir essayé plusieurs fois, gentiment, de lui faire lâcher prise, sa mère y renonça. Chargée de ce doux et chaud fardeau, elle commença à descendre une échelle de branches qui menait au sol.

À quatre pattes, Noth traversa une épaisse couverture de feuilles.

Les arbres à feuilles caduques perdaient à chaque automne leur feuillage, qui recouvrait le sol d'une épaisse couche de végétation pourrissante. Le matelas sur lequel Noth marchait était fait des immenses feuilles veinées du dernier automne, qui avaient été gelées par le terrible froid de l'hiver avant d'avoir eu le temps de pourrir ; maintenant, les feuilles se décomposaient rapidement, et de petites mouches agaçantes bourdonnaient dans l'air embrumé. Mais il y avait aussi des papillons, dont les ailes multicolores faisaient comme des éclaboussures de couleurs changeantes sur le fond terne du sol.

Noth se déplaçait lentement, à la recherche de nourriture, à l'affût du danger. Il n'était pas seul.

Deux téniodontes grassouillets farfouillaient aussi dans les feuilles pourrissantes. Ils ressemblaient à des wombats à la mâchoire carrée, et se servaient de leurs puissantes pattes de devant pour creuser la boue, à la recherche de racines et de tubercules. Un jeune les suivait, petit ballot maladroit empêtré dans l'épaisse couche de compost et qui n'arrêtait pas de se mettre dans les pattes de ses parents. Un palénodonte vadrouillait en quête de fourmis et de scarabées, promenant de droite et de gauche son long museau aspirateur de fourmis. Par là, il y avait un barylambda solitaire, une sorte de paresseux qui aurait vécu à terre, doté de pattes puissantes, musculeuses, et d'un petit bout de queue pointue. Cette créature pataude, qui fourrageait tristement dans la gadoue, avait la taille d'un doberman, mais certains de ses cousins, dans des environnements plus ouverts, atteignaient celle d'un bison. Ils faisaient partie des plus grands animaux de leur époque.

Dans un coin de la clairière, Noth remarqua le lent mouvement d'un primate, en fait un autre adapidé.

Mais il ne ressemblait guère à Noth. Comme les seigneurs des époques récentes, cette créature lente, qui vivait au ras du sol, ressemblait plus à un bébé ours paresseux qu'aucun autre primate. Il se déplaçait presque sans bruit dans la bouillie de feuilles, en flairant la terre. Cet adapidé restait généralement dans les profondeurs de la forêt, où sa lenteur le désavantageait moins que dans des endroits plus à découvert. Ici, ses lents et silencieux mouvements le rendaient quasiment invisible aux prédateurs – ainsi qu'à ses proies, des insectes qu'il repérait à leur odeur avec une efficacité remarquable.

Noth fronça le museau. Cet adapidé marquait son territoire avec son urine ; avant de faire son tour, il prenait soin de pisser, bien posé sur ses quatre pattes, pour laisser sa signature. Noth, qui avait l'odorat sensible, en avait plein le nez.

Il trouva une ruche tombée à terre. Il l'inspecta avec un mélange de méfiance et de curiosité. Les abeilles étaient des arrivantes relativement récentes, issues de la floraison de nouvelles formes de papillons, de scarabées et autres insectes. La ruche paraissait abandonnée, mais contenait encore de délicieuses poignées de miel.

Avant de s'attaquer au miel, Noth tendit l'oreille et prit le vent. Son nez lui disait que les autres étaient encore loin, là-haut dans les arbres. Il aurait pu se régaler avant qu'ils n'arrivent. Mais *pas si vite*. Il avait d'abord un calcul à faire.

Dans son groupe, Noth était un mâle du bas de l'échelle. Il était donc censé prévenir les autres qu'il avait trouvé à manger. Les autres mâles et les femelles rappliqueraient, mangeraient tout le miel qu'ils voudraient et – si Noth avait de la chance – lui en laisseraient un peu. S'il ne disait rien et s'ils le prenaient à se gaver de miel, ils le lui feraient payer cher, et mangeraient tout sans rien lui laisser. D'un autre côté, s'il ne se faisait pas prendre, il pourrait manger *tout* le miel sans se faire punir...

La décision fut rapide. Il plongea ses petites mains dans le miel et les lécha aussi vite que possible, tous ses sens en alerte – des fois que les autres approcheraient ! Le temps que sa mère atteigne le sol, il s'était gavé de miel et avait effacé de son museau toute trace de son forfait.

Sa mère avait toujours sa petite, Gauche, accrochée à son ventre. Elle commença à gratter la terre, sa queue pleine de graisse tendue derrière elle. Elle se découpait en ombre chinoise sur les colonnes de lumière qui trouaient les frondaisons. Elle trouva rapidement d'autres débris de la ruche tombée à terre. Noth fit mine de vouloir se servir, mais sa mère le repoussa d'une bourrade et se jeta sur le miel.

Le père de Noth essaya de grappiller quelques miettes du festin, mais sa compagne l'en empêcha. C'est alors que deux des tantes de Noth, les sœurs de sa mère, se précipitèrent vers lui et se mirent à cracher, à montrer les dents et à lui jeter à la figure de pleines poignées de feuilles – le mettant en fuite. L'une d'elles parvint même à lui reprendre un rayon de miel qu'il avait réussi à attraper. Le père de Noth tenta bien de résister, mais, comme la plupart des mâles adultes, les femelles étaient bien plus grosses que lui, et il ne servait à rien de se battre.

C'était toujours pareil. Les femelles étaient au centre de la société des notharctus. De puissants clans de sœurs, de mères, de tantes et de nièces, unies pour la vie, excluaient les mâles. C'était un comportement fossile : la domination des mâles par les femelles et la coutume de former un couple mâle-femelle qui durait au-delà de l'accouplement étaient plus répandues chez les espèces nocturnes que chez les espèces diurnes. Ce puissant matriarcat assurait aux sœurs le premier service de la meilleure nourriture ; les mâles passaient après.

Noth prit calmement la rebuffade. Il avait encore le goût du miel illicite sur la langue. Il s'en alla par petits bonds chercher à manger un peu plus loin.

Purga et Plesi étaient des solitaires. La femelle vivait généralement seule avec ses enfants, ou bien en couple. Partir seul à la recherche de la nourriture était la meilleure stratégie pour les créatures nocturnes ; ne pas faire partie d'un groupe bruyant permettait de se cacher plus facilement des chasseurs nocturnes, qui pouvaient attendre silencieusement en embuscade le passage de leurs proies.

À l'inverse, les animaux actifs le jour avaient tout intérêt à rester en groupe, afin d'avoir le plus grand nombre d'yeux et d'oreilles en alerte pour détecter les attaquants. Les notharctus avaient même mis au point des appels et des odeurs d'alarme pour chacune des différentes familles de prédateurs – oiseaux de proie, prédateurs terrestres, serpents –, qui exigeaient toutes une réaction défensive appropriée. En outre, faire partie d'un groupe permettait d'espérer que le prédateur s'en prendrait au voisin plutôt qu'à soi. C'était une loterie sinistre, mais assez rentable pour qu'on s'y adapte.

Cela dit, il y avait des inconvénients à la vie en groupe : surtout quand on était trop nombreux et que la compétition pour la nourriture devenait plus âpre. Inévitablement, il en résultait une complexification de la société et une augmentation de la taille du cerveau pour permettre de gérer cette complexité. Ce qui obligeait les adapidés à mettre au point de meilleurs moyens de trouver de la nourriture pour alimenter ces gros cerveaux.

L'avenir était en marche. Au fur et à mesure que les sociétés de primates devenaient de plus en plus complexes, une sorte de course aux armements cognitive se déroulait, améliorant une intelligence qui se nourrissait de la complexité sociale croissante.

Cependant, Noth n'était pas si malin que ça. Quand il avait trouvé le miel, il avait appliqué une simple règle comportementale : *Appelle si les grands sont dans le coin. N'appelle pas s'ils n'y sont pas.* Cette règle lui laissait une bonne chance de s'en sortir avec le maximum de nourriture et le minimum d'ennuis. Ça ne marchait pas à tous les coups, mais assez souvent pour que cela vaille la peine d'essayer.

D'une certaine façon, on aurait pu dire qu'il avait menti au sujet du miel. Mais Noth était incapable de reconnaître un vrai mensonge – faire entrer une idée fausse dans la tête de quelqu'un – parce qu'il ne comprenait pas vraiment que les autres avaient, tout simplement, des idées, ni même que leurs idées pouvaient être différentes des siennes, ou encore que ses actions pouvaient générer de telles idées. Le jeu de cache-cache auquel les êtres humains jouent avec leurs petits enfants – pour te cacher, tu n'as qu'à te couvrir les yeux ; si tu ne peux pas les voir, ils ne peuvent pas te voir non plus – aurait marché à coup sûr avec lui.

Noth était l'une des créatures les plus intelligentes de la planète. Mais son intelligence était spécialisée. Il s'en sortait beaucoup mieux avec ceux de son espèce – il savait où les trouver, s'ils constituaient une menace ou un soutien, quelles hiérarchies ils formaient – qu'avec tout le reste de son environnement. Il était incapable, par exemple, d'associer la trace d'un serpent avec le risque de tomber sur un serpent. Et bien que son comportement parût complexe et élaboré, il obéissait à des lois aussi rigides qu'un programme de robot.

Cela dit, les notharctus passaient la majeure partie de leur vie à tenter de manger tout seuls, comme Purga autrefois. On le voyait à la façon dont ils se déplaçaient : ils savaient parfaitement qui était à quel endroit et à quel moment, ils s'évitaient les uns les autres, mais n'hésitaient pas à se blottir les uns contre les autres pour se protéger – cependant, ils ne se déplaçaient pas *ensemble*. C'étaient des solitaires endurcis, forcés de coopérer, obligés de se supporter.

Noth fouinait sur le sol de la forêt, lorsqu'une meute de petites créatures le dépassa à toute allure, nerveusement. Elles avaient des incisives pareilles à celles des rats, et l'air plutôt minables, comparées à Noth et sa famille. Avec leur fourrure noir et blanc, clairsemée et sale, elles avaient une allure de vermine. Ces petits primates étaient des plesiadapis : ils ressemblaient beaucoup à Purga, morte plus de quatorze millions d'années auparavant. Ils étaient une relique du passé.

L'un des plesis s'approcha d'un peu trop près, en reniflant de droite et de gauche dans sa relative cécité ; Noth daigna lui cracher une graine ; la graine frappa la petite créature à l'œil, et elle sursauta.

Un corps agile, mince, court sur pattes, jaillit de l'ombre des arbres. On aurait dit une hyène : c'était un mesonychidé.

Noth et sa famille remontèrent rapidement dans les arbres.

Le plesi se figea. Il était affreusement exposé dans cette partie à découvert de la forêt.

Le mesonychidé se jeta sur lui. Le plesi se tortilla et roula sur le côté en montrant les dents. Mais le meso lui avait arraché un petit bout de patte arrière. Il y eut une odeur de sang. C'était le moment qu'attendaient d'autres membres de la meute du meso pour sortir de leur cachette et se précipiter vers le théâtre des opérations.

Le mesonychidé était une sorte de condylarthre, une famille d'animaux divers liés aux ancêtres des ongulés. Le meso n'était pas un tueur expert ni un grand amateur de viande, mais, à l'instar des ours et des gloutons, il savait se nourrir dès qu'une occasion se présentait. Les condylarthres passeraient à la trappe dix millions d'années avant l'apparition de l'homme. Pour l'instant c'était leur heure de gloire, et ils étaient les plus terribles prédateurs de ce monde de forêts.

Les autres habitants du plancher de la forêt réagirent chacun à leur façon. L'adapidé, sorte de loris avec un bouclier dorsal formé de peau épaissie posé sur des bosses osseuses, rentra illico la tête à l'intérieur. Ce gros balourd de barylambda pensa n'avoir rien à craindre, même de toute une meute de ces petits chasseurs : comme les hyènes des temps à venir, les mesos étaient d'abord des charognards, et s'en prenaient rarement à des animaux plus gros qu'eux. Les téniodontes, toutefois, se dirent qu'il valait mieux faire attention ; ils s'éloignèrent dédaigneusement, la gueule ouverte pour montrer qu'ils avaient de grandes dents.

Pendant ce temps-là, le plesi se bagarrait, gratifiant ses assaillants de morsures et de griffures. L'un des mesos poussa un gémissement, les tendons d'une patte salement amochés, du sang coulant de la chair à vif. Finalement, le plesi succomba sous le nombre. Les mesos formèrent une sorte de cercle un peu lâche autour de leur victime, leurs minces corps et leurs queues oscillantes s'agitant autour de leur repas comme des asticots sur une plaie. L'odeur de plus en plus forte du sang, la puanteur des entrailles et des excréments répandus saturèrent les sensibles narines de Noth.

Certains des anciens plesiadapis s'étaient spécialisés, apprenant à décortiquer les fruits à la manière des opossums ou à se repaître de la résine des arbres, mais ils restaient avant tout des insectivores. Et voilà qu'ils devaient désormais faire face à la compétition d'autres insectivores, les ancêtres des hérissons et des musaraignes – ainsi qu'à leurs propres descendants, comme les notharctus. Déjà, les antiques variétés de plesis avaient disparu de la quasi-totalité de l'Amérique du Nord, et ne survivaient plus que dans quelques régions marginales, comme ici, dans cette zone de forêt polaire habitable, où les jours sans fin ne rendaient pas la vie facile à ceux dont le corps et les habitudes avaient été façonnés par les nuits du crétacé. Le dernier d'entre eux ne tarderait pas à disparaître.

Dans le silence de cathédrale qui régnait en haut des arbres, Noth vit sa famille grimper vers lui en souplesse. Quelque chose le troubla : un changement dans la lumière, une fraîcheur soudaine. Les nuages s'amoncelaient devant le soleil, et les grandes fleurs de lumière qui s'épanouissaient sur le sol de la forêt se flétrissaient. Le vent retroussa la fourrure de Noth. Il frissonna. Quelques grosses gouttes difformes s'écrasèrent sur les grandes feuilles des arbres et tombèrent comme des obus sur le sol boueux.

À cause de cette pluie subite, et de l'entêtante odeur de mort et de sang qui montait vers lui, Noth ne détecta pas l'approche de Solo.

Solo, caché dans un coin d'ombre, le vent portant son odeur vers le bas, regarda la petite troupe de notharctus courir se mettre à l'abri.

Il remarqua surtout la mère de Noth, avec son bébé.

C'était une femelle fertile et en bonne santé : c'est du moins ce que lui apprenait la présence du bébé. Mais il y avait un mâle avec elle, et comme elle avait déjà un bébé, il était fort peu probable qu'elle soit à nouveau en chaleur d'ici à la fin de la saison. Ce n'était pas un obstacle pour Solo. Il attendit que la famille de Noth se soit installée sur une branche, au calme et à l'abri du danger.

À trois ans, Solo était un puissant notharctus adulte ; et aussi une sorte de monstre.

La plupart des mâles parcouraient la forêt en petites bandes, à la recherche de groupes, plus grands et plus sédentaires, de femelles avec lesquelles s'accoupler. Pas Solo. Solo préférait voyager seul. Il était plus gros et plus puissant que la plupart des femelles qu'il avait rencontrées dans cette forêt polaire. À cause de cela aussi, Solo était un cas ; le mâle moyen était généralement plus petit que la femelle moyenne.

Et il avait appris à se servir de sa force pour obtenir ce qu'il voulait.

Au terme d'une agile pirouette, Solo atterrit sur la branche au-dessous de lui et se dressa devant la mère de Noth. Il donnait toujours l'impression de se tenir de guingois, parce que ses pattes arrière étaient relativement massives, que ses bras étaient petits et minces, et qu'il tenait sa longue queue dressée comme un crochet au-dessus de sa tête. Mais il était très grand, parfaitement immobile, et surtout très intimidant.

La mère de Noth sentit l'odeur de cet immense étranger. *Pas de la famille.* Paniquée, elle cracha, siffla, poussa immédiatement Gauche derrière elle.

Le père de Noth accourut aussitôt. Il se dressa sur ses pattes de derrière et fit face à l'intrus. Rapidement, par gestes saccadés, il frotta ses glandes génitales contre le feuillage alentour et passa sa queue sur ses avant-bras afin que les éperons cornés situés au-dessus des glandes de ses poignets l'imprègnent de son odeur. Puis il agita sa queue bien puante au-dessus de sa tête, en direction de l'intrus. Dans le monde dominé par les odeurs qui était celui des notharctus, c'était une démonstration de force. *Tire-toi de là. Ici, c'est chez moi. Ici c'est ma bande, mes petits. Dégage.*

Il n'y avait pas de sentiment dans l'attitude du père. Engendrer des jeunes en bonne santé, capables de survivre à leur petite enfance, était le seul but de l'existence du père ; et il s'apprêtait à en découdre avec l'intrus pour des raisons purement égoïstes, parce qu'il ne voulait pas qu'on touche à son héritage génétique.

D'ordinaire, cette joute olfactive se serait poursuivie jusqu'à ce que l'un des deux mâles déclare forfait, sans qu'il y ait eu de contact physique. Mais, là non plus, Solo n'était pas comme les autres. Il ne répondit pas en roulant des mécaniques – juste un regard glacial en réponse à la posture frénétique de son rival, le père de Noth.

Décontenancé par l'étrange immobilité de ce nouvel arrivant, le père de Noth perdit de sa superbe. Ses glandes odoriférantes cessèrent leurs sécrétions, sa queue retomba.

Alors, Solo attaqua.

Il montra les dents, fonça sur le père de Noth et lui rentra dans le lard. Le père de Noth tomba à la renverse en poussant un cri perçant. Solo se jeta sur lui de tout son long et le mordit jusqu'au sang à travers son pelage. Le père de Noth s'enfuit en hurlant. Il n'avait pas été gravement blessé, mais il en avait pris un sérieux coup au moral.

Puis Solo se tourna vers les femelles. Les tantes auraient pu lui tenir tête sans peine, si elles avaient joint leurs efforts. Mais elles décampèrent. L'attaque de Solo les avait perturbées au moins autant qu'elle avait perturbé sa victime. Elles n'avaient jamais rien vu de tel. Elles étaient toutes mères ; et toutes pensèrent immédiatement aux enfants qu'elles avaient laissés là-haut, dans les branches.

Solo les ignora également. Avec le calme inflexible des carnivores, il avança vers la mère de Noth – sa cible principale.

Elle cracha, montra les dents. Elle lui donna même un coup de ses puissantes pattes arrière. Mais c'était comme si ses coups ne portaient pas – et il lui arracha des bras son bébé inerte, désemparé. Il égorgea rapidement le bébé, lui ouvrit les chairs et déchiqueta sa trachée, la réduisant en une bouillie sanglante. Ce fut fini en quelques battements de cœur. Il laissa tomber le petit corps encore frémissant dans les profondeurs de la forêt, où les mesonychidés, alertés par l'odeur de sang frais, accoururent en poussant leurs étranges aboiements, si différents de ceux des chiens. La gueule et les pattes encore rouges de sang, Solo se tourna vers la mère de Noth. Bien sûr, elle ne serait pas fertile tout de suite, elle ne le serait sans doute pas avant quelques semaines, mais il pouvait toujours l'imprégner de son odeur, afin de la marquer comme sienne et de décourager les autres mâles.

Il n'y avait rien de véritablement cruel chez Solo. Ses petits étant morts, la mère de Noth pourrait se retrouver en chaleur avant la fin de l'été ; et si Solo la couvrait alors, il pourrait engendrer de nouvelles portées. Donc, pour Solo, l'infanticide était une bonne tactique.

Sa stratégie brutale n'aurait pas été à la portée de tout le monde. Les notharctus mâles n'étaient pas équipés pour se battre. Ils n'avaient pas les canines avec lesquelles les futures espèces infligeraient plus tard de graves morsures à leurs rivaux. Et cette forêt polaire était un environnement particulier, où les vrais combats étaient littéralement un gaspillage d'énergie, un gâchis de trop rares ressources – d'où l'émergence de ces combats rituels à base d'odeurs. Mais, pour Solo, l'exception était une stratégie qui fonctionnait à tous les coups et qui lui avait valu de conquérir de nombreuses compagnes – donnant naissance à une flopée de petits, éparpillés dans toute la forêt, et dans les veines desquels courait son sang.

Cette fois, ça n'allait pas marcher.

La mère de Noth, marquée par l'odeur du tueur, plongea son regard dans les verts abysses au-dessous d'elle. Elle avait perdu son bébé, comme Purga (sa lointaine grand-mère) avant elle. Mais, étant considérablement plus intelligente que Purga, elle était également beaucoup plus sensible à la douleur.

Un noir affreux l'emplit totalement. Elle se jeta sur Solo, la gueule grande ouverte, fouettant l'air de ses petites pattes. Surpris, il fit un bond en arrière.

Elle le manqua, tomba.

Noth vit sa mère sombrer dans le précipice qui venait d'engloutir sa jeune sœur. Elle disparut aussitôt sous les minces corps grouillants des mesos.

Noth avait été sevré quelques semaines seulement après sa naissance. Le moment où il aurait dû quitter le groupe et s'en aller courir le vaste monde n'était plus très éloigné. Les liens qui l'unissaient à sa mère étaient ténus. Et pourtant, il eut un sentiment de perte aussi puissant que si le téton de sa mère venait de lui être arraché de la gueule.

Et il pleuvait toujours, un peu plus fort tous les jours.

Noth, tremblant, rampa sous les branches. Le vent étant faible, la pluie tombait en grosses gouttes qui martelaient sa peau et crépitaient sur les grandes feuilles des arbres.

En remontant la trace olfactive de sa mère qui flottait encore dans l'air, il finit par trouver sa petite sœur. Elle était encore accrochée, immobile, au tronc d'arbre où sa mère l'avait laissée – et y serait restée accrochée, très probablement, jusqu'à ce qu'elle meure de faim. Noth huma sa fourrure trempée. Il se recroquevilla contre elle et l'entoura de ses petits bras. Elle n'était qu'une tendre chose tremblotante blottie contre la fourrure de son ventre, mais il la protégeait de la pluie.

Il serait bien resté ainsi à jamais auprès d'elle. Elle sentait la famille ; elle partageait une bonne partie de son héritage génétique, et il y avait un peu de lui-même dans chacun des petits qu'elle pourrait avoir un jour.

Mais la pluie tomba toute la nuit et la journée du lendemain, alors que le soleil continuait sa danse absurde dans le ciel. Le sol de la forêt était détrempé, jonché de mares étincelantes où flottaient des débris de feuilles, qui cachaient les os rongés, éparpillés.

Puis la pluie, qui ne cessait de tomber, lava complètement les dernières traces des marqueurs olfactifs que le groupe de Noth avait laissés dans les arbres. Noth et sa sœur étaient perdus.

II

Alors que le soleil continuait de tracer ses ronds absurdes dans le ciel, changeant les nuits en jours, Noth et Droite crapahutaient dans l'entrelacs de branches de la forêt.

Ils erraient depuis déjà une semaine. Ils n'avaient encore retrouvé aucun des leurs. Mais, à cet endroit, la canopée grouillait d'adapidés – des cousins des notharctus –, souvent plus petits que Noth. Parfois, il apercevait leurs yeux luisants, si semblables à d'étranges puits jaunes, qui le lorgnaient depuis un coin d'ombre. Ces minuscules chasseurs d'insectes ressemblaient à des souris. Certains couraient précipitamment dans les branches, d'une ombre à l'autre. L'un d'eux effectua un bond spectaculaire vers un autre arbre, ses puissantes pattes pendant derrière lui, ses mains griffues tendues devant lui pour agripper une branche. Ses oreilles membraneuses pivotèrent comme celles d'une chauve-souris, puis il attrapa un insecte au vol avec ses pattes de devant.

Une petite créature solitaire était accrochée à l'écorce pourrie d'un vieil arbre. Elle avait une fourrure noire hirsute, des sortes d'oreilles de chauve-souris et une dentition proéminente. Elle tapait patiemment sur le tronc avec l'un de ses doigts griffus, ses grandes oreilles bougeant dans tous les sens. Quand elle entendait une larve creuser dans le bois, elle arrachait l'écorce avec ses dents et plongeait un majeur étonnamment long dans le vieil arbre, afin d'y crocheter la larve qu'elle enfournait aussitôt voracement. C'était un primate qui avait appris à vivre comme un oiseau, comme un pic-vert.

Une fois, Noth tomba sur une sorte de paresseux géant accroché tête en bas, ses mains de primate refermées autour d'une grosse branche. La tête du monstre pivota, et il tourna un regard vide vers Noth et Droite. Il mâchonnait lentement, la gueule débordant des grosses feuilles charnues qui constituaient l'essentiel de son régime. Son espèce avait été amenée à grandir par la nécessité d'accueillir un système digestif capable d'assimiler la cellulose des feuilles. La face de cette créature était étrangement statique et ne disposait que d'un très petit nombre d'expressions. La vie sociale de cette morne bestiole qui passait ses journées à pendouiller sous une branche était loin d'être excitante ; son métabolisme ralenti et le manque d'énergie y veillaient.

Le monde s'était régulièrement réchauffé depuis le terrible impact. La végétation avait migré par vagues depuis l'équateur, et la forêt tropicale avait fini par recouvrir toute l'Afrique, l'Amérique du Sud, l'Amérique du Nord jusqu'à ce qui serait plus tard la frontière avec le Canada, la Chine, le nord de la France et la majeure partie de l'Australie. Même aux pôles, il y avait des jungles.

L'Amérique du Nord était toujours reliée par de formidables ponts de terre à l'Europe et à l'Asie, alors que les continents du Sud formaient sous l'équateur une bande de larges îles. L'Inde et l'Afrique dérivaient toutes deux vers le nord, mais pour l'instant le Téthys formait toujours à l'équateur un énorme courant qui réchauffait le ventre de la planète. Le Téthys était un fleuve au cœur de l'Eden.

En réponse au réchauffement, les enfants de Plesi et des autres mammifères avaient fini par tourner le dos à leur passé. C'était comme si les héritiers de la Terre avaient enfin compris que la planète vide leur offrait bien plus qu'un nouveau type de larve à grignoter. Alors que les reptiles survivants, lézards, crocodiles et tortues, restaient à peu près égaux à eux-mêmes, les lignées de mammifères qui connaîtraient leur heure de gloire dans le futur voyaient le jour.

Plesi et Purga étaient des bêtes qui crapahutaient sur leurs petites pattes courtes, avec cette démarche typique des mammifères, le museau au ras du sol.

Leurs descendants avaient grandi, et leurs pattes arrière s'étaient développées, leur permettant de se tenir debout, la tête droite. En même temps, les yeux des primates s'étaient déplacés sur le devant. Cela leur conférait une vision en relief, qui leur permettait de mieux estimer leurs sauts, de plus en plus longs, et de repérer plus précisément leurs proies : les insectes et les petits reptiles qui composaient toujours l'essentiel de leur alimentation. À mesure qu'ils exploraient différentes façons de vivre, les primates se diversifiaient.

Il n'y avait là aucun dessein conscient : pas de projet d'amélioration, pas de but. Chaque organisme luttait pour la survie, la sienne, celle de ses enfants et de sa famille, et voilà tout. Parallèlement au lent changement de l'environnement, les espèces évoluaient ; elles subissaient un interminable processus de sélection. Ce n'était pas un processus vital, c'était un processus mortifère : l'impitoyable élimination des moins aptes et des possibles les moins appropriés. Mais la perspective que les autres connaîtraient un avenir n'était d'aucune consolation à ceux qui subissaient cette implacable extermination.

En outre, beaucoup d'adapidés s'étaient bien trop spécialisés. La douce chaleur qui emmaillotait la planète ne durerait pas éternellement. Dans les périodes plus froides du futur, quand les forêts s'éclairciraient et que les différences entre les saisons s'accentueraient, il ne serait pas très avantageux d'être trop fin gourmet, car ce serait alors l'extinction assurée.

En attendant, au beau milieu de cette cohue de primates exotiques, les deux petits orphelins ne trouvaient aucun notharctus.

Sur le plancher de la forêt, Noth dénicha une plante qui portait des fruits pareils à des cosses – des sortes de pois. Il en ouvrit quelques-unes et les donna à manger à sa sœur.

Une espèce de fourmilier d'un mètre de long s'approcha d'un nid de fourmis en forme de pilier. Il mobilisa dessus toute la force de ses puissantes pattes avant et de ses épaules. Toute son énergie était concentrée dans son formidable majeur, pareil à une pioche articulée. Il y eut une éruption de fourmis – elles étaient énormes, certaines faisaient jusqu'à dix centimètres de long. Le fourmilier les engloutit rapidement avec sa longue langue gluante avant que les soldates n'aient eu le temps d'organiser la défense. Le fourmilier était un descendant d'une souche provenant d'Amérique du Sud qui s'était retrouvée là un peu par hasard après avoir emprunté les ponts de terre temporaires, il y avait bien des générations de cela.

Noth et Droite le regardaient en ouvrant de grands yeux. Mais tandis qu'il surveillait le fourmilier, Noth était tenaillé par une vague inquiétude.

Il s'était efforcé de trouver suffisamment à manger pour sa sœur et lui, afin de fournir à leur queue toute la graisse dont ils auraient besoin cet hiver, pendant leur longue hibernation. C'était ce que sa programmation innée lui disait de faire. Mais ils ne mangeaient pas assez. Privés du soutien du groupe, ils devaient consacrer une trop grande partie de leur temps à guetter d'éventuels prédateurs.

Il aurait pu revenir sur ses pas. Comme tous ceux de son espèce – les mâles mobiles plutôt que les femelles sédentaires, en tout cas –, il gardait une trace de sa position au jugé, en intégrant le temps, l'espace, l'angle des rayons de lumière filtrant entre les frondaisons. C'était une faculté qui lui permettait de retrouver les points de ravitaillement en nourriture et en eau. Si nécessaire, Noth aurait pu rentrer chez lui, retourner au bosquet d'arbres qui était le point autour duquel gravitait son groupe. Mais il n'entendait pas les gazouillis caractéristiques des siens ; son centre de décision rudimentaire le pressait de continuer à chercher un groupe qui voudrait bien les accepter, sa sœur et lui.

Pendant ce temps-là, alors que le soleil traçait toujours, inlassablement, des cercles au-dessus de l'horizon, la lumière du jour se teintait du rouge du crépuscule, et çà et là, sur le tapis de la forêt, des spores brunes apparaissaient sous les frondes des fougères. L'automne approchait. Ce serait bientôt l'hiver. Ils étaient sous-alimentés, et ils n'avaient plus beaucoup de temps devant eux.

Droite commença à paniquer, comme bien souvent. Elle laissa tomber les cosses des pois, se recroquevilla sur elle-même et se mit à se balancer d'avant en arrière, chantonnant lugubrement, les pattes crispées sur son petit museau. Noth la prit dans ses bras et l'emmena vers la fourche d'une branche, où il commença à l'épouiller. Il peignait délicatement la fourrure clairsemée de son dos, de son cou, de sa tête et de son ventre, en ôtant les saletés, les bouts de feuille et les crottes sèches, défaisant les nœuds et chassant les parasites qui se repaissaient de sa peau tendre.

Droite se calma rapidement. L'épouillage lui faisait du bien, un peu de mal aussi, mais la réconfortait, emplissant son organisme d'endorphines – les opiacés naturels du corps. D'ici peu, elle serait littéralement accro à cet agréable grattouillis – comme l'était déjà son frère, à qui manquaient cruellement les caresses et les pincements des doigts adultes courant sur son dos.

Mais Noth se faisait du souci pour elle, à un niveau si profond qu'il ne pouvait le comprendre.

L'ahurissant chagrin de Droite avait un but, une fonction. C'était un signal qu'elle s'adressait pour se rappeler qu'elle avait subi une perte, qu'il y avait un vide dans son monde et qu'elle devait le combler. Et bien que Noth ne fût pas vraiment capable d'empathie – quand on n'arrive pas à comprendre que les autres ont un esprit, des pensées et des émotions comme soi, on ne peut pas être doué d'empathie –, le chagrin de sa sœur déclenchait une sorte de sentiment protecteur chez lui. Il voulait que ça aille mieux pour sa sœur : l'instinct qui pousse à aider l'orphelin a des racines très profondes.

Mais, au bout du compte, un chagrin maladif était un frein à l'adaptation. Si Droite n'arrivait pas à reprendre le dessus, alors, il ne pourrait rien faire pour elle. Il devrait l'abandonner, et elle mourrait sûrement.

Comme les jours succédaient aux jours, le soleil, au point le plus bas de sa course dans le ciel, commença peu à peu à descendre sous l'horizon, au sud. Au début, les courtes nuits ressemblèrent à des crépuscules, et quand la nuit était claire, des rideaux de lumière pourpre montaient à l'assaut du ciel. Mais très vite, les incursions du soleil dans le monde invisible s'allongèrent. Maintenant, des étoiles brillaient dans un bleu de plus en plus profond. Bientôt, une vraie nuit recouvrirait la forêt polaire.

Le temps devint rapidement plus sec et plus froid. Il pleuvait rarement, et certains jours la chaleur du soleil parvenait à peine à dissiper le brouillard persistant. Les oiseaux de la canopée étaient déjà presque tous partis par grandes volées, fuyant vers les terres plus chaudes du Sud, tandis que les primates les suivaient de leurs grands yeux étonnés.

Noth n'en pouvait plus. Il était à bout, il rêvait de griffes étincelantes et de dents tranchantes, et il avait des visions de son petit bout de sœur déchiquetée par des gueules gigantesques.

Maintenant, leur principal problème était la soif. Il y avait tellement longtemps qu'il n'avait pas plu que le haut des arbres était tout parcheminé. Déjà, les feuilles commençaient à tomber ; celles qui restaient étaient flétries et marron. Noth et sa sœur en furent réduits à lécher l'écorce pour recueillir la fraîche rosée du matin.

À force, poussés par la soif, les deux petits durent rechercher de l'eau à terre ; et ils descendirent, les yeux écarquillés, au bord d'un grand lac.

En approchant de l'eau, les primates passèrent subrepticement près de ce qui ressemblait à deux daims miniatures. Ces rapides coureurs solitaires, gros comme des chiots, à la longue queue traînante, qui mangeaient des feuilles et des fruits tombés à terre, étaient les ancêtres de la puissante famille des artiodactyles, qui compterait un jour les cochons, les moutons, les rennes, les antilopes, les girafes et les chameaux. Noth dérangea une grenouille, qui s'éloigna d'un bond, avec un croassement de protestation. Droite se recroquevilla sur elle-même, fascinée par ce spectacle si étrange. Puis ils virent d'autres amphibiens, des grenouilles, des crapauds, des salamandres. Les buissons étaient pleins d'oiseaux, dont les criaillements aigus striaient l'air humide et froid.

Noth se sentait mal à l'aise. Il y avait trop de monde sur la rive : Noth et Droite n'étaient pas les seules créatures assoiffées dans cette jungle grelottante.

Une créature d'un mètre de long qui ressemblait à une sorte de kangourou à longue queue les dépassa en courant ; c'était un leptictidium, qui chassait les petits animaux et les insectes. Explorant le sol de son groin mobile, il dérangea un pholidocercus, un animal au poil hérissé, l'ancêtre du hérisson, qui détala en bondissant comme un lapin, indigné. Dans un coin, il y avait un troupeau de chevaux, blottis les uns contre les autres. Ils étaient tout petits : à peine plus grands que des caniches, avec des têtes d'équidés parfaitement reconnaissables. Ces exquis petits animaux avançaient presque timidement dans les sous-bois. Ils avaient des coussinets sous les pattes, comme les chats, et plusieurs doigts munis de sabots à chaque pied. Leur espèce avait émergé en Afrique il y avait seulement quelques millions d'années. Le sourd grondement d'un carnivore impatient effraya les petits chevaux, qui se dispersèrent comme une volée de moineaux.

Les deux primates avançaient avec mille précautions au beau milieu de cette foule bigarrée, se déplaçant par petits bonds, faits d'arrêts et de redémarrages subits.

L'eau elle-même était une pellicule languide, colmatée par une végétation enchevêtrée d'algues et de roseaux morts. Il y avait déjà par endroits de fines plaques de glace grise. Aux endroits où l'eau n'avait pas encore gelé flottaient nonchalamment d'énormes nénuphars entre lesquels pataugeaient des oiseaux – les ancêtres des flamants roses et des avocettes.

Au-dessus de l'eau, une araignée était suspendue à un fil de soie, et des fourmis aussi grosses qu'une main humaine voletaient en quête d'un nouveau nid. Au milieu de cette foule d'insectes batifolait une famille de délicates chauves-souris. Récemment apparues, aussi énormes et fragiles que des cerfs-volants en papier, ces nouveaux mammifères ailés gobaient les insectes qui avaient le malheur de se trouver sur leur passage. Un osseux poisson primitif creva la surface de l'eau et avala en se tortillant l'une de ces friandises aériennes, comme l'aurait fait une anguille.

Les deux petits primates trouvèrent un endroit assez à l'écart des prédateurs pour boire en toute tranquillité.

Ils se penchèrent, plongèrent leur museau dans l'eau froide et se désaltérèrent avec avidité.

Les plus gros de tous les animaux se vautraient dans la boue du rivage.

Deux uintatheriums se tenaient côte à côte. Ces grands animaux ressemblaient à des rhinocéros géants, arborant six cornes osseuses et de longues canines supérieures, semblables à celles des félins à dents de sabre. Leur cuir épais, recouvert de boue, les protégeait de la chaleur et des insectes. Ils paissaient placidement la molle végétation du fond du lac, aspirant une eau teintée de vert par les algues. Un gros bébé, agile et vif, jouait entre les pattes de ses parents, s'amusant à flanquer dans leurs genoux, aussi gros que des troncs d'arbre, de grands coups de sa tête qui portait déjà les trognons de ses futures cornes. Noth regarda leurs énormes pattes avec appréhension.

Plus près du rivage se promenait une famille de moerithères. Ces bêtes d'un mètre de haut marchaient dans l'eau avec un calme d'ambassadeur, émettant toute une série de grondements satisfaits pour se rassurer, tandis que leurs petits, rondouillards, jouaient à s'éclabousser autour d'eux. Avec leur long nez, ils arrachaient systématiquement la végétation du fond du lac. Ils faisaient partie des premiers proboscidiens, les ancêtres des éléphants et des mammouths. Et même si, pour l'instant, ils ressemblaient plus à des cochons qu'à des éléphants, c'étaient déjà des animaux sociaux et futés.

Des carnivores – pour la plupart des créodontes, qui préfiguraient vaguement renards et gloutons – tournaient autour des troupeaux d'herbivores. Il y avait aussi une meute de prédateurs à sabots – sortes de chevaux carnivores, créatures bizarres et terrifiantes qui n'auraient aucun équivalent à l'époque des hommes.

La plupart de ces créatures avaient l'air lentes, lourdes et curieusement difformes. C'étaient les premières expérimentations de la nature visant à fabriquer de gros herbivores et des prédateurs à partir des espèces mammifères qui avaient survécu à l'extinction des dinosaures. Les immenses prairies herbeuses n'existeraient pas avant plusieurs millions d'années, de même que les formes d'herbivores, rapides, gracieuses et hautes sur pattes, qui s'adapteraient à leurs luxuriants espaces, et les carnivores plus futés et beaucoup plus rapides qui verraient le jour pour les chasser. Quand tout cela arriverait, la plupart des espèces qui entouraient Noth se seraient éteintes. Mais celles que les hommes connaîtraient – les vrais primates, les ongulés, les rongeurs et les chauves-souris, les daims et les chevaux – avaient déjà fait leur entrée en scène.

Il n'y avait pas, à ce moment-là, d'écosystème plus complexe et plus varié sur Terre que l'île d'Ellesmere. Cet endroit était le carrefour des grandes routes migratoires qui reliaient l'Amérique, l'Europe, l'Asie et l'Afrique en passant par le toit du monde. Ici, des pangolins venus d'Asie, des carnivores venus d'Amérique du Nord, des ongulés venus d'Afrique, des insectivores européens rappelant les ancêtres des hérissons, et même des fourmiliers d'Amérique du Sud se mélangeaient et se livraient à une farouche compétition.

Tout à coup, Noth rentra la tête dans les épaules.

Juste sous la surface de l'eau, deux primates le considéraient, un mâle costaud et une petite femelle. Il ne pouvait pas sentir le mâle, et ne pouvait donc pas savoir s'il était de la famille ou non. Il poussa un cri strident et découvrit les dents. En guise de réponse, le mâle lui montra les siennes.

Furieux, Noth se dressa sur ses pattes de derrière, exposant ses glandes odoriférantes à l'étranger qui se trouvait dans l'eau – qui exhiba aussitôt les siennes, ce qui l'énerva encore plus. Alors, il donna un coup de patte à la surface de l'eau, et le reflet du notharctus disparut.

Noth reconnaissait les autres membres de son espèce, il distinguait les mâles des femelles, ceux qui étaient de sa famille et les autres. Mais il ne pouvait pas se reconnaître lui-même, car son cerveau n'avait pas la capacité de se prendre comme référent. Toute sa vie, chaque fois qu'il tomberait par hasard sur son reflet, il se sentirait menacé.

Une forme luisante jaillit hors de l'eau et se traîna sur ses ébauches de nageoires sur un rocher plat. Noth et Droite battirent précipitamment en retraite. Au-dessus de son museau qui ressemblait à celui des crocodiles, le nouvel arrivant dardait deux yeux pleins d'appétit sur les deux primates déconcertés.

Cet ambulocetus était un parent éloigné des mesonychidés à tête d'hyène. Comme les loutres, il était couvert d'une fourrure noire luisante et avait de grosses et puissantes pattes arrière, dotées de doigts d'une dizaine de centimètres de long. Longtemps auparavant, les ancêtres de cet animal étaient retournés dans l'eau, à la recherche d'une vie meilleure ; et le processus impitoyable de la sélection s'était mis en marche. Déjà, l'ambulocetus paraissait plus aquatique que terrestre.

Sous peu, son espèce habiterait définitivement l'océan. Son crâne et son cou se tasseraient, son museau remonterait vers l'arrière, tandis que ses oreilles se refermeraient, obligeant les sons à traverser une couche de graisse. Pour finir, ses pattes se métamorphoseraient en nageoires, se dotant d'os supplémentaires, et ses doigts et ses ongles, rabougris et désormais inutiles, s'atrophieraient. Une fois parvenu dans les immensités des océans Pacifique et Atlantique, il commencerait à grandir – atteignant une taille qui serait, par rapport à sa taille actuelle, l'équivalent de celle de l'homme par rapport à une souris –, mais les puissants coureurs des mers qui lui succéderaient conserveraient en eux, sous forme d'os fossilisés et de traces moléculaires, les vestiges des créatures qu'ils avaient jadis été.

La baleine à pattes tourna un œil morne vers les deux timides primates. S'avisant que ce rivage encombré n'était peut-être pas l'endroit idéal pour bronzer, elle fit jouer les muscles de son dos et s'éloigna gracieusement à la nage.

Dans la lumière déclinante, Noth et Droite regagnèrent l'abri des arbres. Mais les branches avaient perdu leurs feuilles, et il n'était pas facile de se mettre à couvert. Ils se blottirent au creux d'un arbre.

Des herbivores jaillirent de l'eau, les familles s'appelant à grands cris. Cris auxquels firent écho ceux des prédateurs, de rauques aboiements canins, et de terribles grondements félins, qui résonnèrent dans la forêt dénudée.

Comme il faisait de plus en plus froid, Noth fut gagné par une sorte de torpeur. Mais il se sentait *glacé*, parce qu'il était coincé ici avec sa petite sœur pour seule compagnie, si loin de la chaleur des siens.

Soudain, à sa grande surprise, il fut réveillé par une puissante odeur musquée.

Tout à coup, il se retrouva entouré de notharctus. Il y en avait partout, au-dessus et au-dessous d'eux, formes pelotonnées contre les branches des arbres, les pattes pendantes, balançant mollement leur grosse queue grasse. Leur odeur lui apprit qu'ils étaient de la famille, mais pas de sa famille. Il n'avait pas repéré leur marquage olfactif ; en fait, les marques avaient été masquées par le gel. Mais ces étranges notharctus l'avaient remarqué, lui.

Deux formidables femelles s'approchèrent, attirées par l'odeur de bébé. L'une d'elles, *la Plus Grosse*, se dit-il, bouscula l'autre – qui n'était que *Grosse* – pour voir Droite d'un peu plus près.

Noth réfléchit à toute vitesse. Il était absolument vital d'être acceptés par ce nouveau groupe. Alors il s'approcha de la femelle la plus proche de lui, Grosse, et tendit, non sans hésitation, les doigts vers la fourrure de l'arrière de ses pattes. Grosse se laissa épouiller en étirant les pattes de plaisir.

Mais quand Plus Grosse comprit ce qui se passait, elle poussa un hululement et leur tapa dessus. Noth se recroquevilla, en tremblant.

Noth était assez futé pour comprendre quelle était sa place sur l'échelle sociale – en l'occurrence, sur le barreau du bas. Mais son sens des relations sociales avait ses limites. De la même manière qu'il n'était pas capable de deviner ce que croyaient et désiraient les autres, il n'était pas suffisamment malin pour se faire une idée de la hiérarchie qui régnait dans un groupe. Et là, il s'était trompé : Plus Grosse était plus importante que Grosse, et elle exigeait que ce nouveau mâle lui rende hommage, à elle en premier.

Aussi Noth attendit-il pendant que Plus Grosse jouait avec une Droite somnolente. Au moins, elle ne les avait pas chassés. Pour finir, Plus Grosse laissa Noth l'approcher, pour épouiller son épaisse fourrure à l'odeur de chef.

III

Chaque jour était plus court que le précédent, chaque nuit plus longue que la précédente. Il n'y eut bientôt plus que quelques petites heures de lumière par jour, et l'intervalle entre deux périodes d'obscurité ne fut plus marqué que par une pénombre d'un rose métallique.

La forêt était désormais absolument silencieuse. La plupart des oiseaux et des troupeaux de grands herbivores étaient partis depuis longtemps ; ils avaient migré vers des climats plus cléments et plus chauds, au sud, y avaient emporté le vacarme de leurs cris dînatoires. Les essaims d'insectes bourdonnants n'étaient plus qu'un lointain souvenir associé à la chaleur de l'été ; seuls restaient quelques larves ou paquets d'œufs profondément enfouis, dormant d'un sommeil sans rêve. Les grands arbres avaient déjà perdu leurs feuilles, qui formaient une couche épaisse sur le sol, amalgamée par le gel. Les arbres dénudés ne montreraient aucun signe de vie tant que le soleil ne serait pas revenu, c'est-à-dire pas avant plusieurs mois. Au-dessous, les plantes, comme les fougères, s'étaient réduites à des racines et des rhizomes, sur lesquels la terre apposerait bientôt son sceau de glace et de neige.

Ici, les espèces – toutes originaires de souches adaptées à la douceur des tropiques – avaient dû procéder à de cruels ajustements pour survivre aux conditions extrêmes du pôle. Toutes les plantes, où qu'elles vivent, tiraient leur énergie du soleil. Elles en avaient besoin pour grandir. Pendant les interminables journées estivales, la végétation s'était gorgée de lumière grâce à ses larges feuilles orientables. Mais, pour l'heure, la nature entrait dans une saison où pendant des mois il n'y aurait d'autre lumière que celle de la lune et des étoiles, qui n'étaient d'aucune utilité aux plantes : si elles avaient continué à pousser et à respirer, elles auraient brûlé toutes leurs réserves d'énergie. Aussi la flore s'apprêtait-elle à une hibernation végétale, chaque plante s'y préparant à sa façon.

Car même les plantes dormaient.

Le groupe d'une trentaine de notharctus s'était pelotonné dans les branches d'un conifère. On aurait dit de gros fruits à fourrure. Ils dormaient, accrochés par les pieds et les mains, la face enfouie dans la fourrure de leur poitrine, le dos exposé au froid. Des étoiles de givre étincelaient sur leur nouveau manteau d'hiver, et quand un museau se montrait, un filet de buée bleutée montait vers le ciel.

Noth dormit tout le long de ces nuits de plus en plus longues, sa fourrure hirsute fondue dans la chaleur corporelle des autres membres du petit groupe. Parfois, il rêvait. Il voyait sa mère tomber dans la gueule des mesos. Ou bien il était seul dans une immense clairière et se retrouvait le point de mire de nombreux prédateurs. Ou encore il était redevenu un bébé que des adultes plus grands et plus forts chassaient du clan, l'excluant au nom de règles qui lui échappaient. Parfois, les rêves s'estompaient, et il sombrait dans une sorte de torpeur, un vide qui préfigurait les longs mois de l'hibernation à venir.

Une nuit, il s'éveilla en grelottant, ses muscles brûlant de l'énergie pour le maintenir en vie.

Ce monde endormi était baigné de lumière : la lune était haute et pleine, la forêt était habitée de reflets blancs, bleus et noirs. De longues ombres étroites déchiraient le sol jonché de débris, et les bandes verticales des troncs dénudés conféraient à la scène une étrange précision géométrique. Mais les branches entremêlées, tout là-haut, offraient un spectacle à la fois plus complexe et plus funeste, un spectacle d'ossements nus luisant sous le gel, en un puissant contraste avec la chaude lumière verte de l'été.

D'une certaine façon, c'était une scène magnifique, et les immenses yeux archaïques de Noth lui étaient fort précieux pour percevoir les nombreux détails et les subtils coloris que nul œil humain n'aurait pu discerner. Mais Noth ne voyait qu'un *manque* : un manque de lumière, de chaleur, de nourriture – et surtout, l'absence des siens parmi ce groupe d'étrangers, si l'on exceptait sa sœur en pleine croissance, nichée quelque part au beau milieu des corps blottis les uns contre les autres. Il ressentait au plus profond de ses cellules que le véritable hiver n'avait pas encore commencé, et que ce seraient de longs, d'interminables mois d'une lente agonie au cours de laquelle son corps se consumerait pour l'empêcher de mourir.

Il se tortilla sur sa branche, essaya de s'enfoncer un peu dans le groupe. Chaque adulte savait qu'il était de l'intérêt général – à long terme – que chacun fasse un tour à la périphérie du groupe, souffrant brièvement du froid pour garder les autres au chaud. Il n'aurait servi à rien que ceux à l'extérieur meurent gelés. Mais, encore une fois, le fait d'être tout en bas de l'échelle desservait Noth, et quand les autres mâles sentirent son odeur ils joignirent, dans leur sommeil, leurs efforts pour le repousser au-dehors. Aussi se retrouva-t-il, pour finir, quasiment aussi exposé qu'au début.

Il leva son museau, laissa s'échapper un souffle d'air, hululant lugubrement.

Ces primates ne tiraient aucun réconfort de la présence des leurs. Noth appréciait l'épouillage – mais ce n'était qu'un plaisir physique, qui avait des conséquences sur la façon dont les autres allaient se comporter avec lui ; cela n'avait rien à voir avec la façon dont les autres se sentaient. Les autres notharctus faisaient tout simplement partie de son environnement, comme les conifères et les podocarpes, les animaux en quête de nourriture, les prédateurs et les proies : tout cela n'avait rien à voir avec *lui*.

Ces notharctus pelotonnés les uns contre les autres avaient beau être physiquement proches, ils étaient plus seuls qu'aucun être humain ne le serait jamais. Noth était à tout jamais emprisonné dans sa tête, obligé d'affronter seul ses peines et ses craintes.

L'aube se leva sur une belle journée, tandis qu'un brouillard glacial s'attardait sur la forêt. Le soleil brillait, mais ses rayons ne la réchauffaient pas.

Les notharctus s'étirèrent. Ils étaient tout engourdis par le froid et les longues heures d'immobilité. Prudemment, précautionneusement, ils descendirent de l'arbre. Une fois à terre, ils s'éparpillèrent lentement. Les femelles les plus vieilles firent le tour de cette vague clairière, en renouvelant leurs marquages olfactifs à l'aide des glandes de leurs poignets, de leurs aisselles et de leurs parties génitales.

Noth fouilla les feuilles gelées. Il n'y avait rien à tirer de la couche de feuilles mortes, mais il avait appris à creuser là où elle était particulièrement épaisse. Les feuilles pourrissantes piégeaient l'humidité et tenaient le froid à l'écart ; c'est là qu'on trouvait de la rosée à laper, là où le sol n'était pas encore gelé, et qu'on pouvait gratter à la recherche de tubercules, de racines, ou même de rhizomes de robustes fougères.

Une série de cris aigus, bizarrement modulés, se fit

entendre. Leurs échos se perdirent dans la forêt. Noth leva la tête, les moustaches frétillantes.

Il y avait du remue-ménage autour d'un bouquet de podocarpes. Noth vit qu'un groupe de notharctus, d'étranges femelles avec toute une tripotée de petits, étaient sorties de la forêt. Elles approchaient des podocarpes.

Plus Grosse et quelques autres femelles se jetèrent en avant. L'énorme mâle dominant du groupe – que Noth considérait comme une sorte d'empereur – se joignit aux femelles en furie. Bientôt, ils étaient tous déchaînés, hululant et couvrant de musc leur longue queue. Les étranges femelles reculèrent, mais ne se privèrent pas de donner leur avis. La forêt s'emplit momentanément du fracas de leur dispute.

Les clans de femelles qui étaient au cœur de la société des notharctus défendaient sauvagement leur territoire. Ces étranges femelles n'avaient pas tenu compte des marques olfactives laissées par Grosse et les autres, des avertissements pourtant évidents pour les notharctus. À cette période de l'année la nourriture se faisait rare ; dans l'ultime ruée visant à fournir à leur corps de quoi survivre aux rigueurs de l'hiver, un opulent bosquet de podocarpes valait bien la peine qu'on se bagarre un peu.

Les femelles, avec leurs bébés accrochés à leur fourrure, menèrent leur guerre plus loin que les mâles ne s'y attendaient. Elles commencèrent par feinter et esquiver, puis elles en vinrent à donner de puissants coups de dents, comme si elles se battaient à coups de couteau.

Ça ne marcherait pas. Bien qu'aucun notharctus n'ait jamais levé la patte sur un autre, les rodomontades de Plus Grosse et de ses comparses finirent par terrasser les nouveaux venus. Elles reculèrent en direction des longues ombres grises et brunes des profondeurs de la forêt ; mais l'un des aînés parmi les enfants s'était jeté en avant, et avait eu l'audace de planter ses dents dans un fruit ratatiné par le froid avec lequel il s'était enfui avant qu'on ait le temps de l'arrêter.

Prenant soudain conscience de la vulnérabilité de leur trésor, les femelles se regroupèrent autour du podocarpe, dont elles dévorèrent voracement les fruits. Certains des plus vieux et plus puissants mâles, parmi lesquels l'Empereur, s'invitèrent au festin. Noth, comme les autres jeunes mâles, tournait autour du groupe en train de manger, attendant son tour pour aller chercher ce qu'on aurait bien voulu lui laisser.

Il n'osait pas aller défier l'Empereur.

Les notharctus mâles avaient leur propre hiérarchie, complexe, différente de celle des femelles – à laquelle elle se superposait. Toute la question était de savoir qui s'accouplait avec qui. C'était la chose la plus importante – en fait, *la seule* chose qui comptait. L'Empereur avait un immense territoire, qu'occupaient plusieurs groupes de femelles. Il ne cherchait qu'une seule chose : copuler avec toutes les femelles de son territoire, de façon à donner le plus de chance à ses gènes de se propager. Il marquait ses femelles de son odeur afin de dissuader les autres soupirants de s'en approcher. Et il se battait férocement pour éloigner les autres puissants mâles de son immense empire, exactement comme le père de Noth s'était battu avec Solo pour le chasser.

L'Empereur s'était bien débrouillé et avait réussi à tenir son immense fief sous sa domination pendant plus de deux années. Mais, comme tous ses pareils, il était promis à une brève existence, et il vieillissait rapidement. Même Noth, le plus humble des nouveaux arrivants, ne cessait de jauger machinalement la force et la forme de l'Empereur ; l'instinct de reproduction, ce besoin d'assurer sa descendance, de voir sa propre lignée continuer, était aussi fort chez Noth que chez tous les autres mâles du groupe. Un jour ou l'autre, fatalement, l'Empereur serait confronté à un défi qu'il ne pourrait pas relever.

Mais, pour l'instant, Noth n'était absolument pas en position de défier l'Empereur ni aucun des autres puissants mâles qui le dominaient dans cet ordre de préséance en permanente évolution. Et il voyait bien que la réserve de fruits du podocarpe fondait à vue d'œil.

Avec un cri de frustration, il courut sur le sol de la forêt et grimpa rapidement dans un arbre. Les branches, rendues glissantes par le gel, la rosée et le lichen, ne portaient plus ni fruits ni feuilles. Mais il devait être encore possible de trouver çà et là quelques caches de graines ou de noisettes, mises de côté par les créatures providentielles de la forêt.

Il trouva un trou dans un vieux tronc d'arbre. Dans le creux humide et pourrissant, il vit briller des coquilles de noisettes. Il glissa ses petites mains aux doigts agiles dans le trou et en sortit l'une des noisettes. La coquille était ronde, lisse, parfaite. Quand il la secoua, il entendit le fruit danser à l'intérieur et se mit à saliver. Mais, quand il mordit la coquille, ses dents glissèrent sur la surface, lisse et dure. Irrité, il essaya encore.

Il y eut un puissant sifflement. Il laissa échapper un cri modulé, lâcha la noisette et s'enfuit dans les hautes branches.

Une créature de la taille d'un chat domestique s'approcha, maladroitement, de la cache aux noisettes. La bête leva la tête vers Noth et siffla à nouveau, montrant une gueule rose dotée de terribles incisives en haut et en bas. Satisfaite d'avoir chassé ce pillard, la bête sortit l'une des noisettes du garde-manger et, d'un coup de ses puissantes mâchoires, en brisa la coquille. Puis, de quelques coups de dents, elle agrandit adroitement le trou et atteignit enfin le fruit. Il sentait tellement bon que Noth, blotti derrière le tronc d'arbre, crut défaillir quand la bête l'engloutit voracement.

Cet ailuravus ressemblait à une sorte d'écureuil primitif, avec une tête de souris. Il avait une longue queue touffue qui servait à ralentir sa chute, un peu comme un parachute, lorsqu'il s'élançait d'un arbre à l'autre – ce qu'il faisait souvent. Il avait beau manquer d'habileté dans les arbres – il n'avait ni les mains ni les pattes préhensiles des primates –, il était suffisamment gros pour mettre une raclée à Noth.

L'ailuravus était l'un des premiers rongeurs. Cette immense et ancienne famille avait vu le jour quelques millions d'années auparavant en Asie. Depuis, elle s'était répandue partout dans le monde. Cette petite rencontre était une escarmouche en comparaison de la guerre totale à laquelle se livreraient bientôt rongeurs et mammifères pour le contrôle des ressources.

Et les rongeurs étaient déjà en train de l'emporter.

Si, en matière de nourriture, ils se débrouillaient mieux que les primates, c'était surtout pour une raison. Noth n'avait pas de casse-noisettes pour manger les noisettes et les noix, ni de meule pour moudre les céréales comme l'orge et le blé. Alors que les rongeurs, avec leurs terribles incisives qui n'arrêtaient pas de pousser, pouvaient briser sans mal les coquilles et les enveloppes les plus dures. Très vite, ils allaient commencer à dévorer les fruits des meilleurs arbres avant même qu'ils soient mûrs.

Ce n'était pas tout : il y avait beaucoup, beaucoup plus de rongeurs que de primates. Une ailu pouvait avoir plusieurs portées la même année. Bon nombre de ses petits mourraient de faim, succomberaient à la compétition avec leurs frères et sœurs ou seraient dévorés par des oiseaux ou des carnivores ; mais il en survivrait assez pour permettre à la lignée de perdurer. C'est pourquoi, pour les ailus, les enfants n'étaient pas ce qu'il y avait de plus important, contrairement aux notharctus qui n'avaient qu'une portée par an, et pour lesquels la mort d'un petit était une perte cruelle. Les rongeurs étaient tellement prolifiques que les sculpteurs aveugles de la sélection naturelle disposaient de tout le matériau nécessaire pour s'en donner à cœur joie ; et ils évoluaient à toute allure.

Et même si les primates comme Noth étaient beaucoup plus malins que les rongeurs comme l'ailu, ils ne pouvaient pas gagner.

Les plesiadapis n'étaient pas les seuls à se raréfier en Amérique du Nord. Ce n'était pas par hasard que l'espèce de Noth avait été repoussée dans cette frange de forêt en marge du pôle. Plus tard, la lignée de Noth émigrerait encore plus loin, passant de l'autre côté du toit du monde, en Europe et, de là, en Asie et en Afrique, s'adaptant et se transformant au fur et à mesure de son voyage. Mais en Amérique du Nord la victoire des rongeurs serait, en une poignée de millions d'années, absolument totale. Un nouvel écosystème allait voir le jour, plein de spermophiles, d'écureuils, de rats, de marmottes, de souris et de tamias. Il n'y aurait *plus* de primates en Amérique du Nord : plus un seul, pendant les cinquante et un millions d'années à venir, jusqu'à ce que des chasseurs humains, de très lointains descendants des notharctus, viennent d'Asie en empruntant le détroit de Béring.

Quand le rongeur eut fini de manger, Noth émergea précautionneusement de sa cachette. De ses doigts agiles il ramassa les morceaux de noisette que l'ailu avait laissés tomber, et les enfourna sans honte.

Le ciel, au sud, brillait encore pendant quelques heures chaque jour. Mais, à présent, le soleil accomplissait son cycle au-dessous de l'horizon. Presque tous les lacs étaient gelés, les arbres étaient recouverts de givre. Par endroits brillait une fine dentelle translucide, là où le brouillard avait gelé les toiles d'araignée. Les notharctus, qui se déplaçaient d'arbre en arbre et sur le sol silencieux de la forêt, étaient engourdis et sans énergie ; de toute façon, la forêt ne leur apporterait plus guère à manger cet automne.

Vint un dernier jour de clarté, où des bancs de nuages teintés de rouge envahirent un ciel moiré de violet au sud ; puis une aurore rouge et verte roula, tel un rideau gigantesque, jusqu'aux étoiles.

Les notharctus descendirent de leurs branches et commencèrent à creuser le sol aux endroits où il avait échappé au gel, sous des couches de feuilles ou entre les racines des arbres. Cette nuit serait la plus froide de tout cet hiver, et tous savaient qu'il était temps de se mettre à l'abri. Aussi les primates se mirent-ils à creuser, construisant des terriers que même Purga aurait trouvés confortables. C'était comme si le bref intervalle de temps passé dans les arbres n'avait été qu'un rêve, un rêve de liberté.

Dans la nuit du terrier, Noth se fraya un chemin à travers un réseau de tunnels auxquels les nombreux passages de primates avaient ôté toute aspérité, et dont le sol était recouvert de poils. Enfin, son puissant odorat le guida vers Droite.

Il la renifla gentiment. Elle dormait déjà, roulée en boule, enveloppée dans sa queue, non loin du ventre de Grosse. Elle avait grandi au cours de ces mois passés dans le groupe de Plus Grosse, mais Droite serait toujours petite, elle garderait toujours quelque chose de la maigrichonne qui avait jadis été malmenée par sa jumelle à présent morte. Cependant, sa fourrure hivernale était brillante, saine et dénuée de nœuds ou de saletés, et sa queue était pleine de graisse, ce qui lui permettrait de passer un bon hiver.

Noth éprouva une sorte de satisfaction. Il avait très mal commencé l'été, et ils avaient tous deux survécu au-delà de toute espérance. Etant donné qu'il n'avait pas encore d'enfants, Droite était sa seule famille – tout son futur génétique dépendait de sa sœur –, mais pour l'instant il avait fait tout ce qu'il pouvait pour elle.

Dans l'obscurité, dans les odeurs et les bruits subtils de ceux de son espèce, Noth se blottit tout contre sa sœur. Il ferma les yeux et s'endormit rapidement.

Il fit quelques brefs rêves : flashs de lumière d'été, longues ombres, mère tombant des arbres. Puis, comme toutes ses fonctions corporelles s'éteignaient les unes après les autres, son esprit fit de même.

IV

Les rayons de soleil brillaient presque à l'horizontale, comme des phares entre les arbres. Un brouillard froid stagnait au-dessus des étangs en train de dégeler doucement, s'ourlait de mille tourbillons gris-rose, compliqués, absurdement magnifiques. Les troncs d'arbre émaciés jetaient leurs immenses ombres noires vers le nord. Déjà, les premières feuilles bourgeonnaient sur les branches nues, petites plaques vertes pendant presque à la verticale pour capter la lumière du soleil. Elles préparaient leur entrée en scène : le printemps et l'été étaient si courts que ces pugnaces servantes végétales devaient boire la lumière jusqu'à la dernière goutte.

Ce n'était qu'un clin d'œil, une aube qui durerait à peine quelques minutes. Mais, pour la première fois depuis des mois, le disque du soleil s'était enfin montré.

La forêt était calme. Les grands migrateurs herbivores étaient encore à des centaines de kilomètres au sud ; et il faudrait des semaines avant qu'ils viennent retrouver leurs pâturages d'été. Les oiseaux n'étaient même pas encore rentrés. Mais Noth, déjà réveillé, s'affairait au-dehors.

Il venait de sortir du terrier, et il était encore engourdi. Sa queue était toute flasque ; elle avait perdu jusqu'à son dernier gramme de graisse. Sa fourrure, hirsute et jaunie par l'urine, flottait autour de lui, comme un nuage baigné de lumière, le faisant paraître deux fois plus grand qu'il n'était. Il n'y avait pas encore assez à manger dans les arbres, aussi devait-il descendre sur le sol jonché de détritus gelés. Après la froidure hivernale, on aurait dit que personne n'avait jamais vécu là, et partout où il allait il marquait de son musc les pierres et les troncs d'arbre.

Tout autour de lui, les mâles cherchaient à manger en se livrant à une sinistre compétition. Ils avaient tous leur taille adulte, même ceux qui étaient nés depuis moins d'un an ; et ceux qui étaient d'un âge presque vénérable, comme l'Empereur lui-même – qui allait sur ses trois ans –, se déplaçaient avec plus de raideur que l'année précédente. Après un hiver passé à dormir, ils étaient affamés ; ils avaient tous l'air mal en point, et un froid lancinant traversait leur fourrure trop grande pour eux, mordant cruellement les corps amaigris.

Ils prenaient des risques, à se démener si tôt. Dans les terriers, les femelles faisaient la grasse matinée, consumant leurs dernières réserves. Les prédateurs étaient déjà à l'affût, et comme la nourriture était encore rare, les lève-tôt faisaient une cible bien appétissante. Si l'un des mâles tombait par hasard sur une cache de nourriture, il était rapidement entouré de rivaux jaloux et piailleurs, dont les cris et les hululements emplissaient aussitôt la forêt.

Mais Noth n'avait pas le choix ; il devait braver le froid. La saison des amours approchait, et c'était une époque où la rivalité entre les mâles était féroce. Le corps de Noth savait que plus tôt il reconstituerait ses réserves de force et d'énergie, en prévision des bagarres à venir, plus il aurait de chance de trouver une compagne.

Se déplaçant avec un trouble souvenir de la carte du paysage qu'il avait gravée dans sa mémoire l'année précédente, Noth se dirigea vers le plus grand des lacs voisins.

Lequel était encore en partie gelé. Les plaques de glace grise étaient recouvertes d'une couche de neige granuleuse. Un couple d'oiseaux qui ressemblaient à des canards, de précoces immigrants, clopinait à sa surface, la ponctuant de coups de bec pleins d'espoir. Sous le gris, Noth voyait le bleu turquoise des couches de glace plus ancienne, une lame de matière gelée en profondeur qui n'avait pas réussi à fondre pendant l'été, et qui ne fondrait pas plus cette année.

Non loin du bord de l'eau, il aperçut une sorte de paquet gris clair. Un mesonychidé. Comme le renard arctique qui devait lui succéder, il passait l'hiver à la surface. Cet hiver-là, au cours d'un soudain coup de froid, ce meso s'était perdu dans un blizzard. Il était mort, là, au bord du lac. Son corps avait gelé rapidement et semblait parfaitement conservé. Puis les bactéries et les insectes avaient profité du dégel pour s'offrir un festin : Noth sentait l'odeur douceâtre de la pourriture. Il se mit à saliver. La viande à moitié gelée serait certainement bonne, et les asticots, bien qu'un peu salés, feraient un excellent dessert. Mais il avait encore plus soif que faim.

Près de la rive boueuse du lac, la couche de glace était fine et craquelée, et Noth sentait l'eau froide. Les débris grisâtres de l'ancienne couche de glace flottaient sur l'eau verdâtre, déjà grouillante de vie. Noth trempa son museau dans l'eau et but, filtrant la vase visqueuse entre ses dents.

L'eau grouillait de grappes de petites sphères gris clair : les œufs des habitants amphibiens du lac, pondus dès le début du dégel. Sous son nez, Noth distinguait de petites formes noires en train de s'agiter : les premiers têtards. Il fit glisser ses pattes dans l'eau, laissant la vase s'agglutiner sur ses paumes, porta cette moisson gluante à sa gueule.

Ses entrailles furent parcourues de spasmes, et une flaque de merde liquide se répandit sous lui.

C'est alors que la surface de l'eau frémit et que la glace se fracassa bruyamment. Quelque chose d'énorme sortait du lac. Noth se réfugia sous le couvert des arbres, les yeux grands ouverts.

Comme Noth, le crocodile s'était réveillé tôt. Il avait été tiré de son sommeil par la clarté du jour. Il sortit du lac, des morceaux de glace dégringolant de son dos. D'un mouvement sinueux, il referma ses mâchoires sur le meso gelé, broyant la glace, faisant craquer les os. Puis il regagna les profondeurs du lac, emportant avec lui la carcasse, sans effort et sans bruit.

Le crocodile aussi avait faim.

Avant la comète, les plus gros locataires de chaque niche écologique avaient été les reptiles : les plésiosaures et les ichtyosaures dans les océans, les dinosaures sur la terre ferme, les crocodiles dans les rivières et les lacs. La catastrophe avait anéanti toutes ces familles, dont les royaumes désertés devaient être bientôt réoccupés par des mammifères jouant le même rôle – toutes ces familles, sauf celle des crocodiles.

Il n'avait jamais été facile de vivre dans l'eau douce. Alors qu'il y avait toujours des plantes à manger sur terre et dans la mer, quels que soient le lieu et l'époque, l'eau douce était un environnement on ne peut plus changeant. L'érosion, l'abrasion, l'ensablement, les inondations, la sécheresse, en influant sur la qualité de l'eau elle-même, constituaient autant de dangers potentiels.

Mais les crocodiles n'en avaient cure : eux – et d'autres espèces d'eau douce particulièrement robustes, comme les tortues – s'adaptaient à tout. Certains avaient appris à marcher sur la terre ferme en quête d'un nouveau point d'eau. D'autres pouvaient rejoindre la mer. Ou bien s'enterrer sous huit ou dix mètres de boue, pour attendre le prochain orage. Concernant la nourriture, même au cours des pires carnages qui avaient eu lieu sur terre et dans les mers ils s'étaient nourris des éléments nutritifs qui suintaient de la terre, jonchée de cadavres, une chaîne alimentaire « marron » qui avait perduré longtemps après l'extinction des choses vertes qui poussaient dans la terre, et des animaux qui les mangeaient.

C'est ainsi que les crocodiles avaient survécu plus de cent cinquante millions d'années, résistant à des impacts extraterrestres, des périodes glaciaires, des changements de niveau des océans, des soulèvements tectoniques, et à la terrible compétition à laquelle s'étaient livrées plusieurs dynasties d'animaux.

Après tout ce temps, ils étaient encore capables d'innover, d'évoluer. Pendant une courte période, juste après l'impact de la comète, les principaux prédateurs établis autour des cours d'eau avaient été des cousins des crocodiles. Dotés de longues pattes et de griffes pareilles à des sabots, ils avaient été un vrai cauchemar, des crocodiles prédateurs capables de courir et de s'en prendre à des animaux aussi gros que des petits chevaux. Les crocodiles s'étaient même adaptés à la survie en cet endroit, au pôle nord, où le soleil ne brillait pas pendant plusieurs mois d'affilée ; ils se contentaient de passer les mois d'hiver en totale hibernation.

À la différence des dinosaures et des plésiosaures, les crocodiles ne seraient jamais chassés de leurs royaumes d'eau douce par des mammifères en plein essor : ni maintenant, ni jamais.

Noth avait perdu la carcasse du meso, mais, à l'endroit où elle s'était trouvée, il y avait des lambeaux de chair et quelques asticots écrabouillés. Taraudé par la faim, il se mit à lécher le sol gelé.

Enfin, la saison des amours arriva.

Les femelles du groupe se rassemblèrent dans les branches d'un grand conifère. Elles se goinfraient de jeunes fruits mûrs, qui apportaient à leur corps toutes les ressources dont il aurait besoin pour survivre à l'importante dépense d'énergie qu'impliquait la maternité. Les femelles étaient plus ou moins régentées par les plus vieilles d'entre elles, dont Grosse et Plus Grosse. Droite, qui avait survécu à son premier hiver, avait été acceptée. Elle se remplumait rapidement, et quand sa fourrure hivernale pelée tomba enfin, elle apparut sous l'aspect d'une petite mais fort élégante adulte, prête à s'accoupler.

L'Empereur lui-même se pavanait au milieu de ses femelles, qu'il honorait héroïquement l'une après l'autre. Il avait déjà été accepté deux fois par Plus Grosse et avait défloré une Droite consentante. Maintenant, il prenait Grosse. Elle était penchée en avant, accrochée à une branche basse, la tête entre les genoux, la queue relevée. L'Empereur était juste derrière elle, les bras passés autour de sa taille, les hanches bougeant d'autant plus vite qu'il était à la fois épuisé et empressé.

L'Empereur n'avait cessé de penser à ce jour depuis un an, et le moment était venu pour lui de mettre à profit son énergie et son autorité en couvrant le plus grand nombre de femelles possible.

Indiscutablement, il commençait déjà à fatiguer. Et cette troupe de femelles n'était que l'une de toutes celles qui se trouvaient dans l'immense territoire sous son contrôle.

Dans cet endroit où le climat était soumis à des changements drastiques, l'élevage des bébés devait se faire pendant une période de temps très courte, quand il y avait assez de nourriture et que les mères avaient suffisamment à manger pour produire du lait en quantité. Une femelle qui s'accouplait en dehors de la saison des amours avait peu de chances de voir sa portée atteindre l'âge adulte. Quant aux mâles qui laissaient passer leur chance de s'accoupler à une femelle fertile, ils devraient subir toute une année d'épreuves, de dangers et de privations avant d'avoir une autre chance de le faire.

Chez les notharctus, la saison des amours ne durait que *quarante-huit heures*. Deux jours de pure frénésie.

Ce jour-là, premier jour d'ovulation pour toutes les femelles, un invisible nuage de phéromones planait dans l'air, et il y avait des mâles partout, terriblement excités, le sexe en érection dardé hors de la fourrure. Chaque mâle se préparait depuis le retour du soleil, mangeant pour prendre des forces, faisant des acrobaties dans les branches et se livrant à toutes sortes de joutes pour rire : on eût dit des athlètes s'entraînant pour un championnat. L'Empereur ne pouvait les tenir tous à l'écart, et la compétition était rude. Ce jour-là, la hiérarchie des mâles était si rudement mise à l'épreuve qu'elle pouvait à tout moment s'effondrer.

Quant à la hiérarchie des femelles, elle serait éprouvée, un peu plus tard, quand elles seraient enceintes ou en train de s'occuper de leurs petits, au moment où la rapide croissance des fœtus ou des nouveau-nés requerrait que la mère trouve une source de nourriture hautement énergétique – et ce à une époque où presque toutes les femelles adultes seraient en train de pouponner. C'était l'énorme coût induit par la reproduction qui avait conduit la domination globale des mâles par les femelles, et l'une des raisons pour lesquelles celles-ci mangeaient généralement mieux que les mâles.

C'était pareil dans toute la forêt. Les notharctus se retrouvaient tous en rut au même moment, et ce moment était déclenché par les invisibles effluves chimiques qui planaient dans l'air sur des kilomètres à la ronde. Aujourd'hui, comme demain, la forêt retentirait de la luxure des primates ; et ce n'étaient que vociférations endiablées de mâles en train de se battre, clameurs de femelles bouillonnantes de phéromones, et fiévreux jeux de hanches.

En pourchassant un autre jeune mâle, qu'il avait surnommé Rival, Noth entreprit de traverser un vague bosquet de conifères en se balançant de branche en branche. À chaque plongeon, la terre remontait comme un bol immense, empli de feuilles mortes, de jeunes fougères et des formes troubles des animaux terrestres reniflards qui fuyaient en dessous de lui.

Il arriva à un espace entre deux grands arbres. De l'autre côté, il voyait Rival, debout sur ses pattes arrière, son sexe rose bien en évidence, en train de se frotter sur l'écorce pour la marquer de son odeur. Rival poussa un jappement rauque, qui était à la fois un cri de dédain et un appel au combat.

Sans hésiter, Noth effectua un dernier saut, immense. La branche plia et lui fit décrire une élégante parabole dans les airs. L'espace de quelques battements de cœur, il vola, la queue dressée en l'air, les quatre pattes écartées devant lui, prêtes à s'accrocher.

Il avait la tête pleine de délicieuses odeurs de femelles en chaleur. Il était en érection depuis son réveil. Il se balançait d'arbre en arbre, son pénis dardé devant lui, rose et raide. Il allait encore devoir se battre avec tous les mâles de la horde pour atteindre une femelle consentante. Il avait l'impression que son ventre allait exploser s'il tardait trop. Mais, bien qu'en proie à ce désir élémentaire, il jouissait de la puissance et de la souplesse de son corps, si apte à se mouvoir dans ce monde de forêt auquel il était si exquisément adapté.

Il ne s'était jamais senti aussi vivant.

Il atterrit dans l'arbre de Rival, juste à l'endroit visé, et ses pattes se cramponnèrent adroitement aux branches. Rival s'avança aussitôt.

Ils étaient debout sur leurs pattes postérieures, face à face, leur minuscule sexe pointé devant eux. Noth, la queue toute droite, marcha sur Rival, en poussant force cris et jappements auxquels l'autre répondit de même. La rencontre obéissait à un rituel, où chacun réagissait aux mouvement de l'autre par une sorte de danse : ondulation de la queue suivie d'un frottement du bas-ventre, revers de poignets tendus comme autant de crachats à la figure.

L'air s'emplit rapidement de l'odeur âcre de la colère. Ils étaient maintenant si proches que Noth sentait les poils hérissés de Rival et la salive qu'il lui crachait au visage.

Rival avait à peu près l'âge de Noth et faisait à peu près sa taille. Il avait rejoint le groupe un peu avant Noth et sa sœur. Pour lui, Noth était venu envahir un groupe qu'il considérait désormais comme sien. Noth et Rival se ressemblaient comme des frères. Ils étaient trop proches pour pouvoir être autre chose que des ennemis.

Rival était juste un tout petit peu plus gros et lourd que Noth. En fait, il s'était mieux nourri que Noth avant la saison des amours. Mais la difficile année qu'avait connue Noth l'avait endurci, et il tint bon.

Ce fut la psychologie qui l'emporta. Soudain, Rival accepta de se soumettre, ses rodomontades cessèrent. Il tourna le dos à Noth et, symboliquement, lui montra son petit derrière rose en signe de soumission.

Noth hulula, savourant cet instant. Il frotta rapidement ses poignets sur le dos de Rival, célébrant sa victoire en le marquant avec son odeur, et lâcha un jet d'urine. Puis il laissa Rival disparaître le long d'une branche, vers une poignée de baies.

Il n'arriverait rien de mal à Rival. Il passerait quelque temps à bouder tout seul dans son arbre, en mangeant peut-être quelque chose. Mais ses chances de s'accoupler s'en trouveraient réduites pendant quelques heures. L'urine de Noth l'avait rendu momentanément stérile. Cela limitait même sa capacité à jeter ces trilles particuliers grâce auxquels les mâles attiraient les femelles.

Pour Noth, la stratégie était excellente. Un seul

mâle aurait beau se démener héroïquement, il n'arriverait jamais à couvrir toutes les femelles. Mais il pouvait toujours réduire le nombre de ses adversaires grâce à ce subterfuge sensoriel.

Rival vaincu, le pénis de Noth se rappela à son bon souvenir ; il pourrait bientôt se soulager comme il l'espérait. À l'aide de rapides et vigoureux mouvements des bras, il s'élança de branche en branche, traversa la forêt pour rejoindre l'endroit où se trouvaient les femelles.

Il n'avait aucune idée de l'horrible bataille qui s'y déroulait.

Toujours entouré de ses femelles, l'Empereur venait de s'accoupler une dernière fois. Le pénis à vif et tout flasque, il marchait parmi les femelles, giflant et frappant tout mâle à sa portée.

C'est alors qu'il se trouva face à Solo.

Le vieil Empereur bomba le torse, montra les dents et produisit un nouveau flot de son puissant musc. Le poil luisant, le museau frémissant, il offrait un spectacle vraiment magnifique, à même d'intimider n'importe quel mâle.

Sauf Solo.

Solo avait passé l'hiver confortablement installé dans un terrier non loin de là, en compagnie de quelques femelles. La lumière revenue, il s'était jeté sur la nourriture et avait rapidement retrouvé toute sa force et sa puissance de l'année écoulée.

Puis il s'était mis en chasse. Rien que ce jour-là, il avait engrossé une bonne demi-douzaine de femelles, un peu partout dans la forêt. S'il était là, c'était pour en honorer d'autres – une fois la concurrence éliminée.

Solo se jeta sur l'Empereur, lui enfonçant dans le ventre son museau couvert de cicatrices.

L'Empereur tomba à la renverse sur la branche. Il était un peu sonné, et il serait certainement tombé de l'arbre si ses rapides pattes de primate ne s'étaient agrippées à l'écorce. Ce soudain assaut l'avait choqué, physiquement autant que moralement. À part les gifles et les tapes des femelles monopolisant la nourriture, et les inévitables baffes que vous flanquaient quelquefois les autres mâles dans la mêlée, il n'avait jamais été délibérément frappé de toute sa vie.

Et ce n'était qu'un début.

D'un bond presque gracieux pour une créature de cette taille, Solo sauta sur l'Empereur. Il s'assit sur sa poitrine, compressant les fragiles côtes du vieux mâle – qui se mit à crier. Il souffla, haleta, tapa sur le dos de Solo. S'il l'avait frappé de toutes ses forces, il aurait peut-être pu chasser l'autre, mais infliger des blessures allait contre ses instincts, et il assénait des coups sans force, et sans effet.

Il avait laissé passer sa chance.

Solo se pencha et fourra son museau dans l'entrejambe de l'Empereur. Il repoussa les poils raidis par le sperme et les fluides vaginaux des femelles, et, d'un brusque coup de dents, il happa habilement le scrotum de l'Empereur, le privant d'un testicule.

L'Empereur se mit à hurler et à s'agiter. Un flot de sang jaillit, trempant son pelage maculé des fluides de l'accouplement.

Solo gagna rapidement une branche en hauteur et d'un violent coup de patte jeta l'Empereur à bas de l'arbre. Le corps du vieux mâle tomba à travers le feuillage et alla s'écraser par terre. Puis Solo recracha le testicule ensanglanté dans les profondeurs verdoyantes.

Solo s'avança vers Droite, la sœur de Noth, l'une des femelles les plus jeunes. Il tripota rapidement son pénis, qui se mit à gonfler, et s'apprêta à la pénétrer.

C'est alors que le jeune Noth, impatient et très excité, tomba des airs et atterrit juste aux pieds de Solo. Solo pivota, telle la tourelle d'un char d'assaut, face à son nouvel adversaire.

Noth ne savait pas que Solo était là. Mais il ne l'avait pas oublié.

Noth vivait dans l'instant. Il n'avait pas de vraie notion de l'avenir ou du passé, et sa mémoire ne triait pas les événements ; elle tenait plus de la galerie d'images brillantes, pleines de couleurs et d'odeurs. Mais la puissante puanteur de Solo déclencha un flot de souvenirs, qui lui firent revivre en un éclair le jour funeste où sa mère, dans une autre partie de la forêt, était tombée dans une fosse pleine de dents en hurlant de désespoir.

Des pulsions contradictoires l'envahirent. Il aurait dû faire des rodomontades, se livrer à un combat d'odeurs – ou alors montrer à cette puissante créature qu'il se soumettait, tout comme Rival venait de se soumettre à lui.

Mais Solo *ne faisait jamais rien comme les autres*. Il n'obéissait à aucune des règles non écrites qui régissaient la fragile société des notharctus. Il venait de mutiler le mâle dominant du groupe. Il ne se contenterait certainement pas d'une victoire symbolique. Droit, imperturbable, Solo avait l'intention de le blesser, voire de le tuer.

Et puis, il y avait Droite, la seule famille de Noth, blottie dans les feuillages aux pieds de Solo. Non loin d'elle se trouvaient les femelles avec lesquelles il venait de passer presque une demi-année, et dont les moites parties génitales l'excitaient depuis des jours et des semaines. Surtout, il y avait ce monstre, Solo, qui avait détruit tout ce avec quoi il avait grandi.

Il se dressa sur ses pattes et poussa un cri sauvage.

Surpris, Solo hésita.

Le mufle et les poignets de Noth le démangeaient tant ils sécrétaient de musc. Il procéda à une rapide démonstration frénétique de sa puissance et de sa jeunesse. Puis, sans réfléchir, sans même comprendre ce qu'il faisait, il baissa la tête et fonça dans l'estomac de Solo. Le souffle coupé, Solo poussa un hululement hoquetant et tomba à la renverse sur un paquet de feuillage.

Si Noth avait continué, il aurait pu mettre à profit son attaque surprise. Mais il n'avait jamais livré aucun combat physique de sa vie. Solo, qui avait, lui, l'instinct du guerrier expérimenté, effectua un rétablissement et lui flanqua un coup de genou sur la tempe. Noth tomba sur le nez et chercha instinctivement à s'accrocher. Une masse énorme s'abattit alors sur son dos, l'aplatissant sur l'écorce. Puis Noth sentit les incisives de Solo s'enfoncer dans la chair tendre de son cou. Il cria de douleur. Il s'agita et remua dans tous les sens, sans parvenir à se débarrasser de Solo. Mais ses mouvements étaient si vigoureux qu'ils tombèrent tous les deux de la branche.

Hululant, Solo continuant de le déchiqueter, Noth traversa plusieurs étages de feuillages et de brindilles.

Ils s'écrasèrent sur le sol, où leur chute fut quelque peu amortie par une couche de feuilles pourrissantes. Mais Solo avait enfin lâché prise, après avoir mordu une dernière fois l'épaule de Noth. Solo fit sa propre parade de guerre. Il poussa un terrible rugissement inarticulé et, le derrière en l'air, frappa de ses petits poings les détritus qui se trouvaient à ses pieds ; des bouts de feuilles volèrent dans tous les sens, l'enveloppant dans un vague nuage que le soleil faisait briller.

C'était une guerre entre deux petites créatures. Mais

de plus gros animaux reculèrent timidement devant la férocité de Solo.

Le combat était plus que déséquilibré. Solo marcha sur Noth, sortant d'une pluie de feuilles en train de retomber. Noth l'observait sans bouger, comme hypnotisé. Il jeta un coup d'œil horrifié à son épaule, où pendait un lambeau de peau. Sa fourrure était trempée de sang.

C'est alors qu'une grosse masse se jeta sur Solo. L'Empereur. Le scrotum en sang, le gros notharctus frappa Solo dans le dos, l'envoyant valdinguer dans les feuilles mortes.

Cette fois-ci, Noth n'hésita pas. Il se jeta sur Solo et commença à lui marteler le dos et les épaules avec les pattes et le museau. L'Empereur et d'autres mâles joignirent leurs efforts aux siens, jusqu'à ce que Solo se retrouve immergé sous une masse d'assaillants braillards et inexpérimentés. Pris un par un, Solo aurait pu les battre – mais pas tous ensemble. Sous cette averse de coups désordonnés, il lui était impossible de se relever.

Finalement, il se faufila, comme un téniodonte, sous le tapis de feuilles en décomposition, échappa à la mêlée vociférante. Le temps que l'armée d'amateurs s'aperçoivent de son départ et comprennent que leurs coups de pied et de poing n'atteignaient que le sol ou eux-mêmes, Solo s'éloignait déjà en claudiquant.

Fourbu, rompu, Noth se traîna jusqu'à l'arbre. Là, il trouva les femelles en train de se toiletter mutuellement, ôtant des plaques de semence durcie des poils de leur entrejambe, comme si le combat au-dessous d'elles n'avait jamais eu lieu. L'Empereur était tranquillement assis à côté de Plus Grosse. Le sang ne coulait plus, mais sa campagne copulatoire était à jamais terminée.

Et puis il y avait Rival, pour l'heure occupé à couvrir vigoureusement Droite. Noth devina la face de sa sœur enfouie dans les poils de sa poitrine, entendit les petits cris de plaisir qui émanaient de son gosier. Noth se sentit envahi d'une étrange chaleur. Il ne ressentait aucune jalousie à l'égard des mâles approchant sa sœur, même pas envers ce mâle auquel il avait mis une tannée, et qui s'en était apparemment rapidement remis. Quelque chose de biochimique, profondément enfoui en lui, lui disait qu'une fois sa sœur enceinte la lignée se poursuivrait : cette chaîne moléculaire étincelante ininterrompue, qui partait de Purga, brillait en cet instant, illuminée par la pâle clarté solaire du pôle Nord, s'apprêtant à continuer vers d'inimaginables futurs.

Il entendit un mugissement dans le lointain. C'était l'appel d'une moerithère, la matriarche d'un troupeau en migration qui remontait tout doucement du sud. Avec le retour des troupeaux, l'été revenait pour de bon. Et dans toute la forêt retentit une plainte aiguë : le chant des notharctus, un chant de solitude et de merveille.

Dans quelques années à peine, la vie de Noth s'arrêterait. Bientôt, son espèce disparaîtrait, elle aussi, et ses descendants se métamorphoseraient en autre chose ; bientôt, la chaleur de ces étés exceptionnels se dissiperait, même les forêts du pôle s'étioleraient et mourraient. Mais en cet instant – haletant, couvert de sang et de feuilles pourries –, pour Noth, c'était le grand jour, son grand jour de lumière.

L'énorme femelle nommée Grosse s'approcha de lui. Il poussa un trille de plaisir. Ayant reconnu certaine lueur dans ses yeux, elle lui tourna le dos, s'offrant à lui. Noth la pénétra rapidement, et le monde se mua en un néant de plaisir.

6

La traversée

▼ Fleuve Congo, Afrique de l'Ouest, 32 millions d'années avant notre ère

I

En cet endroit, non loin de l'océan qui était sa destination finale, le puissant fleuve coulait lentement entre des pans de forêt luxuriante et moite. Beaucoup de bras et de méandres, séparés du reste du fleuve, s'étaient transformés en marécages et en étangs. On aurait dit que le fleuve était à bout de forces, maintenant qu'il avait terminé son voyage – et pourtant, dans ces eaux battait le cœur de tout un continent.

L'été précédent, il avait plu abondamment. Le fleuve avait débordé, inondant une terre déjà saturée d'eau. Les eaux turbides charriaient des fragments de roches érodées et toutes sortes de choses vivantes. Il y avait même des radeaux de branches entremêlées et des bouts de végétation, dérivant comme autant de goélettes privées de capitaine, qui avaient déjà parcouru plusieurs milliers de kilomètres.

Loin au-dessus des eaux, dans la cacophonie de la

canopée, les anthros se livraient à leurs activités de dévastation quotidiennes.

Ils ressemblaient à des singes. Courant sur les branches, passant d'arbre en arbre à l'aide de leurs puissants bras, ils épluchaient les fruits, déchiquetaient les frondes des palmiers, arrachaient de gros lambeaux d'écorce pour attraper des insectes. Çà et là, des femelles se déplaçaient et s'affairaient par petits groupes, s'arrêtant quelquefois pour faire un brin de toilette. Il y avait des mères, reconnaissables à leurs enfants accrochés sur le dos ou sous le ventre, qu'une myriade de tantes étaient venues aider. Les mâles, plus gros, et qui aimaient s'aventurer plus loin, formaient de vagues alliances qui se nouaient et se dénouaient sans arrêt, en fonction de qui se situait tout en haut de la pyramide et avait droit aux femelles et à la nourriture.

Plus d'une trentaine d'anthros s'activaient ici. Ils étaient particulièrement doués pour trouver à manger, et là où ils passaient, ils ne laissaient que dévastation. C'était une joyeuse et bruyante razzia sur la nourriture, qui se faisait autant au vu et au su qu'en cachette des autres.

Momentanément seule, Vagabonde se balançait dans les branches. Elle était loin au-dessus du sol, mais elle n'avait pas peur de tomber ; elle était dans son élément, son corps et son esprit étaient parfaitement adaptés à son environnement, les branches entremêlées du dais de la forêt.

Au bord de la mer, plus à l'ouest, il y avait de terribles mangroves. Mais à cet endroit, dans l'intérieur des terres, la vieille forêt était riche et diverse, pleine de grands arbres étayés par un flamboyant sous-bois de papayers, anacardiers et palmiers. La plupart portaient des fruits et étaient riches en huiles et en résine.

C'était un endroit particulièrement luxuriant, où il faisait bon vivre. C'étaient également les vestiges d'un monde en voie de disparition. Depuis l'époque de Noth, un grand refroidissement s'était abattu sur la Terre, et les forêts de jadis, magnifiques et omniprésentes, n'étaient plus qu'un maigre saupoudrage de bois et de bosquets.

Vagabonde trouva une noix de palme. Elle s'installa sur une branche afin de l'inspecter. Une chenille, grosse et verte, rampait à sa surface. Elle cueillit la chenille d'un coup de langue, la mâcha lentement.

Le groupe se déplaçait bruyamment dans les hautes branches autour d'elle. Seule ou non, elle savait exactement où étaient tous les autres. Au fil des nombreuses années qui s'étaient écoulées depuis l'époque de Noth, les primates étaient devenus des animaux de plus en plus grégaires : pour les anthros, les autres anthros étaient beaucoup plus intéressants que la plupart des choses – en fait, ils étaient ce qu'il y avait de plus intéressant sur la Terre. Vagabonde était aussi consciente des autres membres de son groupe que s'ils avaient été des lanternes chinoises accrochées dans le feuillage, reléguant le reste du monde dans une sorte de grisaille opaque et muette.

Vagabonde n'appartenait à aucune de ces espèces que les hommes classifieraient dans l'avenir. Elle ressemblait à une sorte de capucin, ce singe qui arpenterait un jour les forêts d'Amérique du Sud, et plus tard les foires en qualité de joueur d'orgue de Barbarie. Elle en avait d'ailleurs à peu près la taille. Elle pesait environ deux kilos et était couverte d'une épaisse fourrure noire, avec du blanc à la hauteur des épaules, du visage et du cou – ce qui donnait l'impression qu'elle portait une guimpe de moniale. Ses quatre pattes étaient agiles, et contrairement à celles de Noth elles étaient de la même longueur. Son schéma corporel était typique des habitants du sommet des arbres. Elle avait le nez aplati, les narines épatées, plus proche en cela de ces singes qui plus tard habiteraient l'Amérique du Sud que de ceux qu'on trouverait en Afrique.

Elle ressemblait à un singe, mais n'en était pas un : lointaine descendante des adapidés du temps de Noth, son espèce était un genre de primates appelés anthropoïdes, ancêtres à la fois des grands et des petits singes, qui à cette époque n'étaient pas encore des espèces distinctes.

À peu près vingt millions d'années après la mort de Noth, les griffes des pattes de Noth – idéales pour l'épouillage – avaient été remplacées par les ongles de Vagabonde. Ses yeux étaient plus petits que ceux de Noth, capables d'une représentation en trois dimensions de l'espace, et reposaient sur une solide assise osseuse, alors que ceux de Noth étaient protégés par un simple anneau osseux et que sa vision pouvait même être affectée par le mouvement des muscles de ses joues quand il mâchait. D'ailleurs, Vagabonde avait perdu la plupart des attributs ancestraux que Noth avait gardés de l'époque où ses ancêtres s'en allaient en quête de nourriture dans la nuit. Elle comptait moins sur son odorat, et beaucoup plus sur sa vue.

Les petits enfants de Droite avaient donné naissance à une grande et nombreuse armée. Ils avaient émigré vers le sud, traversé le Vieux Monde, et s'étaient établis dans les épaisses forêts tropicales de l'Asie, et ici, en Afrique. Tout en voyageant, ils s'étaient épanouis, diversifiés, ils avaient changé. Mais la lignée d'anthropoïdes du Vieux Monde ne se poursuivrait pas après Vagabonde. Vagabonde ne pouvait pas savoir qu'elle ne reverrait plus jamais sa mère – et son destin devait être beaucoup plus étrange que celui de tous ses ancêtres les plus proches.

Les poils blancs de Vagabonde donnaient à son visage quelque chose d'épuré et de vaguement désenchanté. Cependant, elle n'était pas dénuée d'une certaine beauté juvénile. En fait, elle avait trois ans, soit un an de moins que l'âge auquel elle pourrait se reproduire. C'était une jeune femelle à l'esprit libre, pas encore franchement impliquée dans le jeu d'alliances hiérarchiques du groupe, et qui avait gardé quelque chose des instincts solitaires de ses plus lointains ancêtres. Elle n'aimait pas beaucoup se mélanger aux autres. D'ailleurs, le groupe n'était pas vraiment, pour le moment, ce qu'on pouvait appeler une bande de joyeux drilles.

Ces dernières années avaient été des périodes d'opulence, et le nombre d'éléments composant le groupe avait beaucoup augmenté. Il y avait eu un baby boom, dont Vagabonde était issue. Mais cette croissance avait posé quelques problèmes. D'abord, la compétition pour la nourriture était devenue beaucoup plus rude. Il y avait des disputes chaque jour.

Ensuite, il y avait le problème de l'épouillage. Dans un petit groupe, on avait le temps d'épouiller tout le monde. Ce qui contribuait à entretenir les relations et à cimenter les alliances. Mais dans un groupe devenu trop grand, c'était impossible – on n'avait plus le temps. Cela avait causé l'apparition de cliques, de sous-groupes qui s'épouillaient uniquement entre eux, sans s'occuper des autres. Déjà, certaines de ces cliques voyageaient séparément pendant la journée, même si elles se retrouvaient la nuit, pour dormir.

Un jour ou l'autre, cela générerait trop de tensions. Les cliques finiraient par faire sécession, le groupe éclaterait. Mais chacun des nouveaux petits groupes devait quand même être suffisamment grand pour offrir une certaine protection contre les prédateurs – ce qui était la préoccupation essentielle de ces bandes qui passaient la journée isolées les unes des autres. Il se passerait donc un certain temps, probablement plusieurs années, avant que le groupe éclate définitivement. Cela arrivait sans arrêt, et c'était l'une des inévitables conséquences de l'augmentation constante de la taille des communautés de primates. En attendant, cela supposait pas mal de chamailleries.

Aussi Vagabonde appréciait-elle de s'éloigner un peu de toutes ces disputes.

Une fois la chenille consciencieusement mastiquée, elle inspecta sa noix. Elle savait que son fruit était succulent, mais elle n'avait pas les mains et les dents assez puissantes pour en casser la coquille. Aussi commença-t-elle par la cogner contre les branches.

C'est alors qu'elle se rendit compte que deux yeux luisants l'observaient, et qu'un mince corps couleur de rouille était accroché dans une branche. Elle ne s'alarma pas pour autant. C'était un grégaire, un type de primate vaguement cousin de l'espèce de Vagabonde, mais plus petit, plus svelte – et beaucoup moins futé. Derrière cette chétive créature, Vagabonde distingua un grand nombre de ses congénères, massés dans les branches de cet arbre et de son voisin, dispersés un peu partout dans la lumière verte de ce monde de forêt. Le grégaire ne venait pas disputer à Vagabonde sa noix, et ne représentait d'ailleurs absolument aucun danger ; tout ce que ce petit primate lorgnait, c'étaient les restes qu'elle laisserait.

Le régime alimentaire de Vagabonde était principalement constitué de fruits, alors que les grégaires, comme leurs ancêtres communs, les adapidés, se nourrissaient surtout de chenilles et d'asticots qu'ils déchiquetaient grâce à leurs dents fines et effilées. Ils constituaient une populeuse colonie nomade, d'une cinquantaine de membres ou plus. C'était la meilleure des défenses contre les prédateurs et les autres primates : même une troupe d'anthros aurait eu du mal à mettre en déroute ces foules agiles et bien coordonnées.

Mais Vagabonde était bien plus futée que n'importe quel grégaire.

Il faudrait des dizaines de millions d'années avant qu'un primate utilise une chose qui mériterait vraiment le nom d'outil. L'intelligence de Vagabonde était spécialisée, conçue pour lui permettre de gérer une vie sociale complexe, sujette à de rapides changements. Cela dit, elle comprenait parfaitement son environnement naturel et savait le mettre à profit pour parvenir à ses fins. Frapper une noix contre un tronc d'arbre n'était pas vraiment de la haute ingénierie, mais cela exigeait de planifier ses mouvements une ou deux étapes à l'avance – ce qui présageait bien de la forte inventivité des ères à venir. Et casser une noix contre un tronc d'arbre impliquait un saut cognitif qui dépassait, et de loin, la compréhension des grégaires, ce qui expliquait pourquoi ils étaient maintenant si nombreux à la regarder faire.

Vagabonde entendit un bruissement, loin au-dessous d'elle. Elle s'agrippa à sa branche et jeta un coup d'œil dans la pénombre verte.

Une forme sombre se déplaçait entre les arbres avec un froissement d'ailes, tout en donnant des coups de bec dans les débris épars sur le sol de la forêt. C'était un oiseau coureur qui ressemblait à un casoar.

Vagabonde parcourut du regard le chemin que l'oiseau avait emprunté pour venir jusque-là et, au beau milieu de la clairière, elle aperçut des choses rondes, polies et luisantes.

Des œufs. Il y en avait des dizaines, disposés dans le nid rudimentaire de l'oiseau, chacun constituant un trésor de vitellus aussi gros que la tête de Vagabonde. Dans le calme du milieu de la journée, son compagnon s'étant éloigné, la maman oiseau avait pris le risque de laisser son nid un instant sans surveillance pendant qu'elle allait manger. Malheureusement, le regard perçant de Vagabonde avait tout de suite repéré son nid.

Vagabonde hésita le temps d'un battement de cœur. En se jetant sur les œufs, elle aussi prenait un risque. Elle avait déjà passé trop de temps loin du groupe, à casser sa noix. En outre, l'oiseau lui-même était une menace. C'était un monstre sur pattes, l'un des derniers représentants d'une dynastie vieille de plus de vingt millions d'années. Après la comète, tous les mammifères terrestres étaient restés petits, blottis dans l'épaisseur des forêts, mais certains oiseaux avaient grandi, et des monstres incapables de voler – comme celui-ci – avaient pendant un temps failli atteindre le sommet de la pyramide alimentaire. Libérés des limitations de poids requises pour voler, ils s'étaient formidablement développés. Leur musculature était devenue monstrueusement puissante, et ils auraient pu d'un coup de bec briser une colonne vertébrale. Mais ils appartenaient maintenant au passé : quand les mammifères herbivores avaient grandi, les mammifères carnivores avaient fait de même, et les oiseaux n'avaient pas pu lutter.

Les œufs étaient *là*, juste aux pieds de Vagabonde. Elle pouvait les prendre sans difficulté.

Si elle avait été un peu plus vieille, mieux intégrée au groupe, elle aurait peut-être pris une autre décision. Les choses étant ce qu'elles étaient, elle se laissa glisser en salivant déjà le long de la rude écorce de l'arbre. Ce moment, cette décision firent basculer sa vie – et le destin de la grande famille des primates.

Elle avait laissé tomber les restes de sa noix. Derrière elle le petit grégaire, sa patience enfin récompensée, se jeta sur les savoureux morceaux. L'instant d'après, un grand nombre des siens quittèrent leurs branches pour lui disputer sa pitance.

Alors qu'elle descendait de son arbre, Vagabonde dérangea une troupe de criards. C'étaient de tout petits primates, dotés d'une crinière soyeuse et de bizarres moustaches blanches. Surpris, ils s'égayèrent et disparurent dans les profondeurs du feuillage, avec une vitesse et des friselis de fourrure plumeuse qui faisaient très oiseau.

Les criards se sustentaient en forant l'écorce des arbres avec leurs dents du bas, afin d'en faire couler la sève. Quand ils en avaient fini avec un trou, ils pissaient dedans pour dissuader les autres de venir s'y nourrir. Il existait de nombreuses espèces de ces petites créatures, chacune spécialisée dans la sève d'un arbre particulier, et on les distinguait à leur implantation capillaire. Avec leur fourrure extravagante et leurs trilles lancinants, ils faisaient de la canopée un endroit coloré, plein de bruits et de vie.

Sur la terre ferme se trouvait encore un autre spécimen de primate. Un mâle solitaire, à la grosse bedaine. Il faisait quatre fois la taille de Vagabonde, et son corps trapu était couvert d'une épaisse fourrure noire. Il arrachait méthodiquement les feuilles d'un buisson, les enfournait entre ses puissantes mâchoires. Il avait le museau taché de noir : il avait mâchouillé le charbon de bois d'une souche frappée par la foudre afin d'apporter à son organisme un supplément nutritionnel neutralisant les toxines contenues dans son régime à base de feuilles.

Comme Vagabonde se laissait tomber souplement à

terre, il lui jeta un regard, l'air mauvais, et laissa échapper un rugissement. Elle regarda nerveusement autour d'elle, redoutant que son cri n'ait attiré l'attention de l'insouciante maman oiseau.

Vagabonde n'avait rien à craindre de ce gras-du-bide. Il était doté d'un énorme estomac et d'un gigantesque intestin où son alimentation peu nutritive avait le temps de fermenter. Pour permettre à cette formidable usine organique de fonctionner efficacement, il devait rester immobile les trois quarts du temps. Elle était si près de lui qu'elle entendait le grondement constant de son énorme et fort disgracieux estomac. Cela dit, il était remarquablement propre ; étant donné son mode de vie, il était contraint à une certaine hygiène, un peu comme un rat d'égout. Alors qu'elle s'éloignait de son précieux petit morceau de forêt, le gras-du-bide s'abîma dans un silence boudeur.

La trouée dans la forêt était envahie de broussailles. Les prairies étaient encore rares. Comme il n'y avait pas d'herbe, la végétation qui couvrait le sol faisait rarement moins d'un mètre de haut ; c'était un fouillis de buissons et de broussailles, d'aloès, de cactus et de plantes grasses. Les plus spectaculaires étaient des plantes géantes ressemblant à des chardons, qui se couvraient en certaines saisons de fleurs aux couleurs psychédéliques. De tels spectacles magnifiaient une bonne partie des terres émergées de cette époque, mais c'était une association qui aurait paru on ne peut plus insolite au temps de l'homme : un peu comme la flore du Fynbos d'Afrique du Sud.

Pour atteindre le nid de l'oiseau, Vagabonde devrait quitter le couvert des arbres. Mais, ce jour-là, le ciel semblait particulièrement clair – clair et comme délavé – et une curieuse odeur électrique planait dans l'air. Là-bas, elle serait à découvert ; elle hésita, mal à l'aise.

Elle essaya de s'approcher des œufs en longeant la forêt au plus près.

Elle contourna une zone marécageuse, née des récents débordements du puissant fleuve. Elle voyait l'eau, sous une écume de végétation pourrissante. Elle brillait, lisse comme un miroir, sous le soleil à son zénith. En outre, l'air sentait le sel. À cet endroit, un peu en amont du delta du fleuve, près de l'océan, les inondations occasionnelles ou les grandes marées avaient imprégné la terre d'eau salée, brûlant la végétation.

Des animaux se déplaçaient dans la clairière, à la recherche d'un point d'eau. Des espèces de daims arpentaient la forêt à la recherche de quelque chose à brouter. Ailleurs, dans un petit bosquet, paissait un troupeau de stenomylus. On aurait dit des gazelles. Ils se déplaçaient par petits paquets compacts, nerveux, regardant constamment de tous côtés sans cesser de mastiquer. Ils étaient suivis par un plus petit troupeau, des cainotheriums, sortes de petites antilopes à grandes oreilles. Pourtant, le stenomylus n'était pas une gazelle, plutôt une espèce de chameau, comme le cainotherium, avec sa drôle de petite tête de lapin.

Non loin du rivage était réunie une famille de massifs herbivores, qui rappelaient les rhinocéros. Ce n'étaient pas de vrais rhinocéros, et leur lippe boudeuse donnait un indice de leur véritable lignage : en fait, c'étaient des arsinoetheriums, de lointains cousins des éléphants. Dans l'eau s'accouplaient deux metamynodons, qui ressemblaient beaucoup à des hippopotames ; des échassiers se tenaient soigneusement à l'écart de leurs étreintes maladroites. Les metamynodons étaient en fait beaucoup plus proches des rhinocéros que les arsinoetheriums.

Là où les herbivores se réunissaient, on pouvait être

sûr de trouver des prédateurs et des charognards venus faire leur marché. Les étranges protorhinocéros et gazelles-chameaux étaient suivis par toute une meute de chiens-ours – des amphicyonidés, des mangeurs de chair plus ou moins fraîche qui marchaient comme des ours, les pieds bien à plat par terre.

C'était la vie. Pour un observateur humain, tout cela tenait du rêve enfiévré – des ours qui ressemblaient à des chiens, des chameaux pareils à des antilopes. Autant de créatures familières quand on les regardait les yeux mi-clos, et cependant étrangement différentes, vues de plus près. La grande famille des mammifères n'avait pas encore distribué les rôles que chacun jouerait plus tard.

Mais cette époque pouvait s'enorgueillir de quelques champions. À la lisière de la forêt, Vagabonde vit une ombre bouger dans les arbres, immense, lourde et menaçante. Un magistatherium. Il marchait à quatre pattes, comme un ours, mais il était énorme et faisait deux fois la taille d'un ours Kodiak. Ses canines, larges de cinq centimètres à la racine, faisaient deux fois la taille de celles des tyrannosaures. Et, tout comme les tyrannosaures, il chassait en pratiquant l'embuscade. À cette époque, il régnait sur les forêts africaines – et l'histoire le retiendrait comme le plus grand mammifère carnivore de tous les temps. Il avait, à la différence des véritables carnivores des temps futurs, deux rangées de dents tranchantes comme des cisailles – l'instrument essentiel de tous les carnivores –, mais elles s'abîmaient vite. Ce léger défaut dans la conception condamnait d'ores et déjà le magistatherium à l'extinction.

Pendant ce temps, dans le plus grand des étangs, une crocodile promenait son dos en pointillé. Elle se fichait pas mal de toutes ces bizarreries. Si vous aviez trop peu de jugeote pour éviter le domaine d'une crocodile, et suffisamment de viande sur des os qui croquaient bon sous la dent pour remplir la panse d'une honnête crocodile, vous pouviez adopter la forme qui vous chantait : vous ne pouviez espérer échapper à votre destin.

Enfin, Vagabonde ne fut plus qu'à quelques pas du nid. Elle sortit du couvert des arbres, s'attirant les regards vides des herbivores qui fourrageaient là, et s'approcha des œufs.

Le nid était partiellement recouvert de quelques frondes de fougères mortes, ce qui lui procurait une esquisse de couverture à l'abri de laquelle elle pourrait opérer. L'eau à la bouche, elle ramassa un premier œuf – et eut une énorme surprise. Ses pattes glissaient sur la coquille lisse, sans rien trouver à entamer ni à déchirer. Elle pressa l'œuf sur sa poitrine, sans plus de résultat ; l'épaisse coquille était beaucoup trop dure. Et il n'y avait aucune branche dans les parages sur laquelle le jeter. Elle essaya de l'engloutir tout entier pour le mordre avec ses puissantes molaires, mais sa bouche était trop petite pour laisser passer l'œuf.

Le problème était que sa mère lui avait toujours ouvert ses œufs. Sans sa mère, elle n'avait aucune idée de la façon dont il fallait s'y prendre.

Soudain, la lumière parut plus vive et le vent se leva, ridant la surface de l'étang et dispersant les fougères brunies. La panique l'envahit ; elle était loin de son groupe. Elle laissa retomber son œuf dans le nid, en prit un autre.

C'est alors que l'odeur douceâtre du vitellus effleura ses narines. L'œuf qu'elle avait lâché, en tombant sur les autres, s'était cassé. Elle passa ses mains dans la fente irrégulière, enfouit son museau dans la douce matière visqueuse et jaune, et referma ses dents sur des os à moitié formés. Mais quand elle prit un autre œuf, elle ne parvint pas à se rappeler comment elle avait ouvert le premier. Elle le tapota et essaya de le mordre, recommençant à zéro tout le processus d'approches successives.

Faire tomber les œufs les uns sur les autres était effectivement la méthode que sa mère utilisait pour les ouvrir. Mais même si elle avait été là pour lui montrer comment faire, Vagabonde n'aurait pas pu apprendre sa technique, puisqu'elle était incapable de deviner les intentions d'autrui, et donc de l'imiter. Les anthros n'étaient pas fins psychologues, et chaque nouvelle génération devait tout réinventer à partir de zéro, en fonction des matériaux de base et des situations. Ce qui expliquait la lenteur de l'apprentissage. Cela dit, Vagabonde réussit bientôt à ouvrir un nouvel œuf.

Elle était si concentrée sur sa nourriture qu'elle ne se rendit pas compte que deux yeux avides l'observaient.

Elle s'échinait à casser un troisième œuf lorsqu'il se mit à pleuvoir. On eût dit une pluie venue de nulle part. De grosses gouttes d'eau tombaient d'un ciel vide et clair.

Un vent puissant souffla sur les marais. Les échassiers partirent à tire-d'aile vers l'ouest, en direction de l'océan, fuyant l'orage approchant. Les grands herbivores se tournèrent dos au vent. Il y avait quelque chose de stoïque dans leur posture résignée. La crocodile glissa sous la surface de son étang, se préparant à passer l'orage dans les immuables profondeurs de son trouble empire.

Puis des nuages passèrent devant le soleil, et l'obscurité s'installa comme si on avait refermé le couvercle d'une boîte. À l'est, au centre du continent, là où l'orage s'était formé, le tonnerre gronda. L'orage qui s'abattit sur la région était d'une férocité exceptionnelle – un orage comme on en voyait un tous les dix ans.

Vagabonde se blottit dans les débris du nid, la fourrure déjà plaquée sur son corps. Les gouttes d'eau frappaient la terre tout autour d'elle, crépitant sur la végétation, creusant de petits cratères dans la boue. Elle n'avait jamais rien connu de comparable. Elle avait toujours passé les orages dans le relativement douillet abri des arbres, dont le feuillage dispersait et amortissait les trombes d'eau. Pour le moment elle était perdue, coincée à découvert, et elle se rendait cruellement compte de la distance qui la séparait de son groupe. Si un prédateur était tombé sur elle en ce moment précis, elle aurait perdu la vie en un rien de temps.

En l'occurrence, ce fut l'un des siens qui la trouva : un anthro, un grand mâle. Il se laissa tomber sur le sol détrempé, s'assit et la regarda sans bouger.

Étonnée, larmoyante, elle s'approcha précautionneusement de lui. Peut-être était-ce l'un des mâles dominants de son groupe – la bande aux contours vagues et aux nombreuses ramifications qu'elle considérait comme une sorte de « père » composite ? Mais non, elle s'en rendit compte rapidement. Son museau, dont la fourrure blanche était plaquée par la pluie, avait quelque chose de bizarre ; et un étrange motif de taches blanches, en forme de gouttes de sang, ornait le pelage noir de son ventre.

Ce mâle – Sang-Blanc – était deux fois plus gros qu'elle. Mais surtout, c'était un étranger. Et un étranger était toujours une mauvaise nouvelle. Elle poussa un sifflement, recula précipitamment.

Trop tard. Il tendit la main et l'attrapa par la peau du cou. Elle remua dans tous les sens, se débattit, mais il la souleva comme si elle ne pesait pas plus lourd qu'une noisette.

Puis il la ramena sans cérémonie dans la forêt.

Sang-Blanc avait repéré Vagabonde – cette jeune femelle, qui se promenait toute seule, était une sacrée occasion. Il l'avait suivie en prenant soin de ne pas se faire repérer, le mangeur de fruits se métamorphosant en un chasseur expérimenté.

L'orage lui avait fourni l'occasion de s'emparer d'elle. Sang-Blanc avait lui aussi ses problèmes, et il se disait que Vagabonde faisait peut-être partie de la réponse.

Comme les notharctus, leurs ancêtres, les femelles anthros vivaient en petites communautés solidaires. Mais dans cette forêt tropicale où il n'y avait pas de saison, où régnait l'abondance, elles n'avaient aucun besoin de synchroniser leur cycle de reproduction. La vie était beaucoup plus facile quand il y avait toujours des femelles en chaleur quel que soit le moment de l'année.

Ce qui permettait à un petit groupe de mâles, voire à un seul mâle, de monopoliser tout un groupe de femelles. À la différence de l'Empereur des notharctus, le mâle anthro n'avait pas besoin de couvrir toutes ses femelles le même jour. Il n'était pas non plus confronté à la tâche impossible consistant à tenir à l'écart tous les autres mâles. Il lui suffisait d'empêcher ses rivaux d'approcher du petit nombre de femelles qui étaient en chaleur à une période donnée.

Bien que physiquement plus grands qu'elles, les anthros mâles ne « possédaient » pas les femelles. Ils ne les dominaient pas excessivement non plus. Mais les mâles, liés au groupe de femelles par une loyauté génétique – dans un groupe aux liens aussi étroits, il y avait toujours une possibilité pour que n'importe quel bébé venant au monde soit le *vôtre* –, s'arrangeaient pour protéger le groupe des intrus et des prédateurs. En ce qui les concernait, les femelles s'accommodaient généralement du vague cercle de mâles qui gravitaient autour d'elles. Les mâles étaient parfois utiles, évidemment nécessaires, rarement dérangeants.

Mais récemment, dans la troupe de Sang-Blanc, les choses avaient mal tourné.

Dix des vingt-trois femelles du groupe s'étaient retrouvées en chaleur au même moment. Très vite, d'autres mâles avaient été attirés par les odeurs de sang et de phéromones. Et soudain, il n'y avait plus eu assez de femelles auxquelles faire la cour. Cela avait été une période d'instabilité, hautement compétitive. Et il y avait déjà eu quelques bagarres jusqu'au sang. Le groupe risquait tout bonnement d'éclater.

Sang-Blanc était donc parti en quête de femelles. Les tendrons étaient des proies de choix : assez jeunes et petites pour pouvoir être prises de force, assez écervelées pour se laisser facilement séparer de leur groupe d'origine. Évidemment, cela voulait dire qu'il faudrait attendre un an ou plus avant de pouvoir s'accoupler avec une jeunette comme Vagabonde. Mais Sang-Blanc avait tout son temps : son cerveau était suffisamment complexe pour lui permettre d'agir en fonction d'une récompense future.

Pour Sang-Blanc, la situation était on ne peut plus logique. Pour Vagabonde, c'était un pur cauchemar.

Brusquement, ils se retrouvèrent à voltiger dans les arbres et à courir comme des dératés. Sang-Blanc ne la lâcha pas un instant, la portant sans fatigue apparente. Jamais Vagabonde n'avait fait de si grands bonds, sauté si loin ni pirouetté de la sorte : sa mère et les autres femelles, plus sédentaires que les mâles, se déplaçaient avec mille fois plus de précautions que *ça*. En outre, on l'emmenait très loin ; elle sentait une odeur d'eau boueuse, parce qu'ils arrivaient près de la berge du fleuve.

De plus, la pluie tombait toujours, passant à travers les feuilles et transformant l'air en une sorte d'épais brouillard gris. Elle avait la fourrure trempée et de l'eau dans les yeux, de sorte qu'elle n'y voyait plus rien. Loin au-dessous d'eux, la terre était détrempée, l'eau formant des torrents qui charriaient une boue brun-rouge dans le fleuve en train de déborder. On aurait dit que la forêt et le fleuve fusionnaient, se perdant l'un dans l'autre sous l'action de l'orage.

Vagabonde paniqua de plus belle. Elle se débattit pour échapper à la poigne de Sang-Blanc. Tout ce qu'elle réussit à obtenir fut une série de tapes sur l'arrière de la tête, si fortes qu'elle ne put s'empêcher de crier.

Ils arrivèrent enfin au domaine de Sang-Blanc. Le gros de la troupe, mâles, femelles et enfants, s'était réuni dans le même arbre, un immense manguier au port bulbeux. Ils étaient assis en rang d'oignon sur les branches basses, lamentablement blottis les uns contre les autres et trempés comme des soupes. Mais quand les mâles virent ce que Sang-Blanc rapportait, ils se mirent à frapper les branchages en poussant force cris.

Sang-Blanc jeta brusquement Vagabonde parmi les femelles. L'une d'elles commença à tâter sans ménagement, du bout du doigt, le museau, le ventre et les parties génitales de Vagabonde. Vagabonde lui flanqua une tape sur la main et poussa un cri en signe de protestation. Mais la femelle n'en avait pas terminé avec elle, et déjà d'autres s'approchaient, en jouant des coudes, pour observer de plus près la nouvelle venue. Leur curiosité était un mélange de l'habituelle fascination des anthros pour les étrangers et d'une sorte de rivalité à l'égard de cette concurrente en puissance, cette nouvelle recrue dans un système hiérarchique en perpétuel changement.

Pour Vagabonde, tout était surprenant : les rafales d'éclairs qui zébraient le ciel pourpre, la pluie qui lui tombait sur la figure, les rugissements de l'eau au-dessous d'elle, la fourrure humide, la puanteur insolite des femelles et des jeunes qui la cernaient de toute part avec leur gueule rose et leurs doigts inquisiteurs. C'en était trop. Elle se démena comme une belle diablesse, plongea en avant et se retrouva pendant un court moment suspendue à la branche de son arbre.

Alors elle baissa les yeux et vit une chose étrange.

Deux indricothères rôdaient sous l'arbre. Ces gros animaux, trois fois plus gros qu'un éléphant adulte, étaient des sortes de rhinocéros sans corne. Avec leurs longues pattes, leur cou souple et leur peau semblable à celle des éléphants, on aurait dit des girafes bien en chair. Ils étaient si énormes qu'ils n'avaient pas l'habitude d'être menacés par quoi que ce fût. Et même maintenant, alors que la tempête faisait rage d'autour d'eux, ils levaient avec de lents mouvements étrangement gracieux leur robuste cou et leur face chevaline vers le feuillage détrempé pour le brouter.

Ils étaient pourtant en danger. Des torrents d'eau boueuse coulaient autour de leurs pattes comme s'ils s'étaient trouvés au beau milieu du fleuve.

Finalement, un pan de sol boueux se détacha de la rive, juste à côté des courtes racines de l'arbre, et glissa inexorablement dans l'eau. L'un des puissants indricothères mugit. Ses grosses pattes d'éléphant raclaient le sol qui se dérobait, transformé en une pente dangereuse. C'est alors qu'il bascula. Quinze tonnes de viande valsèrent dans les airs. Il se démancha le cou, se tortilla dans tous les sens, affolé, et heurta l'eau dans un bruit énorme. Un instant plus tard, il avait disparu, emporté par le fleuve vorace.

Le second indricothère poussa un mugissement de chagrin. Mais il était en danger lui aussi, le sol continuant à se désintégrer sous ses pattes. Alors, l'animal, désespéré, regagna pesamment un terrain plus solide.

L'arbre lui-même était menacé. Ses racines avaient été mises à nu par la soudaine érosion causée par cette inondation éclair, leur assise sapée par les assauts des eaux du fleuve. Le tronc émit un craquement, commença à vaciller.

Alors, avec une série de petites explosions, les racines cédèrent. L'arbre s'inclina dangereusement vers l'eau. Comme des fruits tombant d'une branche qu'on secoue, tous les primates, du plus grand au plus petit, churent en hurlant dans l'eau bouillonnante.

Vagabonde se cramponna à sa branche en criant de toute la force de ses poumons, tandis que l'arbre s'abattait de tout son long dans le fleuve. Tout bonnement cauchemardesque.

Les premières minutes furent les plus terribles.

Près de la rive, où elles subissaient à la fois la force du courant et le choc de leur rencontre avec la berge, les eaux du fleuve étaient particulièrement tumultueuses. Dans ce puissant courant, le grand manguier fut ballotté comme une brindille. Il se cabrait, craquait, se tordait. Puis ses racines, mêlées de boue et de pierres, se dressèrent vers le ciel, comme un appel au secours. Vagabonde fut roulée sur elle-même, plongée dans un tourbillon d'eau brunâtre qu'elle ne put empêcher de s'insinuer dans sa gueule et ses narines. Elle était projetée en tous sens, dans les airs et dans l'eau.

Enfin, l'arbre s'éloigna du maelström qui longeait la

berge, dériva vers le centre du fleuve, où ses mouvements chaotiques, désordonnés, s'apaisèrent rapidement.

Vagabonde était bloquée sous l'eau. Elle leva les yeux, à travers un magma boueux, vers la surface miroitante jonchée de feuilles et de branches. Elle avait la bouche et la gorge pleines d'eau, et elle était complètement paniquée. Poussant un cri bulleux, elle se fraya un passage en force à travers les branches brisées et entremêlées de l'arbre, grimpant comme une forcenée vers la lumière.

Elle parvint à la surface, où elle fut accueillie par de la lumière, des bruits et une pluie battante. Elle se hissa hors de l'eau, s'aplatit sur une branche.

L'arbre descendait le fleuve, les branches en avant. Ses racines échevelées semblaient lancées à l'assaut du ciel bas, zébré d'éclairs. Vagabonde leva la tête et chercha d'autres anthros du regard. Elle finit par apercevoir Sang-Blanc, le mâle costaud qui l'avait enlevée, ainsi que deux autres mâles et une femelle avec un enfant, lequel avait réussi, miraculeusement, à rester accroché sur le dos de sa mère, misérable petit paquet de fourrure détrempée. Ils n'étaient pas faciles à distinguer à travers la pluie, et semblaient tous aussi abattus les uns que les autres.

Vagabonde, éreintée et à moitié noyée, se sentit soudain mieux. Se retrouver seule lui aurait été plus insupportable que tout ; la présence des autres la rassurait. Même si ces autres n'étaient ni de sa famille, ni même de son groupe.

La végétation emportée par les eaux flottait au milieu du courant, où l'eau était plus profonde. Il y avait de plus en plus d'arbres et de broussailles. Quelques-uns avaient été arrachés par cet ancêtre du Congo, plusieurs milliers de kilomètres en amont, à ces terres si différentes du centre du continent. Il y avait également des animaux. Certains s'accrochaient aux feuillages dérivants, comme les anthros. Elle vit les nerveuses formes mouvantes d'un couple de grégaires, et même un gras-du-bide, accroupi sur le tronc d'un noyer. Une grasse-du-bide, en réalité. Elle avait trouvé un endroit stable où s'asseoir, et la pluie ne la gênait pas. Elle s'était déjà remise à manger, comme si de rien n'était, les feuilles que les événements avaient si commodément placées à portée de ses mains et de ses pieds préhensiles.

Mais tous les animaux de cet épouvantable assemblage n'étaient pas arrivés jusque-là vivants. Une famille entière de gros anthracothères pareils à des cochons s'était noyée et était restée coincée dans les branches d'un palmier brisé, comme autant de noix de chair. L'énorme indricothère qui avait été emporté par le fleuve juste avant la chute du manguier était là, lui aussi – détritus parmi les détritus. Son immense carcasse dérivait sur les eaux, son long cou renversé en arrière, ses puissantes pattes comme écartelées.

Petit à petit, tandis que le fleuve s'élargissait, de subtils courants imbriquèrent tous ces débris les uns dans les autres, entremêlant branches et racines, et un radeau de fortune se forma. Les animaux échangèrent des regards, considérant les eaux tumultueuses du fleuve sur lesquelles voguait leur minuscule vaisseau.

Vagabonde voyait la forêt, épaisse et verte, s'avancer sur le grès érodé des douces pentes qui bordaient le fleuve. Il y avait là des manguiers, des palmiers, et des sortes de bananiers primitifs. Les branches tombaient presque jusqu'à la surface de l'eau, des lianes et des plantes grimpantes formaient des boucles au-dessus des strates de végétation enchevêtrées. Ses bras réclamaient douloureusement une branche à laquelle se balancer, un moyen de rejoindre la berge. Mais Vagabonde était séparée de la forêt par les eaux tumultueuses, et tandis que le radeau végétal continuait à descendre le courant, ces rives si désirables s'éloignaient de plus en plus, et la forêt familière fut bientôt remplacée par les mangroves qui dominaient les zones côtières.

Et il pleuvait toujours. De plus en plus fort. D'énormes gouttes d'eau tombaient comme des bombes d'un ciel de plomb. L'eau était piquetée de cratères qui disparaissaient sitôt formés. Vagabonde avait les oreilles cassées, et l'impression de tourner dans une sorte de chaudron infernal, avec de l'eau partout, en dessus, au-dessous et tout autour d'elle et de ce manguier, qui était tout ce à quoi elle pouvait se raccrocher. Gémissante, glacée jusqu'à la moelle des os, Vagabonde s'enfonça dans les branches du manguier et se roula en boule, éperdue, attendant que les choses se calment, attendant de retrouver son monde à elle : celui des arbres, des fruits et des anthros.

Mais cela n'arriverait jamais.

Bien qu'exceptionnel, l'orage s'épuisa rapidement. Vagabonde vit des rais de lumière, fins comme des doigts, s'immiscer dans les interstices de son abri. Le bruit de la pluie s'était tu et avait été remplacé par l'étrange et doux clapotis de l'eau.

Elle se fraya un chemin hors des branches, escalada l'arbre jusqu'à son sommet. Dans le bleu du ciel, le soleil brillait de tous ses feux, et elle sentait sa chaleur caresser sa fourrure, qui sécha rapidement. L'espace d'un battement de cœur, elle se réjouit d'être au sec.

Mais il n'y avait pas de forêt : rien que ce grand arbre à la dérive, avec son lot de compagnons éreintés, flottant sur le brun de l'eau. Il n'y avait rien que de l'eau, où qu'elle regardât. De l'eau, jusqu'à l'horizon, aussi affûté qu'un couteau. Quand elle tourna son regard vers l'est, vers l'endroit d'où venait son radeau, elle aperçut la terre : une ligne de bruns et de verts entremêlés, barrant l'horizon de part en part.

Une ligne qui s'éloignait.

Le radeau de débris avait été emporté vers la mer, vers l'Atlantique qui allait s'élargissant, avec tous ses anthros, son gras-du-bide, ses grégaires et le reste.

II

Après l'époque de Noth, la géométrie de ce monde sans repos avait continué d'évoluer, façonnant les destinées des infortunées créatures qui arpentaient les continents à la dérive.

Deux grandes failles avaient profondément marqué le destin de l'ancienne Pangée : d'est en ouest le Téthys, du nord au sud l'Atlantique. La première était en train de se fermer, et la seconde de s'ouvrir. L'Afrique entrait lentement en collision avec l'Europe, pendant que l'Inde dérivait vers le nord et s'enfonçait dans l'Asie, provoquant l'érection des chaînes de l'Himalaya. Mais à peine ces jeunes montagnes étaient-elles nées que la pluie et les glaciers commencèrent leur travail de sape et d'érosion, renvoyant les montagnes à la mer : sur cette planète turbulente, la roche coulait comme de l'eau, les chaînes de montagnes s'élevaient et retombaient comme en rêve. En se rapprochant, les continents condamnèrent l'édénique écoulement du Téthys, même si des vestiges de cet océan en voie de disparition devaient survivre sous la forme des mers Noire, Caspienne et d'Aral, et de la Méditerranée, plus à l'ouest.

Le Téthys mourant, la sécheresse s'abattit partout

sur le ventre du monde. Jadis, il y avait eu des forêts de mangroves en plein Sahara. Maintenant, une ceinture de broussailles semi-arides s'étendait sur l'ancien pourtour du Téthys, c'est-à-dire sur toute l'Amérique du Nord, la partie sud de l'Eurasie et le nord de l'Afrique.

Pendant ce temps, l'énorme pont de terre qui avait fermé le nord de l'Atlantique, partant de l'Amérique du Nord pour aller au nord de l'Europe en passant par le Groenland et la Grande-Bretagne, était en train de s'ouvrir, et l'océan Atlantique remontait vers l'Arctique. Alors que l'ancien passage océanique est-ouest se refermait, une nouvelle voie de passage s'ouvrait du sud au nord.

Et les courants océaniques changeaient.

Les océans étaient des réservoirs d'énergie, instables, sans cesse en mouvement. Et tous les océans étaient parcourus par des courants, des Nil invisibles à côté desquels tous les fleuves terrestres étaient ridicules, des courants mus par la chaleur du soleil et la rotation de la Terre. La couche supérieure des océans recelait autant d'énergie que la totalité de l'atmosphère.

Or, les puissants courants équatoriaux qui faisaient jadis le tour du Téthys étaient bouleversés. Déjà, les flux qui domineraient un océan Atlantique de plus en plus vaste étaient en place, notamment un précurseur du Gulf Stream : un puissant fleuve d'une soixantaine de kilomètres de large, qui se ruait du sud au nord avec la force de trois cents Amazone.

Ces modifications du schéma de circulation allaient complètement modifier le climat. Alors que les courants équatoriaux contribuaient au réchauffement de la planète, les courants interpolaires nord-sud la refroidissaient considérablement.

Pour arranger les choses, l'Antarctique s'était positionné au pôle Sud. Déjà, une calotte glaciaire s'y agrégeait, pour la première fois depuis deux cents millions d'années. De puissants courants océaniques circumpolaires glacés se formaient dans les mers du Sud, alimentant les grands courants qui remontaient vers le nord de l'Atlantique.

C'était un changement de premier ordre : le début du formidable refroidissement de la planète, une inversion de la courbe de température qui allait perdurer jusqu'à l'époque humaine et bien au-delà.

Partout sur la planète, les vieilles ceintures climatiques s'amenuisaient au niveau de l'équateur. Les espèces végétales tropicales ne pouvaient survivre qu'aux latitudes équatoriales. Au nord, un nouveau type d'écosystème fit son apparition, des terres boisées où les conifères se mélangeaient aux arbres à feuilles caduques. Des forêts entières s'étendaient partout en Amérique du Nord, en Europe et en Asie, des tropiques jusqu'à l'Arctique.

Cet effondrement climatique provoqua une nouvelle vague d'extinctions – que les paléobiologistes appelleraient plus tard la Grande Coupure. Un long processus aux multiples conséquences. Dans les océans, la population de plancton disparut à plusieurs reprises. De nombreuses espèces de gastéropodes et de bivalves s'éteignirent.

Sur la terre ferme, après un règne d'une trentaine de millions d'années caractérisé par de réelles réussites, les mammifères connurent leur première extinction de masse depuis l'origine des temps. L'histoire des mammifères fut coupée en deux. Les assemblages exotiques de l'époque de Noth finirent par disparaître. Mais de nouveaux types d'herbivores, plus grands, firent leur apparition ; ils étaient dotés de grosses dents à tout faire adaptées aux nouveaux types de végétation, plus coriaces, typiques des forêts saisonnières. À l'époque de Vagabonde, les premiers proboscidiens, dûment équipés de défenses et de trompes, arpentaient déjà les plaines d'Afrique. La trompe, inégalée en terme de flexibilité musculaire (à part peut-être par un tentacule de pieuvre), servait à enfourner dans la gueule de l'animal l'énorme quantité de nourriture dont il avait besoin. Ces deinothères avaient une trompe courtaude, et d'étranges défenses incurvées vers le bas qui leur servaient à arracher l'écorce des arbres. À la différence de leurs ancêtres les moerithères, ils *ressemblaient* à des éléphants, et certains étaient déjà aussi gros que les éléphants d'Afrique le seraient plus tard.

C'était également une belle époque pour les chevaux. Les descendants des timides créatures des forêts de Noth avaient donné naissance à un grand nombre d'espèces sylvestres – certaines aussi grosses que des gazelles, mais avec des dents plus puissantes, de manière à pouvoir se nourrir de feuilles plutôt que de baies – ainsi qu'aux animaux à longues pattes des plaines, qui s'adaptaient lentement à un régime à base d'herbe. La plupart des chevaux avaient maintenant trois doigts à chaque patte, même si certains coureurs de plaines commençaient à perdre leurs doigts latéraux, faisant peser tout leur poids sur leur doigt central. Mais, alors que les forêts se réduisaient, cette diversité commença elle aussi à s'appauvrir ; bientôt, la plupart des espèces sylvestres disparaîtraient. Les rongeurs eux aussi se diversifiaient, et les premiers spermophiles, castors, loirs et hamsters firent leur apparition, en même temps qu'une grande variété d'écureuils, et les premiers rats.

Or les nouvelles conditions climatiques n'étaient

pas favorables aux primates. Leur habitat naturel, les forêts tropicales, ne se trouvait plus qu'au sud. La plupart des familles de primates s'étaient éteintes. Les mangeurs de fruits comme Vagabonde ne subsistaient que dans les forêts tropicales d'Afrique et d'Asie du Sud, s'accrochant aux réserves de nourriture que ces forêts leur procuraient toute l'année. À l'époque de Vagabonde, il n'y avait plus de primates au nord des tropiques, et – depuis l'avènement des rongeurs – plus un seul dans toute l'Amérique. Plus une seule espèce.

Cela allait bientôt changer.

Autour de Vagabonde, la mer était une feuille de métal argenté : du gris ridé par des vagues, aussi languides que du mercure. Vagabonde était dans un endroit on ne peut plus fascinant : une ébauche, un environnement élémentaire en deux dimensions, immobile et pourtant agité de tourbillons de toutes sortes. Un endroit complètement différent de la forêt.

Elle était nerveuse, ainsi juchée sur cet amoncellement végétal. Elle s'attendait à tout instant à ce qu'un féroce prédateur aérien vienne lui planter ses dents dans le crâne. Au moindre mouvement, elle sentait le fragile radeau bouger sous son poids, ses composants vaguement entremêlés frottant les uns contre les autres à chaque lente inspiration de la mer. On aurait dit que tout pouvait se désagréger, à n'importe quel moment.

Ils étaient seulement six anthros : trois mâles, deux femelles – dont Vagabonde – et le petit enfant, qui pour le moment somnolait, accroché à la fourrure de sa mère. Ils étaient les seuls survivants de la troupe de Sang-Blanc.

Les anthros s'assirent sur un enchevêtrement de branches, se considérant les uns les autres. Il était temps de former des hiérarchies provisoires.

Pour les deux femelles, les priorités étaient on ne peut plus claires.

La mère était une solide matrone, d'une bonne dizaine d'années. L'enfant était son quatrième, et le seul survivant de sa descendance – mais cela, elle n'avait aucun moyen de le savoir. Sa seule marque distinctive était une cicatrice dépourvue de poils sur l'une de ses épaules, souvenir d'une brûlure provoquée par un incendie de forêt. L'enfant accroché à la poitrine de Cicatrice n'était pas bien grand. Il était même petit pour son âge ; ce n'était qu'un bout de fourrure. Cicatrice, sa mère, braquait sur Vagabonde un regard peu amène. Vagabonde était petite et jeune. En plus, c'était une étrangère. Ce n'était même pas une parente éloignée. Aussi lui tourna-t-elle le dos pour caresser sa fille, Petit-Bout.

Vagabonde savait ce qu'elle avait à faire. Elle escalada quelques branches, s'avança vers Cicatrice et enfonça ses doigts dans la fourrure encore humide de la vieille anthro, qu'elle entreprit de nettoyer et de démêler. Quand elle toucha la peau de Cicatrice, elle sentit ses muscles noués, et des endroits qui la faisaient gémir quand elle appuyait dessus.

Petit à petit, sous les puissants doigts de Vagabonde, Cicatrice se détendit. Cicatrice, comme eux tous, avait été secouée par son départ précipité de la forêt, et elle était stressée par la perte de sa famille et par cette soudaine immersion dans ce vide extraordinaire. Elle eut l'impression, pendant un instant et grâce à la magie des caresses d'autrui, d'oublier où elle était. Même Petit-Bout semblait rassérénée par ce contact entre les deux femelles.

Vagabonde elle-même trouvait un apaisement dans les gestes simples et répétés de l'épouillage, et dans le subtil lien social naissant entre Cicatrice et elle.

Les négociations entre les mâles étaient nettement plus mouvementées.

Sang-Blanc avait affaire à deux jeunes mâles. Deux frères. L'un d'eux avait une curieuse crête de poils blancs comme neige hérissée autour des yeux, ce qui lui donnait l'air perpétuellement étonné ; tandis que l'autre avait tellement pris l'habitude de se servir de son bras gauche, plutôt que du droit, que les muscles de son côté gauche étaient hypertrophiés, un peu comme chez un joueur de tennis gaucher.

Crête et Gaucher étaient tous deux plus petits et plus faibles que Sang-Blanc, et, étant plus jeunes, ils n'avaient jamais eu le dessus sur lui autrefois, dans la forêt. Mais Sang-Blanc avait perdu tous ses alliés, et, ensemble, les deux frères pouvaient le vaincre.

Aussi, sans plus attendre, commença-t-il à parader. Il se dressa tant bien que mal sur ses pattes de derrière, mugit, hurla, jeta des feuilles par poignées. Puis il se retourna, écarta les fesses et évacua un flot de merde entre ses poils mouillés.

Gaucher fut très impressionné. Il se recroquevilla sur lui-même, enroulant ses bras autour de son corps.

Crête était plus vindicatif. Il répondit aux rodomontades de Sang-Blanc en piquant une de ces colères noires dont il avait le secret. Mais Sang-Blanc était plus grand que lui, et, sans le soutien de son frère, il ne pouvait espérer l'emporter sur le vieux mâle. Quand Sang-Blanc commença à lui taper sur la tête et le cou, Crête se tassa rapidement sur lui-même, se roula sur le dos et étendit les bras et les jambes comme un enfant, en signe de soumission. Tout cela ne s'arrêta que lorsque Sang-Blanc passa la patte par inadvertance au travers du radeau, dans l'eau froide. Il poussa un cri, retira sa patte et s'assit, les jambes croisés sous lui, définitivement calmé.

Mais il en avait assez fait. Les frères s'approchèrent de lui, tête basse et l'allure humble. Un court moment de frénétique épouillage mutuel permit de renforcer les liens de la nouvelle hiérarchie, et les trois mâles commencèrent à se retirer les uns les autres les petits bouts de merde collés dans leur fourrure.

Les communautés rudimentaires de l'époque de Noth ressemblaient aux gangs des rues, soudés par la force et la domination brutale, où chaque individu ne savait à peu près rien, en dehors de la place qu'il occupait dans l'ordre de préséance. À cette époque, les avantages de la vie en communauté avaient conduit les sociétés de primates à s'entremêler de façon baroque, et avaient initié le développement d'esprits d'un type nouveau.

Vivre en société requérait pas mal de conscience sociale : savoir qui faisait quoi à qui, comment vos propres actes s'intégraient là-dedans, qui vous deviez épouiller, et quand... Tout cela dans le but de rendre la vie plus facile. Plus grand était le groupe, plus nombreuses étaient les relations dont il fallait garder la trace, et comme ces liens évoluaient constamment, les suivre exigeait de meilleures capacités mentales. En permettant à la vie en groupe de parvenir à ce degré de complication, les primates devenaient de plus en plus intelligents.

Cela dit, pas tous les primates.

Pendant tout ce temps-là, la grosse grasse-du-bide était restée confortablement assise sur la branche qu'elle avait investie, et l'avait méthodiquement dépouillée de ses feuilles. Elle ne s'intéressait pas aux étranges parades et aux combines poilues des anthros.

Même parmi les siens, la femelle grasse-du-bide ne savait pas grand-chose du monde des autres. Elle ignorait les autres femelles et ne se laissait enquiquiner par les mâles que lorsqu'elle ressentait un impérieux besoin de s'accoupler – qu'elle éprouvait d'ailleurs en ce moment même. Pendant la période des amours, le postérieur des anthros comme Cicatrice et Vagabonde se mettait à enfler de façon spectaculaire. Mais cela n'aurait pas été très utile à une créature qui passait le plus clair de son temps assise sur son derrière. Aussi la poitrine de la grasse-du-bide s'était-elle recouverte de boutons d'un rose flamboyant qui avaient grossi et pris une bien reconnaissable forme de sablier. En pure perte, car il n'y avait pas de mâle gras-du-bide dans le coin.

De toute façon, la grasse-du-bide n'en avait cure. Elle ne comprenait pas plus que les anthros où elle était et ce qui lui était arrivé, mais cela lui était égal. Elle voyait qu'il y avait des tas de feuilles sur cet arbre, au moins assez pour la journée. Elle n'avait pas vraiment idée qu'il puisse y avoir une chose qui s'appelait « demain », distincte d'aujourd'hui, et qu'alors elle ne serait peut-être plus dans une forêt infinie, pleine de feuilles savoureuses.

Les anthros commençaient à avoir faim ; leur régime faiblement calorique avait vite été digéré. Ils cessèrent de s'épouiller et se dispersèrent sur les branches du manguier. En tombant de la rive, l'arbre avait perdu la plupart de ses fruits en même temps que presque tous ses habitants. Mais Crête, l'un des deux frères, mit la main sur une poignée de fruits coincés dans la fourche formée par une branche et le tronc. Il cria pour prévenir les autres.

La nouvelle société en miniature fonctionnait à merveille. Crête se débrouilla pour prendre un fruit et fut promptement chassé par Sang-Blanc, qui fut lui-même repoussé par Cicatrice. Elle avait beau faire à peine plus des deux tiers de la taille de Sang-Blanc, l'enfant qui s'accrochait à sa poitrine était un symbole d'autorité. Sang-Blanc prit un fruit et s'éloigna en grommelant, cédant la place à Cicatrice.

En attendant, Vagabonde et les frères savaient qu'ils ne pourraient pas toucher aux fruits tant que les dominants n'auraient pas eu leur content.

Elle s'éloigna toute seule, prudemment, en se cramponnant des quatre pattes, vers le bord du radeau, où le réseau des branches entremêlées était un peu moins dense. Les deux grégaires terrifiés, blottis l'un contre l'autre, s'esquivèrent en la voyant approcher. À travers le feuillage, elle apercevait l'eau boueuse, jonchée de feuilles et de branches, qui clapotait doucement. Le soleil semblait briller dans une centaine d'endroits à la fois, par tous les trous de la frondaison. Elle se laissa un moment distraire par les reflets dansants, hypnotisants.

Vagabonde était aussi affamée qu'assoiffée. Elle plongea précautionneusement la main dans l'eau – c'était froid – et en tira l'équivalent d'une gorgée. L'eau n'était pas très salée – pas vraiment amère. Même à cette distance de la côte, la puissance du courant avait permis aux eaux du fleuve de se diluer dans l'eau de mer. Après quelques gorgées, toutefois, le goût de sel devint trop prégnant et elle recracha la dernière.

Morts de faim et d'ennui, les frères vinrent l'inspecter tandis qu'elle buvait, tête baissée dans le feuillage, bras tendus, le derrière en l'air. Ils la flairèrent avec curiosité, mais ils sentaient bien qu'elle était trop jeune pour s'accoupler.

Quand les plus vieux eurent terminé, Vagabonde et les autres se jetèrent sur les fruits.

Une fois rassasiés, les anthros se calmèrent. À cet

instant, leur radeau de fortune avait dérivé hors de vue de la terre. Les anthros avaient quasiment fini tous les fruits du manguier. Et déjà la grasse-du-bide, toute à sa mastication, avait dépouillé la moitié des branches.

Et pas un n'avait vu le triangle gris pâle qui fendait silencieusement les eaux, à quelques mètres de leur esquif.

Le requin tournait autour du radeau de fortune en train de se disloquer. Alerté par le fabuleux festin qui avait eu lieu lorsque les habitants des rives de la forêt s'étaient noyés et avaient été offerts en pâture aux gueules ouvertes de la mer, le requin avait ensuite été attiré par l'odeur de sang qui suintait de la carcasse de l'indricothère. Et maintenant, il percevait les mouvements qui agitaient l'enchevêtrement de feuillage flottant au-dessus de lui. Il tournait en rond, patiemment, attendant son heure.

Le requin n'était pas aussi intelligent que ses équivalents terrestres. À l'époque, il n'avait à vrai dire pas grand-chose à voir avec eux. Sa colonne vertébrale n'était pas faite d'os mais de solides cartilages qui lui conféraient une plus grande souplesse qu'aux poissons les plus élaborés. Sa mâchoire était également faite de cartilage, et ses dents, acérées comme des couteaux de boucher, parfaites pour déchirer la viande, y semblaient fichées de façon précaire. Son long museau paraissait rudimentaire, mais il fendait l'eau avec l'efficacité d'un sous-marin et était doté de deux narines capables de détecter de minuscules traces de sang. Sous le museau se trouvait un organe spécial, extraordinairement sensible aux vibrations, qui lui permettait de sentir les mouvements désordonnés d'un animal effrayé sur d'immenses distances. À l'arrière de sa petite tête, le corps entier du requin était fait de muscles, taillés pour la puissance, pour nager vers l'avant et éperonner tous les obstacles.

Les requins étaient les plus terribles prédateurs des océans depuis déjà trois cents millions d'années. Ils avaient traversé les grandes extinctions, alors que des familles entières de prédateurs terrestres avaient émergé puis disparu. Ils avaient survécu à la concurrence de nouveaux types d'animaux, dont certains beaucoup plus récents, comme les véritables poissons. Pendant cette longue période, le design du corps du requin avait très peu changé, parce que c'était inutile.

Le requin était impitoyable. On ne pouvait s'en débarrasser par la ruse, et il était toujours prêt à attaquer, pour autant que ses sens lui disent que ça en valait la peine. C'était une machine programmée pour tuer.

Le requin détectait parfaitement l'énorme quantité de chair morte dérivant au cœur de ce radeau. Mais il entendait également les animaux vivants qui couraient dessus. Les choses mortes attendraient.

Il était temps d'attaquer. Il fonça la tête la première, la gueule grande ouverte. Comme il n'avait pas de paupières, il tournait ses yeux vers l'arrière pour les protéger dans l'instant qui précédait l'attaque, de sorte qu'on ne voyait plus que du blanc.

Cicatrice fut la première à voir l'aileron approcher, le corps en forme de torpille glisser sous l'eau en direction du radeau, à apercevoir ses yeux blancs. Elle n'avait jamais rien vu de tel, mais son instinct lui cria que cette forme effilée était synonyme de problème. Elle courut sur le feuillage clairsemé, se précipitant de l'autre côté du radeau.

Tous les anthros paniquèrent et les deux grégaires se mirent à piailler comme de petits oiseaux, courant et sautant en tous sens. Seule la grasse-du-bide resta assise placidement sur sa branche, à mâchonner ses feuilles, poignée après poignée.

Petit-Bout, séparée de sa mère, ne réagit pas.

Cicatrice était terrifiée. Elle s'attendait à ce que son bébé la suive de l'autre côté du radeau. Mais il n'avait pas vu le péril approcher. Une mère humaine aurait pu comprendre ce que ressentait son enfant, et se dire qu'il n'était peut-être pas capable de voir tout ce qu'elle voyait. Mais ce transfert de compréhension était hors de portée de Cicatrice ; de ce point de vue, tout comme Noth, elle était elle-même pareille à un tout petit enfant humain et s'imaginait que toutes les créatures du monde voyaient les mêmes choses qu'elle et pensaient comme elle.

Le requin heurta de son museau émoussé la barrière de feuillage et la traversa. Pour Vagabonde, l'irruption de cette gueule grande ouverte venue des profondeurs du monde était une vision de cauchemar. Elle poussa un mugissement et courut désespérément, incapable d'échapper aux limites du radeau.

L'enfant eut de la chance. Alors que le radeau était secoué dans tous les sens par l'attaque du requin, il se retrouva coincé au départ d'une branche, près du tronc. Sa mère se faufila par-dessus le radeau qui tournoyait fébrilement, sauta de l'autre côté du trou ouvert par le requin et attrapa son petit.

Mais le requin revint à la charge. Cette fois, il dirigea son museau en forme de coin entre deux des troncs qui formaient la structure rudimentaire du radeau. Les troncs se séparèrent, et une voie d'eau mêlée de feuilles se forma entre eux. L'un des grégaires tomba, hurlant, dans le fossé qui allait en s'élargissant.

La gueule du requin fut comme une caverne s'ouvrant devant lui. Le minuscule cerveau du grégaire cessa de fonctionner en une seconde. Le requin se rendit à peine compte qu'il avait avalé un petit quelque chose tout chaud. Ce n'était qu'un hors-d'œuvre.

Les anthros se précipitèrent en glapissant au bord du radeau, s'éloignant autant que possible de la faille, tremblant de tous leurs membres devant l'immensité de l'océan qui s'étendait devant eux.

Sang-Blanc vit que la grosse et insouciante grasse-du-bide était toujours assise au même endroit, sur sa branche, son grotesque mouchetis de taches rouges flamboyant sur la poitrine, alors que l'assaut barbare du requin avait ouvert l'océan juste devant elle. Dans cet instant de stress ultime, de nouveaux circuits se créèrent dans l'esprit inventif de Sang-Blanc. C'était un enchaînement logique que ne pouvaient effectuer que les plus brillants cerveaux de son espèce. Mais, encore une fois, chaque génération d'anthros était, en moyenne, un poil plus intelligente que la précédente.

Sang-Blanc fit un bond gigantesque. Ses deux pieds s'enfoncèrent dans le dos de la grasse-du-bide, qui bascula immédiatement dans l'océan.

Cette grosse bête en train de se débattre était très précisément ce que le requin attendait. Il referma ses mâchoires sur sa proie. Le requin se tordit dans tous les sens, secouant la grasse-du-bide, et ses dents pointues arrachèrent un morceau de l'infortunée créature. Puis il attendit, au milieu d'un nuage de sang, que sa victime rende l'âme.

La grasse-du-bide ne comprit rien à ce qui venait de lui arriver. Elle était tranquillement assise sur le radeau, et voilà qu'elle se retrouvait dans l'eau, à souffrir mille morts. Sous le choc, son cerveau s'emplit de substances chimiques et ses centres fonctionnels s'éteignirent, lui apportant une sorte de paix dans cette sanglante obscurité.

Sang-Blanc s'assit, à bout de souffle, au-dessus du lieu du drame, où rien ne restait de la grasse-du-bide, sinon une pile de fins étrons sentant la maladie, et quelques poignées de feuilles écrasées. Petit à petit, la tranchée ouverte au milieu du radeau se referma, comme s'il se guérissait lui-même. Les anthros se recroquevillèrent, trop affectés pour songer à s'épouiller.

Puis le soleil descendit dans le ciel – à l'ouest, vers lequel ils voguaient bien malgré eux, sans rien y pouvoir.

III

Des jours et des nuits, des nuits et des jours passèrent. Il n'y avait aucun bruit, sinon le craquement des branches et le doux clapotis des vaguelettes.

Les nuits se suivaient sous un ciel écrasant, qui épouvantait Vagabonde.

Les jours, éclatants de lumière ou emmaillotés de nuages gris, n'étaient faits que de mer. La mer, la mer, la mer. Pas de forêt, pas de plaines, pas de collines. Rien qu'une odeur de sel, des cris d'oiseaux ou de primates, mais pas un mugissement. Le fleuve s'était dissous dans l'immensité de l'océan, et même les autres débris emportés par les pluies torrentielles s'étaient dispersés, en partance pour l'horizon et l'absurdité de leur destin.

Le radeau lui-même s'étiolait.

Les cadavres d'anthracothères coincés dans les branches du manguier avaient depuis longtemps dérivé au loin. Le dernier grégaire était parti, lui aussi. Tombé à la mer ? Le grand indricothère avait gonflé au fur et à mesure que les bactéries de ses entrailles s'étaient frayé un chemin vers la lumière. Puis les bouches invisibles de la mer s'étaient mises à l'ouvrage et avaient commencé à le dévorer par en dessous. Ses chairs régulièrement arrachées par les flots, l'énorme corps avait implosé et fini par s'abîmer dans les profondeurs de l'océan.

Les anthros avaient depuis longtemps fini tous les fruits.

Ils essayèrent de manger les feuilles de l'arbre, en furent d'abord récompensés par des bouchées de plaisir humide qui, le temps de quelques battements de cœur, apaisaient leur soif. Mais l'arbre, déraciné, était mort, et ses dernières feuilles ne tardèrent pas à se flétrir. En outre, contrairement à cette malheureuse grasse-du-bide, les anthros ne digéraient pas une aussi fruste pitance, et ils se vidaient de plus belle, des flux de selles liquides coulant régulièrement de leur derrière.

Vagabonde était un petit animal fait pour vivre dans la luxuriante étreinte des forêts, où il y avait abondance de nourriture et d'eau. À la différence des humains, dont le corps était conçu pour survivre longtemps à découvert, Vagabonde n'avait pas beaucoup de graisse – la principale réserve de carburant des humains. Très vite, la situation se dégrada. La salive de Vagabonde commença à s'épaissir et à sentir mauvais. Sa langue restait collée à son palais. Sa tête et son cou la faisaient souffrir, sa peau se ratatinait en se déshydratant. Sa voix rauque donnait l'impression qu'elle avait quelque chose de dur coincé dans la gorge, une boule douloureuse qui ne voulait pas partir, quels que fussent ses efforts pour l'avaler. En réalité, ils auraient bien plus souffert si le ciel n'avait pas été couvert la plupart du temps, ce qui leur évitait la morsure du soleil.

Parfois, Vagabonde rêvait. Le manguier mort se mettait soudain à bourgeonner, ses racines s'étendaient comme des doigts de primate pour s'enfoncer dans l'impitoyable terreau de l'océan. Alors, ses feuilles verdissaient et se mettaient à danser comme autant de mains toilettant le ciel, et des fruits poussaient, des fruits par milliers. Elle tendait la main vers ces fruits, en prenait un, l'ouvrait et plongeait son visage dans l'eau claire que, mystérieusement, il recelait. À cet instant, sa mère et ses sœurs arrivaient. Elles étaient grasses et en pleine forme, et elles commençaient à l'épouiller.

Alors, soudain, l'eau s'évaporait, comme chassée par un puissant soleil, et elle se réveillait pour s'apercevoir qu'elle mâchonnait un bout d'écorce, une poignée de feuilles mortes.

Cicatrice se retrouva en chaleur.

Sang-Blanc, en tant que mâle dominant de cette petite communauté à la dérive, fit promptement valoir ses droits. N'ayant rien d'autre à faire et nulle part où aller, Sang-Blanc et Cicatrice s'accouplèrent fréquemment – parfois un peu trop, et la chose se réduisait alors à une formalité, quelques allers et retours mécaniques.

Normalement, des subalternes comme les frères auraient dû pouvoir s'accoupler avec Cicatrice pendant les premiers jours de ses chaleurs. Sang-Blanc, qui aurait dû avoir le choix entre un nombre incroyable de femelles, ne les aurait écartés qu'au moment du pic de fertilité de Cicatrice, quand elle aurait eu les plus grandes chances de se retrouver grosse.

D'ailleurs, cela aurait été également l'intérêt de Cicatrice. L'enflure de son postérieur servait à avertir le plus grand nombre de mâles possible qu'elle était fertile. Pour commencer, la compétition qui aurait dû s'ensuivre aurait normalement fait le tri parmi ses courtisans, en éliminant les plus faibles sans qu'elle ait le moindre effort à faire. En outre, si tous les mâles du groupe s'accouplaient avec elle à un moment ou à un autre, il devenait impossible pour eux de savoir avec certitude qui était le père de l'enfant, ce qui faisait que tout mâle s'essayant à tuer un enfant pour accélérer le cycle de fertilité de la femelle aurait pris le risque de tuer sa propre progéniture. Ses renflements, qui signalaient à tous qu'elle était en chaleur, étaient donc un moyen pour elle de contrôler sans effort les mâles qui l'environnaient, et de réduire les risques d'infanticide.

Mais, sur ce petit radeau, il n'y avait qu'une seule femelle adulte, et Sang-Blanc était prêt à tout sauf à la partager. Crête et Gaucher ne les quittaient pas des yeux, assis côte à côte en train de mâcher des feuilles, leur drôle d'érection sortant de leur fourrure. Ils pouvaient passer des heures et des heures à jouir du spectacle du splendide postérieur de Cicatrice. Seulement, à chaque fois qu'ils s'approchaient d'elle, Sang-Blanc entrait dans une colère noire, gesticulant dans tous les sens et renvoyant ces effrontés à leur place.

Quant à Vagabonde, elle serait toujours inféodée à Cicatrice, toujours une étrangère. Mais dans cette situation, où tout manquait, elle était rapidement devenue proche de Cicatrice, aussi proche que si elle avait été l'une de ses sœurs.

Souvent, pendant que Sang-Blanc et Cicatrice copulaient, Vagabonde s'occupait de Petit-Bout. Passé les premiers jours, Petit-Bout avait fini par accepter Vagabonde, un peu comme une tante honoraire. Elle était chauve et sa fourrure, couleur olive, était très différente de celle de sa mère ; c'était une couleur qui déclenchait des sentiments protecteurs chez Vagabonde, et même chez les mâles. Parfois, Petit-Bout jouait toute seule, grimpant maladroitement dans l'entrelacs de branches ; mais, la plupart du temps, elle restait cramponnée à la poitrine ou sur le dos de Vagabonde, quand elle ne réclamait pas ses bras.

Les anthros partageaient souvent la charge constituée par l'éducation d'un enfant – même si, d'habitude, il fallait être de la famille pour pouvoir faire office de nounou.

Les enfants des anthros grandissaient beaucoup moins vite que les petits de Noth : ils avaient de plus gros cerveaux, qui mettaient plus de temps à se développer. Même s'ils étaient déjà bien avancés à la naissance, par rapport aux bébés humains, avec leurs yeux grands ouverts et leur capacité à s'accrocher à la fourrure de leur mère, les mouvements des bébés anthros manquaient de coordination, ils étaient faibles et dépendaient cruellement de leur mère pour se nourrir. D'une certaine façon, c'était un peu comme si Petit-Bout était née prématurément et devait terminer sa croissance hors du ventre de sa mère.

Tout cela mettait une forte pression sur Cicatrice. Pendant dix-huit mois, la maman anthro devait conjuguer les nécessités quotidiennes destinées à assurer sa survie avec l'obligation de s'occuper de son enfant – *et par-dessus le marché*, elle devait consacrer un certain temps à épouiller ses sœurs, ses pairs et ses compagnons potentiels. Même avant de se retrouver échouée sur ce radeau, toutes ces obligations l'avaient épuisée. Mais les femelles de la tribu lui procuraient toute une flopée de tatas et de nounous en puissance qui ne demandaient pas mieux que de s'occuper de son enfant, pour lui permettre de souffler un peu. Les soins que Vagabonde prodiguait en amateur au bébé aidaient énormément Cicatrice, tout en faisant extrêmement plaisir à Vagabonde. C'était une façon pour elle de s'entraîner à devenir mère, qui lui permettait aussi de s'adonner au plaisir de l'épouillage.

Car l'épouillage leur manquait à tous. C'était probablement ce qu'il y avait de plus pénible dans cet emprisonnement océanique. Déjà, Sang-Blanc montrait des signes d'un excès de soins de la part de ses deux acolytes, et il avait la tête et le cou complètement à vif par endroits. C'est pourquoi Vagabonde était contente de pouvoir s'adonner au plaisir du toilettage avec l'enfant, et de passer de longs moments avec elle à lui tirer gentiment la fourrure, à la chatouiller et à la peigner avec les doigts.

Les jours passant, Petit-Bout, qui avait perpétuellement soif et faim, devint de plus en plus chagrine. Elle arpentait le radeau en tous sens, s'en prenait même parfois aux mâles. Elle piquait des colères, jetait des feuilles sur la fourrure de sa mère, ou se mettait, dans sa rage d'enfant, à faire le tour du radeau en courant dangereusement.

Tout cela ne faisait que la fatiguer encore plus et énervait tout le monde.

Des jours et des jours s'écoulèrent ainsi. Les anthros, coincés les uns avec les autres sur cette fine couche de terrain sec au milieu de cet immense océan, étaient perpétuellement, et très intensément, conscients de la présence des autres. S'ils avaient eu un peu plus de place, ils auraient pu s'éloigner des agaçantes galopades de l'enfant. S'ils avaient été plus nombreux, la jalousie des jeunes mâles envers Sang-Blanc aurait été moins exacerbée ; ils auraient pu aisément trouver d'autres accortes femelles, et relâcher la pression au cours de discrets accouplements, hors de la vue de Sang-Blanc.

Mais il n'y avait pas de groupe plus grand où évacuer les tensions, pas de forêt où s'échapper, rien à manger, à part des feuilles mortes, et rien à boire, sinon de l'eau salée.

Puis, un jour où comme d'habitude il semblait qu'il ne devait rien se passer de particulier, les choses atteignirent leur paroxysme.

Petit-Bout avait de nouveau piqué une grosse colère. Elle cavalait tout autour du radeau, un peu trop près des eaux patientes de l'océan, et déchirait des feuilles et des bouts d'écorce tout en poussant des petits cris de gorge. Elle n'avait plus que la peau sur les os, son ventre était gonflé, elle avait le poil en bataille.

Cette fois, les mâles ne la chassèrent pas. Au contraire, ils la regardèrent intensément, tous les trois, une idée derrière la tête.

Cicatrice finit par reprendre Petit-Bout. Elle la plaqua sur sa poitrine et la laissa téter, même s'il y avait bien longtemps qu'elle n'avait plus de lait.

Sang-Blanc s'avança vers Cicatrice. D'habitude, il s'approchait d'elle tout seul, mais cette fois-ci le plus grand des deux frères, Crête, marchait sur ses talons ; la crête de poils entourant ses yeux brillait dans la cruelle lumière du soleil. Sang-Blanc assis à côté de lui, Crête commença à épouiller Cicatrice. Petit à petit, ses doigts se frayèrent un chemin vers son ventre et vers ses parties génitales – signes évidents de son envie de s'accoupler.

Cicatrice parut surprise et le repoussa, Petit-Bout toujours accrochée à son ventre. Mais Sang-Blanc lui donna une tape sur le dos et la rassura, jusqu'à ce qu'elle accepte de se calmer et de laisser Crête l'approcher. Crête regardait le vieux mâle nerveusement, mais celui-ci ne broncha pas.

Avachie sur une branche, Vagabonde regardait les mâles, plus déconcertée par leur attitude que Noth n'aurait jamais pu l'être. Au fur et à mesure que les cerveaux des primates gagnaient en complexité, ils prenaient de plus en plus conscience d'eux-mêmes, et le primate solitaire qu'avait été Purga était maintenant devenu un animal particulièrement grégaire. Cela avait permis aux anthros de développer un nouveau système, subtil et complexe, d'alliances et de hiérarchies – et de mettre au point de nouvelles façons de tromper l'adversaire. Noth avait déjà une excellente compréhension de sa place au sein des alliances et du système hiérarchique de sa société. Et les anthros pouvaient aller encore plus loin : Vagabonde avait parfaitement assimilé le fait que son rang faisait d'elle la subalterne de Cicatrice – mais elle comprenait aussi quelle était la place relative des uns et des autres. Elle savait qu'un senior comme Sang-Blanc n'aurait pas dû laisser Crête se comporter ainsi, l'encourageant en quelque sorte à s'accoupler avec « sa » femelle.

Enfin, Crête se plaça derrière Cicatrice et posa les mains sur ses hanches. Cicatrice fit alors le geste fatal. Comme elle présentait sa croupe rose à Crête, elle ôta le bébé endormi de sa poitrine et le tendit à Vagabonde.

Sang-Blanc bondit. Avec la précision du primate arboricole qu'il était, il lui arracha l'enfant des mains et détala vers Gaucher, suivi par un Crête visiblement nerveux.

Désemparée, la croupe toujours offerte à son courtisan envolé, Cicatrice suivit Sang-Blanc des yeux.

Les mâles avaient formé une mêlée compacte, et l'on ne voyait d'eux que la fourrure de leur dos. Vagabonde vit Sang-Blanc commencer par bercer Petit-Bout, comme s'il la pouponnait. La petite femelle donna un coup de patte et se mit à gazouiller en le regardant. C'est alors que Sang-Blanc mit la main sur la tête de l'enfant.

Et Cicatrice comprit tout. Elle hurla et se jeta sur eux.

Mais les frères se tournèrent pour l'affronter. Chacun des jeunes mâles était plus gros qu'elle. Malgré leur nervosité à l'idée de témoigner de l'hostilité à une femelle plus âgée, ils la maintinrent à l'écart en criant et en la giflant.

Sang-Blanc referma la main. Vagabonde entendit un bris d'os – un son qui ressemblait à celui qu'aurait pu produire une grasse-du-bide mordant dans une feuille croustillante. L'enfant fut prise de soubresauts, puis resta inerte. Sang-Blanc regarda, le temps d'un battement de cœur, le petit corps flasque, et son visage afficha une expression compliquée tandis qu'il contemplait la face olivâtre du bébé, crispée dans ses dernières souffrances. C'est à ce moment-là que les mâles se jetèrent sur le petit corps. Un coup de dents au cou, et la tête fut bien vite sectionnée ; Sang-Blanc tira les membres de droite et de gauche, faisant céder les cartilages et craquer les os. Ce n'était pas de viande que les mâles avaient le plus envie, c'était de sang ; du sang qui jaillissait du corps décapité de Petit-Bout. Ils burent avidement le liquide chaud, qui teinta leur gueule et leurs dents d'un rouge brillant.

Cicatrice hurla, gesticula comme une folle, saccagea le radeau, faisant voler en tous sens branches et feuilles mortes, assénant force coups sur les dos impassibles des mâles. Le radeau s'agita, tangua et roula, tandis que Vagabonde se cramponnait nerveusement à sa branche. Mais il était trop tard.

Sang-Blanc n'avait pas menti, pas vraiment. Comme Noth avant lui, il n'était pas capable de se représenter ce que les autres pensaient, et il ne pouvait donc pas leur faire croire ce qu'il voulait – enfin, pas vraiment. Mais les anthros étaient particulièrement brillants sur le plan social, et ils avaient le chic pour résoudre les problèmes posés par les nouveaux défis.

Sang-Blanc, un génie dans son genre, avait assemblé les différents éléments de ce problème et imaginé le stratagème qui leur avait permis de voler Petit-Bout à sa mère.

Cicatrice poussa un dernier cri épouvantable, se précipita vers le tronc du manguier et rassembla le feuillage brisé autour d'elle pour s'en faire une sorte de nid. Pendant ce temps, les mâles continuaient à ripailler, dans un sinistre concert de bruits de langue et d'os brisés.

Les narines pleines de l'odeur métallique du sang, Vagabonde se dirigea vers le bord du radeau, où des branches mortes flottaient à la dérive comme autant de doigts.

Le sombre brouet de l'océan grouillait de vie. Le soleil qui pénétrait dans les couches supérieures y faisait germer un plancton d'algues qui donnait naissance à tout un écosystème microscopique. Le plancton était comme une forêt dans l'océan, mais une forêt sans feuilles, brindilles, branches ni troncs, et où il ne restait plus que ces quelques minuscules cellules vertes en train de flotter dans leur bain nutritif, riche de la chlorophylle du faîte des forêts. Contrairement à la structure écologique du plancton, qui était restée inchangée pendant un demi-milliard d'années, les espèces dont il se composait n'avaient cessé de se modifier, au gré des variations climatiques et des vagues d'extinction, comme n'importe quelle espèce ; ainsi, de même que son équivalent terrestre, ce royaume qui s'étendait à tous les océans n'était en somme qu'une scène gigantesque où se jouait une interminable pièce de théâtre dont les acteurs changeaient constamment.

Une méduse s'aventura non loin du radeau. C'était

une chasseuse de plancton, réduite à un sac translucide, qui pulsait lentement au rythme de languissantes dilatations et contractions. Elle était parcourue de ramilles argentées, des tentacules hérissés de sortes de piquants avec lesquels elle paralysait sa nourriture planctonique.

Par rapport à la plupart des animaux, la méduse n'était pas une créature très élaborée. Elle n'était qu'une simple chose radiale et symétrique, à la substance et à l'organisation tissulaire rudimentaires. Elle n'avait même pas de sang. Mais sa forme était très ancienne. À une certaine époque, les océans étaient pleins de créatures ressemblant plus ou moins aux méduses. Elles s'ancraient au plancher océanique, donnant aux océans des allures de forêts de tentacules urticants. Elles n'avaient pas besoin de s'activer davantage ; elles n'étaient jamais dérangées par aucun prédateur, carnivore ou ruminant, puisqu'il n'y avait pas assez d'oxygène pour permettre à de si dangereux monstres d'exister.

La mer était un spectacle étonnant pour Vagabonde. Dans son monde, l'eau était quelque chose qui n'existait que sous la forme de lacs, de fleuves, ou bien que l'on trouvait parfois au creux d'une feuille ; une chose douce et dépourvue de sel, qu'on savourait quand il n'y avait pas de prédateurs dans les parages. Rien dans son expérience, ni dans sa programmation neurale innée, ne l'avait préparée à rester suspendue au-dessus d'un grand ciel à l'envers où dérivaient des créatures aussi bizarres que cette méduse.

En outre, elle avait soif, terriblement soif. Elle tendit la patte, la plongea dans cette soupe fangeuse, prit un peu d'eau dans la paume de sa main et la porta à sa bouche. Elle avait oublié qu'elle l'avait déjà fait moins d'une heure auparavant, et à quel point l'eau de mer était salée.

Elle vit alors que les mâles avaient fini de se nourrir. Ils avaient sombré dans la stupeur de cette chaude journée. De Cicatrice, on ne voyait plus qu'un pied aux doigts recroquevillés qui sortait de son nid solitaire.

Prudemment, Vagabonde s'approcha de l'endroit où l'enfant avait été tuée. Il y avait plein de sang sur les branches. Il avait giclé là quand les anthros avaient léché, à grands coups de langue, les blessures de Petit-Bout. Vagabonde chercha scrupuleusement çà et là, soulevant une feuille, puis une autre. Mais elle ne trouva rien de l'enfant, sinon quelques poils de sa maigre fourrure – et une petite main intacte, sectionnée à la hauteur du poignet. Elle ramassa la main et se retira dans un coin du radeau, aussi loin que possible des autres.

La main était toute molle, flexible, comme celle d'un enfant endormi. Pendant un court moment, Vagabonde la passa sur sa poitrine, se rappelant comment c'était, quand Petit-Bout tiraillait sa fourrure.

Mais Petit-Bout n'était plus là.

Vagabonde lui mordilla un doigt. La chair, molle, irrita son palais desséché. D'un geste rapide, elle arracha la chair qui recouvrait l'os. Elle recommença la même chose avec les autres doigts, puis s'attaqua à la paume. Quand la main fut réduite à l'état de squelette, avec çà et là quelques bouts de cartilage et de chair pendouillante, elle mordit les petits os cliquetants, mais n'en tira que de maigres gouttes de moelle. Elle jeta les fragments d'os dans l'océan. Elle vit alors que des poissons argentés s'approchaient à toute allure ; puis les os disparurent dans l'immensité des profondeurs.

Cicatrice resta deux longues journées dans son nid de feuilles, quasiment sans bouger. Les mâles demeurèrent immobiles, entassés les uns sur les autres, grattouillant de temps en temps leur fourrure, toujours plus clairsemée.

Vagabonde tournait sans énergie autour de l'arbre, cherchant à calmer sa souffrance. Sa bouche s'était depuis longtemps desséchée. Sa langue n'était plus qu'un truc inerte et immobile, une sorte de caillou qu'elle avait dans la bouche. Elle ne pouvait ni pleurer ni appeler à l'aide ; tout ce qu'elle pouvait faire, c'était grommeler indistinctement. Un jour, elle se surprit à ramasser les morceaux de merde desséchée que la grasse-du-bide avait laissés derrière elle. Etait-ce dans l'espoir d'y trouver un peu d'humidité ? Quelques coquilles de noix, perdues dans toute cette saleté ? Les crottes de la mangeuse de feuilles étaient minces et sèches. Elle se sentit soudain désespérée, épuisée, réduite à errer d'un lambeau de sommeil à l'autre.

Le troisième jour après la mort de Petit-Bout, Cicatrice sortit de sa torpeur. Vagabonde la regarda sans la voir.

Cicatrice fit quelques pas à quatre pattes. Prise de vertige, son sens de l'équilibre gâté par sa longue période d'inactivité, elle trébucha – et Vagabonde la vit porter la main à son ventre. Elle était enceinte de Sang-Blanc, et cette grossesse tirait encore plus sur les maigres réserves de son corps épuisé. Mais elle réussit à se relever et s'approcha des mâles.

Crête se redressa en la voyant venir. Il était nerveux, comme s'il s'attendait à être attaqué. Vagabonde voyait sa langue noire sortir de sa bouche. La fourrure de sa face était encore brune du sang de Petit-Bout.

Cicatrice s'installa quand même à côté de lui et

passa les doigts dans son pelage. Mais l'épouillage ne fut qu'un demi-succès. Leur fourrure avait beaucoup perdu de son lustre, et leur peau était parsemée d'ulcères et de plaies purulentes ; et tandis qu'elle faisait passer ses doigts dans la fourrure de Crête, elle arracha quelques croûtes et effleura quelques ecchymoses. Mais Crête ne protesta pas, accueillant avec joie cette attention, en dépit de la douleur qu'elle lui causait.

Ensuite, elle se déplaça légèrement, lui tourna le dos et lui présenta sa croupe. Elle était loin d'être attirante. Sa fourrure était mitée, sa peau meurtrie, ses enflures avaient disparu depuis plusieurs jours. Pourtant, quand elle joua du croupion sous le museau de Crête, celui-ci répondit ; une maigre érection jaillit de la fourrure hirsute de son ventre.

C'est alors que Sang-Blanc se rendit compte de cette infraction à la hiérarchie. Cela n'avait plus rien à voir avec le stratagème qu'il avait élaboré ; ce n'était pas tolérable. Il se leva maladroitement et laissa échapper une sorte de rugissement incohérent – tout ce que sa langue abîmée lui permettait de produire. Crête fit trois pas en arrière.

Cicatrice s'en prit aussitôt à Sang-Blanc. Elle lui flanqua un coup de tête dans la poitrine, puis le tapa sur les tempes avec ses poings. Il tomba à la renverse, choqué. Cicatrice courut vers les autres mâles et les aguicha en agitant son postérieur, ce qui déclencha force cris rauques. Puis elle se jeta une fois encore sur Sang-Blanc.

Subtilement, les alliances se modifièrent, et il n'y eut plus ni dominants ni dominés. Sans même échanger un regard, les frères prirent aussitôt leur décision. Ils joignirent leurs efforts à ceux de Cicatrice et attaquèrent Sang-Blanc. Celui-ci contre-attaqua, distribuant les baffes et s'efforçant d'éviter la pluie de coups dont il était la cible.

C'était une guerre idiote, menée par quatre créatures en bout de course. Les coups étaient sans force, portés avec une étrange mollesse. En outre, la bataille se déroulait dans un silence ponctué par des soupirs de fatigue ou de douleur : on n'entendait pas tous les cris et hurlements qui accompagnaient d'habitude la remise en cause d'un mâle dominant par deux juniors.

Et pourtant, c'était une bataille à mort. En effet, sous la conduite de Cicatrice, les frères repoussaient Sang-Blanc, pas à pas, vers le bord du radeau.

Ce fut Cicatrice qui porta le coup de grâce : un ultime coup de tête dans le ventre de Sang-Blanc, qu'elle asséna avec un violent cri rauque. Sang-Blanc tomba sur le dos, traversa le délicat entremêlement de brindilles qui se trouvait au bord du radeau et se retrouva dans l'eau. Il se débattit, éclaboussant tout autour de lui, crachant beaucoup d'eau ; sa fourrure se retrouva brusquement toute mouillée, ce qui ralentit ses mouvements. Il se retourna, regarda vers le radeau, puis tira sa langue noire et laissa s'échapper quelques borborygmes, comme un enfant.

Crête et Gaucher ne savaient plus quoi penser. Ils n'avaient pas eu l'intention de tuer Sang-Blanc. Chez les anthros, peu de bagarres pour la domination se terminaient par une mise à mort.

Vagabonde ressentit un étrange tiraillement de regret. Ils n'étaient déjà pas nombreux. Son instinct lui disait que disposer d'un choix de mâles aussi réduit n'était pas une bonne chose. Mais il était trop tard pour y remédier.

Sang-Blanc s'affaiblissait à vue d'œil. Bientôt, il n'eut même plus la force de garder la bouche et les narines au-dessus de l'eau. Il cessa de lutter, et le requin, attiré par le sang qui coulait de ses blessures, n'en fit qu'une bouchée.

Ensuite, les choses allèrent de mal en pis. Sur ce radeau qui craquait doucement, continuant de dériver sur l'immense et impitoyable bouclier de l'océan, les petites créatures épuisaient rapidement leurs réserves.

Vagabonde avait beaucoup maigri. Sa peau parcheminée lui faisait mal en permanence et se craquelait facilement. Sa langue pendait hors de sa bouche, comme si on lui avait fourré dans la gueule un gros étron desséché. Ses paupières étaient fendillées, et elle avait perpétuellement l'impression d'être en train de pleurer, mais quand elle touchait sa fourrure, elle constatait que ce n'étaient pas des larmes mais des gouttes de sang qui coulaient de ses globes oculaires.

Elle était en train de se momifier alors qu'elle était toujours en vie.

Puis, enfin, un matin, elle entendit un cri, à la fois faible et strident, comme celui d'un oiseau.

Elle repoussa sa couverture de feuilles et s'accroupit. Le monde tournait au jaune, et dans ses oreilles résonnait une étrange sonnerie. Elle avait du mal à y voir : sa vision était trouble, et quand elle essaya de cligner des paupières elle ne ressentit aucun soulagement – son corps ne pouvait se permettre de perdre la moindre goutte d'humidité.

Pourtant, elle parvenait à distinguer deux anthros – Cicatrice et Crête –, assis côte à côte au-dessus d'une forme noire, recroquevillée. De la nourriture ? Non sans mal, elle s'obligea à les rejoindre.

C'était Gaucher. Il était tout plat, et ses membres étaient tournés vers l'extérieur.

La momifiante chaleur du soleil avait bien fait son travail. On ne voyait presque plus les bouts de fourrure blanche qu'il avait sur la tête et le cou. Sa chair avait fondu sur ses os. Vagabonde voyait le dessin de son crâne, les fins os de ses mains, de ses pattes et de son bassin. Sa peau nue avait pris une teinte entre le violet et le gris, et était entièrement recouverte de grosses taches et de vergetures. Ses lèvres s'étaient réduites à l'état de fines bandes de peau noircie, qui paraissaient calcinées. Autour de son nez, la peau s'était flétrie, et ses deux petites narines épatées s'étaient tendues, révélant l'intérieur noir. Ses paupières avaient également rétréci, exposant ses yeux à la lumière du soleil, qu'il regardait sans le voir ni ciller. La conjonctivite qui s'était développée autour de ses globes oculaires était désormais d'un noir charbonneux. Il avait gratté l'écorce à tâtons, dans l'espoir de trouver quelque chose à manger, et s'était ouvert les pattes. Mais il n'y avait aucune trace de sang ; ses plaies étaient comme des rayures faites sur du cuir tanné.

Malgré tout cela, il était encore conscient, et de sa bouche s'échappaient de petits cris secs, désespérés. Il bougea doucement la tête, tendit les doigts de sa main la plus forte, la gauche.

Vers la fin, littéralement épuisé, s'efforçant de garder son système vital en état de marche aussi longtemps que possible, le corps de Gaucher s'était consumé de lui-même. Quand il n'avait plus eu de graisse, ses muscles avaient commencé à s'atrophier, et ce processus avait rapidement endommagé ses organes internes. Ceux-ci, gravement atteints, cessèrent de fonctionner l'un après l'autre.

En ces derniers instants, Gaucher ne souffrait pas. Il ne ressentait plus ni faim, ni soif.

Vagabonde le regardait distraitement, prise de nausée. Autant contempler un squelette animé.

Les dernières plaintes de Gaucher se perdirent dans le silence. Ses doigts restèrent tendus, figés à tout jamais dans un ultime geste. Son estomac rabougri gargouilla, et un ultime rot malodorant sortit de ses lèvres sans vie.

Vagabonde regarda mornement les autres. Ils n'étaient qu'amas d'os et de chairs meurtries, guère en meilleur état que Gaucher. À vrai dire, ils ressemblaient à peine à des anthros. Ils n'avaient plus la force de s'épouiller et ne recherchaient même plus le contact. On aurait dit que le soleil avait cuit et recuit tout ce qui faisait d'eux des anthros, leur ôtant tous les acquis patiemment amassés au cours de trente millions d'années d'évolution.

Vagabonde s'éloigna péniblement en boitillant vers son coin de feuilles sales, à la recherche d'un abri.

Elle resta là sans rien faire, ne se tournant que pour soulager la douleur infligée par ses plaies suppurantes. Elle semblait vide de toute pensée, de toute curiosité. Son existence n'était plus qu'un vague oubli reptilien. Par moments, elle enfouissait dans sa bouche de pleines poignées d'écorce et de feuilles sèches, mais ces choses mortes ne faisaient que meurtrir davantage ses chairs endolories.

Et elle n'arrêtait pas de penser au corps de Gaucher.

Elle se leva lentement, se dirigea vers le cadavre. Sa poitrine s'était ouverte, une blessure post mortem provoquée par le dessèchement de sa peau. La mauvaise odeur qui s'en dégageait, curieusement, n'était pas trop forte. Sur ce désert d'eau salée, le processus de pourrissement, qui dans la forêt aurait fait rapidement disparaître le corps de Gaucher, était à peu près absent, et la lente momification qui avait commencé alors même qu'il était encore en vie se poursuivait.

Doucement, elle plongea la main dans la blessure et sentit des côtes, déjà sèches. Elle tira sur la peau de la poitrine, la pelant comme une orange, exposant sa cage thoracique.

Il n'y avait quasiment plus aucun tissu musculaire sur sa carcasse, vidée de toute graisse – juste quelques traces d'une vague substance poisseuse et translucide. À l'intérieur du corps de Gaucher, elle voyait ses organes, son cœur, son foie, ses reins. Ils avaient tous rétréci et ressemblaient à de petits fruits noirs, tout durs.

Des fruits, oui.

Vagabonde enfonça un peu plus la main dans sa poitrine. La cage thoracique s'ouvrit avec un craquement, exposant les fruits charnus qu'elle recelait. Elle referma la main sur son cœur noir, qui se laissa prendre sans offrir de résistance, avec un doux bruit de déchirure.

Elle s'assit, le cœur à la main, et, comme s'il n'avait pas été plus exotique qu'une variété de mangue un peu particulière, le porta à sa bouche. La viande de piètre qualité, fibreuse, résista sous ses dents, qui branlèrent dans sa mâchoire. Elle réussit enfin à déchirer l'organe, et ses efforts furent récompensés par un peu de fluide, du sang, provenant de l'intérieur du cœur – qui n'était pas encore complètement sec.

Au lieu de calmer la faim qui la tiraillait, la viande ne fit qu'éveiller cruellement la pulsion atavique qui la poussait à manger. Un flot de salive lui inonda la bouche, des fluides digestifs s'activèrent douloureusement dans son estomac. Elle vomit ses premières bouchées dans la mer, mais s'obstina pourtant, jusqu'à ce que la viande coriace finisse par rester dans son ventre.

Les yeux de Gaucher, opaques et d'un blanc laiteux, étaient toujours tournés, comme des yeux d'aveugle, vers le soleil assassin ; sa main gauche tordue paraissait esquisser un dernier adieu.

Cicatrice avait commencé à remuer. Elle s'avança à petits pas précautionneux vers Vagabonde. Sa peau n'était qu'un sac étriqué, où seuls quelques fragments épars de sa fourrure, jadis si belle, restaient accrochés. Curieuse, elle farfouilla dans la poitrine ouverte de Gaucher et en extirpa le foie, dont elle ne fit qu'une bouchée.

Pendant tout ce temps, Crête était resté immobile. Ne montrant aucun signe d'intérêt pour le sort de son frère, il se tenait à l'écart, les membres éployés. Il aurait tout aussi bien pu être mort, mais Vagabonde aperçut un léger mouvement : sa poitrine montait et s'abaissait lentement, aussi lentement que l'océan. Ses dernières forces étaient entièrement consacrées à sa respiration.

C'est alors qu'un instinct s'éveilla chez Vagabonde. Cicatrice avait été engrossée par Sang-Blanc, mais son corps avait peut-être détruit le fœtus, l'absorbant comme il avait dévoré ses propres muscles et sa graisse afin de continuer à fonctionner. Deux femelles, toutes seules, n'avaient pas d'autre issue que la mort. Il fallait donc que Crête, le dernier mâle, survive.

Vagabonde retourna vers le corps et en extirpa un rein. Là encore, un bout de chair noire, durcie, rabougrie. Elle l'apporta à Crête, l'introduisit dans sa bouche ratatinée. Il remua enfin. Avec un mouvement aussi faible que celui d'un enfant, il se redressa, prit le bout de viande et commença à le mâcher, tout doucement.

Cette maigre nourriture n'avait fait qu'aiguiser leur faim. En effet, il manquait la graisse nécessaire à sa digestion. Cependant, les trois survivants retournèrent au corps plusieurs fois et le vidèrent entièrement, arrachant à coups de dents la chair des membres, des côtes, du bassin et du dos. Quand ils eurent terminé, il ne restait plus que quelques os épars – des os, et un crâne, dont les globes oculaires étaient toujours tournés vers le soleil.

Puis les trois anthros retournèrent à leur solitude. S'ils avaient été humains, maintenant que le tabou leur interdisant de manger la chair des leurs avait été brisé, leur cerveau aurait commencé à faire d'atroces calculs. Un autre mort aurait, après tout, permis aux survivants d'avoir un surcroît de nourriture – et réduit le nombre de ceux qui auraient à le partager.

La miséricorde, sans doute, avait voulu que les anthros ne fussent pas capables de tels calculs.

IV

Le radeau fut ébranlé par une secousse distincte de la profonde et lente respiration de la mer. Mais Vagabonde n'était plus curieuse de rien. Elle resta inerte dans le rudimentaire nid végétal du radeau, dont les branches noueuses s'enfonçaient dans sa peau fragile.

Elle n'était que souffrance. Elle avait l'impression que ses os cherchaient à percer sa peau, réduite à un ulcère géant. C'est à peine si elle arrivait à fermer ses paupières desséchées. Dans sa mémoire, un flot d'images sans suite s'enchaînaient : les puissants doigts de sa sœur en train de l'épouiller, l'odeur chaude et rassurante du lait maternel, les cris d'airain des mâles qui s'imaginaient les posséder toutes. C'est alors que la douceur de ses rêves fut fracassée par la soudaine irruption d'une gigantesque mâchoire baveuse surgie des profondeurs.

Puis il y eut un autre choc, suivi d'un craquement de branches sèches. Le bruit des vagues qui s'entrechoquaient autour d'elle n'avait plus rien à voir avec le languide clapotis de la haute mer.

Des oiseaux piaillaient dans le ciel.

Elle leva les yeux. C'étaient les premiers oiseaux qu'elle voyait depuis que l'orage l'avait arrachée à la terre. Ils étaient d'un blanc brillant et décrivaient des cercles, très haut.

Quelque chose bougea sur sa poitrine. On aurait dit des doigts, qui essayaient de la gratter : peut-être quelqu'un l'épouillait-il ? Au prix d'un effort immense, elle tenta de redresser la tête – qui roula sur le côté. Elle avait la peau aussi tendue qu'un masque, sa langue n'était plus qu'un morceau de bois. Elle avait les yeux sanguinolents et du mal à faire le point.

Une bête courait sur elle : une bête orange et plate, avec des tas de pattes articulées, et de grosses pinces dressées. Elle laissa échapper un jappement, ou plutôt un filet de voix rauque, et chassa la chose d'un revers du bras. Le crabe détala, indigné.

Ses narines croûtées de noir par le soleil lui apportaient une senteur nouvelle. *De l'eau*. Et pas cette affreuse eau de mer. Non. De l'eau douce.

Elle leva un bras, agrippa le feuillage. Les plaies et les ampoules de sa chair meurtrie se rouvrirent, et son corps tout entier fut parcouru par une immense douleur. Elle banda ses dernières forces, parvint à se redresser sur un coude, replia ses jambes. Sa tête pendait toujours, trop lourde pour son cou. Au prix d'un nouvel effort, elle la releva et regarda entre ses pauvres paupières à vif.

Du vert.

Elle voyait du vert, une énorme barre verte, horizontale, courant d'un horizon à l'autre – le premier vert qu'elle voyait depuis que les feuilles du manguier s'étaient flétries et fanées. Après tant de jours de bleu et de gris, de ciel et de mer fondus l'un dans l'autre, ce vert semblait incroyablement vif, si vif qu'elle en avait mal aux yeux. C'était plus beau que tout ce qu'elle aurait pu imaginer, et cette seule vision la ragaillardit.

Elle se traîna vers l'avant. Les branches mortes du manguier la piquèrent et l'éraflèrent, mais ses blessures ne saignèrent même pas. Il n'y eut qu'une floraison de multiples petites sources de douleur.

Elle atteignit le bord du radeau. Pas d'océan, pas d'eau. Elle voyait une petite plage de jeune sable granuleux, qui gravissait une pente menant vers la lisière d'une forêt clairsemée. Des oiseaux, d'un bleu et d'un orange éclatants, voletaient au ras des arbres, chantant à tue-tête.

Sa première impression aurait pu se résumer ainsi : *Je suis à la maison.* Mais elle se trompait.

Elle se hissa péniblement par-dessus les branches et se laissa tomber à moitié sur le sable. Il était chaud, très chaud, et brûlait sa peau nue. Elle poussa un miaulement, se releva et traversa la plage en clopinant, comme si elle était très vieille, en direction de la forêt, bordée de broussailles.

Des fougères y poussaient, et il y avait de l'ombre – une ombre bienfaisante. Des arbres énormes la dominaient de toute leur taille. Ils portaient des grappes de fruits rouges qu'elle ne reconnut pas. Elle avait la bouche trop sèche pour saliver, mais sa langue claqua contre ses dents.

Elle se retourna et regarda derrière elle. Le radeau de végétation n'était qu'un monceau de bois flotté couvert d'algues, de branchages cassés et pourrissants, que la mer avait rejeté sur le rivage. Elle distinguait les contours immobiles d'un anthro – Crête ou Cicatrice – qui gisait, inerte, sur les branchages brisés et couverts de sel. De l'autre côté du radeau, la mer, immense et éternelle, roulait ses vagues bleu-gris à perte de vue, jusqu'à un horizon dessiné avec une précision froidement géométrique.

C'est alors qu'elle entendit un grand bruit de pas et de branches cassées. Vagabonde se tassa sur elle-même.

Une forme géante sortit de la forêt, comme un char d'assaut passant à travers les broussailles. Immense, trapu, chapeauté par l'énorme dôme osseux d'une sorte de coquille, on eût dit une tortue géante, ou une espèce d'éléphant caparaçonné ; en tout cas, un gros corps couvert de plaques que supportaient quatre pattes courtaudes. La créature agitait en tous sens sa queue terminée par une massue hérissée de pointes. Sa petite tête blindée s'avança dans la lumière, et Vagabonde vit cligner ses paupières cuirassées. Cette énorme bête qui ressemblait à un ankylosaure était un glyptodon. Vagabonde n'avait jamais rien vu de tel en Afrique.

Rien d'anormal à ça, puisque ce n'était pas l'Afrique.

Le gigantesque monstre blindé s'éloigna d'un pas pesant. Sur ses gardes, Vagabonde le suivit dans les profondeurs de la forêt. Elle arriva à une clairière, ceinte par une muraille de grands arbres imposants. Le sol était couvert d'aloès. Elle grignota une feuille, pour voir. C'était excellent, mais amer.

Elle fit encore quelques pas, tomba sur un miroitement d'eau douce : un petit étang, bordé de roseaux. Deux énormes animaux paissaient sur le rivage. Ils broutaient, à l'aide de leur museau en forme de spatule, les plantes du bord de l'étang. Ils ressemblaient à des hippopotames. En fait, c'étaient d'immenses rongeurs.

Le lac se trouvait à la lisière d'une grande plaine. Là, à peine visibles, de bien plus grands mystères attendaient Vagabonde. Il y avait des créatures qui auraient pu être des chevaux, des chameaux, des daims, et de plus petits animaux pareils à des cochons à sabots. À côté d'eux paissait toute une petite famille de dinomyidés : des sortes de gros ours, en fait des rongeurs géants, cousins extravagants des loirs et des rats. Il y avait également des prédateurs, des créatures qui se déplaçaient en meute, comme des chiens, mais qui étaient en réalité des marsupiaux. Ils n'avaient qu'un lointain rapport avec leurs équivalents placentaires d'ailleurs, façonnés par une même convergence évolutive et amenés, par les mêmes conditions, à jouer un même rôle.

Dans l'ombre verte, une tête à l'envers se tourna vers Vagabonde. Deux yeux noirs la regardaient distraitement. Au-dessus de la tête se trouvait un gros corps couvert de fourrure marron, qui se balançait, accroché par les pattes, à une branche. Un paresseux, une sorte de mégathérium.

Vagabonde s'avança précautionneusement vers l'étang. L'eau était boueuse, verdâtre, et chaude. Mais quand elle y plongea son museau, ce fut le plus délicieux nectar qu'elle eût jamais bu. Elle en avala plusieurs grandes gorgées. Très vite, son estomac rétréci fut plein, une douleur insupportable la transperça, comme si quelque chose dans ses entrailles se déchirait. Elle tomba tête la première, en criant, et vomit à peu près tout ce qu'elle avait ingurgité. Puis elle replongea sa face dans l'eau et but encore.

Cet étang d'eau saumâtre était une sorte d'entonnoir d'une cinquantaine de mètres de profondeur, creusé par l'érosion d'une couche de calcaire. Il y avait beaucoup d'effondrements de ce genre dans la région, le long des profondes failles de la roche.

Vus du ciel, ces entonnoirs formaient un gigantesque demi-cercle de près de cent cinquante kilomètres de long. Cet arc de cercle marquait la frontière naturelle de ce qui était autrefois le cratère de Chicxulub, enfoui depuis longtemps, dont l'autre partie s'étendait sous les couches d'eau et de sédiments du golfe du Mexique. C'était la péninsule du Yucatán.

Rejeté par un fleuve africain, porté par les courants, le radeau de Vagabonde avait traversé l'Atlantique.

Aucun endroit sur Terre n'était réellement isolé.

Tout était relié par les courants océaniques, dont certains parcouraient plus d'une centaine de kilomètres par jour. Les grands courants étaient des tapis roulants qui charriaient des épaves dans le monde entier. Plus tard, les habitants de l'île de Pâques brûleraient des séquoias américains, échoués sur le rivage après un voyage de cinq cents kilomètres. Les habitants des atolls de corail du lointain Pacifique feraient des outils avec les pierres incrustées dans les racines de ces arbres.

En outre, des animaux voyageaient avec les épaves. Des insectes se déplaçaient sur la surface de l'eau elle-même. D'autres créatures nageaient : des tortues-luths empruntaient parfois les courants allant vers l'ouest pour traverser le Pacifique, depuis leurs terres nourricières, non loin de l'île de l'Ascension, jusqu'à leur lieu de ponte, dans les Caraïbes.

D'autres animaux traversaient parfois les océans sur des radeaux improvisés, entreprenant des odyssées qu'ils n'avaient ni choisies ni prévues, mais où les avaient lancés les vicissitudes de leur destin – ce qui était arrivé à Vagabonde.

L'Atlantique, qui n'avait cessé de s'élargir depuis l'éclatement de la Pangée, était cependant plus petit qu'il ne le serait à l'époque humaine : il ne faisait pas plus de cinq cents kilomètres de large à son point le plus étroit. Ce n'était pas une distance infranchissable. C'était une traversée à laquelle même de fragiles créatures de la forêt comme Vagabonde pouvaient survivre – avec un peu de chance. De telles traversées étaient très improbables. Mais elles étaient *possibles*, si l'on prenait en compte la puissance avec laquelle les grands fleuves se déversaient dans l'océan, la relative étroitesse des mers, et – pourquoi pas ? – l'aide de quelques ouragans.

Sur une immensément longue échelle de temps, sur des millions d'années, les jeux du hasard et du destin défiaient tout ce que l'homme pouvait appréhender. Les êtres humains étaient dotés d'une sorte de conscience susceptible de mesurer les risques que couraient des créatures dont l'espérance de vie était d'un peu moins d'un siècle. Les événements qui avaient très peu de chances de survenir de leur vivant – par exemple une collision avec une comète – étaient, pour le cerveau humain, considérés non pas comme « rares », mais comme « impossibles ». Et pourtant, il y avait parfois des collisions ; et pour une créature dont l'espérance de vie aurait été, mettons, de dix millions d'années, ces événements n'auraient pas paru invraisemblables du tout.

Avec le temps, des événements aussi improbables que traverser l'océan d'Afrique en Amérique du Sud ne pouvaient manquer de se produire. Et ils se produisirent plusieurs fois, modifiant le cours du destin, à leur façon.

Quoi qu'il en fût, dans les hauteurs des arbres qui se dressaient au-dessus de Vagabonde, il n'y avait pas un primate – pas un sur tout le continent : ses lointains cousins, les autres enfants de Purga, avaient tous succombé à l'extinction, des millions d'années auparavant, vaincus par les rongeurs.

Ainsi, à cet endroit où un monde avait fini, et où des créatures qui avaient évolué différemment partaient désormais en quête de nourriture dans des forêts différentes, une nouvelle vie commençait – une nouvelle lignée de la grande famille de Purga. Rien qu'avec trois survivants, un peu de temps et la lente chirurgie plastique de leur matériel génétique, tout un nouvel éventail d'espèces verrait le jour.

Les singes du Nouveau Monde connaîtraient à tous points de vue bien des succès. Mais, dans la dense jungle de ce continent, le sort des petits-enfants de Vagabonde serait très différent de celui de ses sœurs restées en Afrique. Là-bas, les primates, s'adaptant aux variations climatiques, donneraient rapidement naissance à d'autres formes. Là-bas, la lignée de Purga poursuivrait, à travers les singes, son long travail de modelage de l'être humain. Même les singes futurs, auxquels Vagabonde ressemblait tant, se diversifieraient, loin des forêts, et réussiraient à vivre dans la savane, sur les plateaux des montagnes, et même dans les déserts.

Ici, tout serait différent. Sur un continent où le climat était plus stable, il serait toujours moins intéressant de quitter les vastes forêts tropicales.

Les petits enfants de Vagabonde ne descendraient jamais de leurs arbres. Ils ne deviendraient jamais plus malins qu'ils ne l'étaient déjà. Et ils ne joueraient aucun rôle dans la future destinée de l'humanité, sauf en tant qu'animaux de compagnie, proies, ou objets de curiosité scientifique.

Et tout cela restait à venir.

Vagabonde se sentait déjà remarquablement ragaillardie par son bref séjour dans la végétation, et par l'eau qu'elle avait bue. Elle regarda autour d'elle. Dans les broussailles, elle aperçut une tache rouge et s'en approcha, clopin-clopant. C'était un fruit étrange, dont la peau était douce et la chair moelleuse. Elle y mordit à pleines dents. Du jus coula sur sa fourrure. C'était la meilleure et la plus savoureuse des choses qu'elle avait jamais goûtées.

7

Le dernier terrier

▼ Terre d'Ellsworth, Antarctique, 10 millions d'années avant notre ère

Les fouisseurs creusèrent dans les touffes d'herbe coriace accrochées aux dunes. Ils étaient très, très nombreux. Si nombreux qu'on aurait dit une sorte de tapis grouillant de fourrure brun-gris.

Creuse aperçut une étendue de fougères, sur une petite avancée de terre dominant l'océan. Il semblait que ceux qui cherchaient à manger y étaient un peu moins nombreux. Aussi se dirigea-t-elle dans cette direction. À l'abri des fougères, elle choisit quelques frondes avec ses habiles petites mains à cinq doigts, en grignota les spores brunes.

À trois ans, Creuse faisait déjà figure de vétéran chez les fouisseurs. C'était une petite rondouillarde de quelques centimètres de long, recouverte d'une épaisse fourrure brune – ce qui était le moyen le plus efficace de garder la chaleur de son corps. Elle ressemblait à une sorte de lemming. Mais ce n'était pas un lemming. C'était un primate.

De l'endroit où elle se trouvait, elle voyait l'océan.

Le soleil rasait l'horizon au nord et brillait sur les eaux infinies et infranchissables. C'était l'automne polaire, le soleil passait plus de la moitié de la journée sous l'horizon. Et déjà, loin des terres, des plaques de glace s'étaient formées. Plus près du rivage, Creuse voyait des formations de glace et de neige fondue épouser la houle musculeuse des eaux. Son corps savait ce que tout cela signifiait. La lumière de l'été n'était plus qu'un trouble souvenir ; Creuse devrait bientôt traverser les mois d'hiver et leurs ténèbres invariables.

Elle vit une tache de sang, étalée sur la surface luisante d'un banc de glace, ainsi qu'un curieux monticule de chairs inertes. Des oiseaux tournoyaient au-dessus en croassant, plongeaient à tour de rôle sur ces restes sanglants. C'est alors qu'une ombre glissa dans l'eau. Un énorme museau jaillit des flots glacés pour réclamer sa pitance.

Ce carnivore marin était un amphibien, un descendant d'une espèce appelée koolasuchus. On eût dit une monstrueuse grenouille prédatrice de quatre mètres de long, puissante et effilée. La grenouille était une relique de temps bien plus anciens, où les amphibiens avaient été les maîtres du monde. Sous les climats tropicaux, ses ancêtres avaient été évincés par les crocodiles, auxquels elle ressemblait beaucoup, par la forme et par la taille ; les grands amphibiens étaient déjà sur le déclin quand les dinosaures avaient fait leur apparition sur Terre, mais ils avaient réussi à se maintenir dans les eaux froides des pôles.

Blottie sous ses fougères, Creuse frissonna.

Soudain, une forme trapue jaillit de la toundra en courant sur ses longues et puissantes pattes arrière. L'arrivée de ce nouveau prédateur, dont les pattes avant étaient munies de griffes cruelles à peine visibles sur son épais manteau de plumes blanches, provoqua un mouvement de panique parmi la horde de fouisseurs, qui se dispersèrent dans l'instant. Creuse se tassa sur elle-même en voyant cette créature se précipiter dans l'eau et se frayer un chemin jusqu'au banc de glace. Là, elle commença à disputer la carcasse à l'amphibien, tout comme, bien plus tard, les renards arctiques disputeraient leur dîner aux ours polaires.

Ce féroce prédateur emplumé ressemblait à un oiseau coureur. Ce n'en était pas un. C'était un descendant des velociraptors du crétacé.

En Antarctique, cinquante-cinq millions d'années après l'impact de la comète, il y avait encore des dinosaures.

Creuse retourna vers l'intérieur des terres, loin de ce sanglant spectacle. Elle prenait bien soin de rester toujours à couvert. Elle aperçut quelques plumes blanches abandonnées par le raptor dans sa course vers le rivage.

Après avoir escaladé la dernière dune, elle vit se dessiner le paysage.

C'était une vaste plaine, vert et brun, piquetée çà et là par le bleu de l'eau. Des plaques d'herbe avaient été broutées jusqu'aux racines, mais il y en avait encore beaucoup, qui commençaient déjà à se dessécher et à jaunir. Comme il n'y avait plus aucun insecte, il n'y avait presque plus de fleurs, à part quelques jolis et lumineux bouquets de saxifrages. Des animaux se massaient autour des points d'eau scintillants, mais les lacs étaient déjà gris, et leur surface gelée.

C'était un décor classique de toundra, typique du paysage qui ceinturait encore le continent.

Une toundra arpentée par les dinosaures.

À quelques kilomètres au sud-ouest, Creuse vit une

sorte de nuage sombre couler sur la terre : un troupeau de muttas. Leur haleine produisait un nuage de vapeur qui flottait dans l'air froid. C'étaient des dinosaures, de grands herbivores. De loin, ils ressemblaient à des mammouths sans défenses. De près, on voyait bien qu'ils avaient gardé toutes les caractéristiques des dinosaures : leurs pattes de derrière étaient plus puissantes que leurs pattes de devant, ils avaient une formidable queue qui leur permettait de garder l'équilibre, et leurs mouvements étrangement ombrageux et nerveux les rapprochaient davantage des oiseaux que des mammifères. Parfois, il leur arrivait de se dresser sur leurs pattes postérieures et de mugir avec la férocité d'un tyrannosaure.

Les muttas étaient des descendants des muttaburrasaures, de gros herbivores du jurassique qui se nourrissaient autrefois de cycadées, de fougères et de conifères. Quand le froid s'était abattu sur l'Antarctique, les muttas avaient appris à faire avec les maigres produits de la toundra, leur corps était devenu plus trapu, plus arrondi, et ils avaient commencé à se couvrir d'un épais manteau, fait de plusieurs couches de plumes écailleuses marron foncé. Petit à petit, ils étaient devenus d'énormes migrateurs herbivores de la toundra, rôle qu'occuperaient plus tard, et ailleurs, des animaux comme les caribous, les bœufs musqués – et les mammouths. Les murailles de glace du Sud se renvoyaient leurs lugubres mugissements, produits à l'aide des sacs de peau extensible qui ornaient leurs énormes groins cornus.

Jadis, les muttas migraient sur l'ensemble du continent, afin de profiter du court mais luxuriant été. Et puis la glace s'était étendue, le nombre de muttas avait beaucoup diminué, et maintenant les troupeaux subsistants arpentaient, avec quelque chose de désespéré, la frange de toundra de plus en plus étroite située entre la glace et la mer.

Ce troupeau de muttas était traqué par un chasseur solitaire.

Telle une statue à plumes dorée, un allosaure nain observait sans bouger le troupeau de muttas. L'allo était une relique nanifiée d'une famille de créatures éteinte ailleurs depuis longtemps, en fait un descendant direct de ce lion du jurassique qui avait tué Stego. Mais le troupeau se méfiait de l'allo et restait étroitement groupé, les plus jeunes au milieu. Les mouvements de cet allo étaient lents, comme s'il avait été drogué. Sa chasse avait déjà été couronnée de succès ; ayant fait le plein de graisse, son métabolisme était en train de ralentir, alors que l'air se refroidissait. Bientôt, l'allo creuserait son habituelle tanière hivernale dans une couche de neige, à la manière des ours polaires.

Les femelles allos pondaient leurs œufs vers la fin de l'hiver et les mettaient à couver dans la neige, où ils étaient en sécurité. Pour les mammifères de l'Antarctique, le printemps était d'autant plus intéressant qu'il y avait toujours la possibilité de voir soudain émerger d'une couche de neige une nichée de voraces bébés allosaures, claquant du bec et se chamaillant tout en coursant leur premier repas.

C'est alors qu'il y eut une agitation parmi une troupe de fouisseurs, et le vent glacial qui soufflait sur la calotte polaire apporta à Creuse une puissante odeur de viande. *Des œufs.*

Elle courut aussi vite que possible à travers les fougères et les hautes herbes, négligeant, pour une fois, sa sécurité.

Le nid contenait des œufs de dinosaure : les œufs d'une mutta. C'était une découverte insolite en cette fin de saison, et si loin des lieux de ponte habituels des muttas. Ces œufs avaient peut-être été pondus par une mère malade, ou blessée. Des fouisseurs étaient déjà à l'ouvrage, et au milieu de la foule jacassante se trouvaient quelques gros steropodons : le poil noir, l'allure étrangement gauche et primitive, ils étaient les descendants des mammifères qui habitaient le continent sud depuis le jurassique.

Creuse parvint à se frayer un chemin vers le nid avant qu'il soit totalement détruit. Elle eut bientôt les pattes et le museau couverts de vitellus poisseux. Mais la mêlée pour les œufs dégénéra en une féroce empoignade. Il y avait beaucoup, beaucoup de fouisseurs ici, dans la toundra, cet automne. Bien plus que l'année précédente. Et Creuse était assez futée pour s'inquiéter en son for intérieur de cette surpopulation.

Il n'y avait pas d'explication simple à ce phénomène. Les fouisseurs faisaient partie d'un cycle écologique complexe qui dépendait notamment de l'abondance de la végétation et des insectes dont ils se nourrissaient, ainsi que des carnivores dont ils étaient la proie. Quand ils étaient trop nombreux, leur instinct les poussait à partir à l'aveuglette dans les vertes prairies à la recherche d'endroits vides où établir de nouveaux terriers. Nombre d'entre eux mouraient, victimes des prédateurs, mais c'était comme ça : il en resterait toujours assez.

En tout cas, c'était ainsi que les choses s'étaient produites dans le passé. À présent, alors que la glace avançait et que la toundra reculait, il n'y avait plus aucun endroit qui ne soit déjà colonisé. C'est pourquoi ils étaient partout en surnombre, et toujours contraints de se battre.

Bien sûr, c'était mauvais pour la mutta qui avait pondu ces œufs. Les muttas pondaient leurs œufs à même le sol, ainsi que leurs ancêtres l'avaient toujours fait, ce qui les rendait vulnérables aux prédateurs opportunistes, tels les fouisseurs. De fait, la principale raison du déclin des populations de muttas était la lutte, toujours plus effrénée, à laquelle les prédateurs se livraient pour les protéines de leurs œufs immenses. De gigantesques mammifères herbivores, comme les mammouths ou les caribous, s'en seraient bien mieux sortis car leurs jeunes auraient été bien mieux protégés à un moment aussi crucial de leur existence. Mais les muttas, isolés comme tout le monde lorsque l'Antarctique s'était éloigné des autres continents, n'avaient en l'occurrence pas le choix.

C'est alors qu'une patte griffue s'abattit du ciel. Guidée par un instinct vieux de plus de deux cents millions d'années, Creuse s'aplatit sur le sol, alors que les fouisseurs poussaient des cris aigus et se rentraient les uns dans les autres.

La griffe attrapa un petit bébé fouisseur et l'envoya droit dans une gueule grande ouverte qui n'en fit qu'une bouchée. La griffe zébra l'air une nouvelle fois – mais c'est une serre frustrée qui se referma sur le vide. Les mammifères s'étaient éparpillés. Peu après, Creuse entendit le son reconnaissable entre tous d'une bête mâchonnant quelque chose, tandis qu'un bec broyait les embryons de muttas l'un après l'autre.

Ce pirate au bec hérissé de dents était un leaellynasaure. C'était aussi un dinosaure, qui ressemblait à une sorte de poulet olympique. Mal équipés pour s'attaquer efficacement à de plus grandes proies, les leaellynasaures étaient principalement des charognards, qui s'en prenaient à un peu tout ce qui leur tombait sous le bec. Et pour ce leaellyn, comme pour les mammifères, un œuf de mutta, aussi tard dans la saison, était un mets de choix.

Tandis que le leaellyn faisait bombance, Creuse s'obligea à une parfaite immobilité afin de ne pas attirer son attention. Mais elle avait faim. L'été avait été trop court, et elle n'avait pas pu accumuler suffisamment de graisse pour faire face aux privations de l'hiver. Et le leaellyn allait manger tous les œufs – *ses* œufs.

Pour finir, la colère et le désespoir l'emportèrent sur la prudence. Elle se dressa sur ses pattes arrière, cracha et tendit les pattes.

Le leaellyn, du sang et du vitellus plein la face, tressaillit, surpris par cette soudaine apparition. Mais, ainsi que le lui signala rapidement son petit esprit reptilien, cette chose ne représentait aucun danger pour lui – en fait, cette petite boule de fourrure, quelle que soit l'étrangeté de sa posture, était parfaitement comestible, bien meilleure même que les embryons et le vitellus.

Le leaellyn ouvrit le bec et se jeta en avant.

Creuse l'évita et s'enfuit, forcée d'abandonner le nid, la faim au ventre.

Creuse aurait pu remonter toute sa lignée jusqu'à Plesi, la petite carpolestidé qui avait habité un monde en réchauffement, quelques millions d'années après la chute de la Queue du Diable. Les enfants de Plesi avaient sillonné la planète, empruntant des ponts de terre, des îles et des radeaux pour passer d'une île continent à une autre. Une branche de cette antique famille avait franchi un pont de terre entre l'Amérique du Sud et l'Antarctique, à une époque où le continent sud ne s'était pas encore fixé au pôle.

C'est là qu'elle avait croisé la route des dinosaures.

Même durant la chaleur du crétacé, les dinosaures de l'Antarctique avaient dû supporter de longs mois de ténèbres polaires. C'est ainsi que ceux qui s'étaient trouvés là au moment de la catastrophe globale et qui avaient eu la chance de survivre en étaient sortis parfaitement équipés pour résister à l'hiver qui avait suivi la chute de la comète, alors que leurs contemporains des latitudes plus chaudes avaient péri.

Mais les continents résultant du naufrage de l'ancien supercontinent avaient continué de dériver. L'Antarctique s'était tellement éloigné des autres fragments du sud de la Pangée qu'aucun pont de terre, aucun radeau, ne permettait plus d'y accéder. Alors que le monde se remettait de l'impact, la flore et la faune de l'Antarctique avaient exploré leur propre destinée évolutionnaire. Ici, le vieux combat des dinosaures contre les mammifères avait joué un long et lent requiem – et sous le double joug des dinosaures et du froid, les mammifères étaient restés prisonniers des niches humiliantes du crétacé.

Finalement, l'Antarctique s'était établi au pôle Sud, et peu à peu la calotte glaciaire s'était étendue.

Les jours raccourcissaient, le soleil pourpre ne décrivait plus qu'un petit cercle d'un horizon à l'autre. Sous l'effet du gel, le sol durcissait. De nombreuses espèces de plantes disparurent de la surface, leurs spores attendant le retour de la courte chaleur estivale.

Il n'y avait pas beaucoup de neige fraîche. En fait, la majeure partie du continent était pratiquement semi-désertique : la neige tombait sous la forme de durs petits flocons cristallins qui reposaient au sol comme autant de pierres, jusqu'à ce qu'un vent suffisamment puissant les agrège sous forme de banquises et d'icebergs.

Or cette maigre neige était essentielle aux fouisseurs.

Ceux qui avaient survécu à l'été et à l'automne

commençaient à creuser les congères, où ils construisaient un complexe système de tunnels sous les couches les plus dures de la surface. Ces tunnels formaient des villes de neige élaborées, emplies d'odeurs de fourrure moite, aux parois humidifiées, lissées par le passage de nombreux petits corps chauds. Les terriers n'étaient pas chauds, au sens propre du terme, mais la température n'y descendait jamais en dessous de zéro.

Au-dehors, les aurores clapotaient mollement sous le ciel hivernal moucheté d'étoiles.

Le leaellyn qui avait volé les œufs de Creuse faisait partie d'une meute, principalement composée de frères et de sœurs, articulée autour d'un couple d'animaux dominants. L'hiver, se sentant saisi par l'habituelle torpeur qui accompagnait le froid, le petit groupe s'était pelotonné sur lui-même.

Les leaellynasaures descendaient de petits et agiles dinosaures herbivores dont les clans nerveux occupaient autrefois les forêts de l'Antarctique. À cette époque, les leaellynasaures avaient de grands yeux bien adaptés aux ténèbres des forêts polaires. Ils pouvaient être aussi gros qu'un homme adulte, mais, avec le refroidissement, ils étaient devenus plus petits, plus gras, et s'étaient recouverts d'un manteau de plumes écailleuses pour se tenir chaud.

Puis, au fil des millénaires, ils avaient appris à se repaître de viande.

Comme il faisait de plus en plus froid, les membres du groupe sombrèrent dans l'inconscience. Leur métabolisme se ralentit considérablement, se réduisant au minimum vital pour empêcher leur chair de geler. Cela faisait partie d'une très ancienne stratégie, résultat de millions d'années passées à vivre dans ces régions polaires, et qui avait toujours fonctionné.

Sauf cette fois. Parce qu'il n'avait jamais fait aussi froid que cette année-là. Au plus dur de l'hiver, le groupe de leaellynasaures fut prit dans une tempête. La fureur du vent abaissa dramatiquement leur chaleur corporelle. Des cristaux de glace se formèrent dans leur chair, brisant leur structure cellulaire ; puis le froid mordit au plus profond les petits corps.

Les leaellynasaures n'endurèrent aucune souffrance. Ils dormaient d'un sommeil reptilien, silencieux et sans rêves ; d'un sommeil beaucoup plus profond que celui de n'importe quel mammifère, un lent sommeil de mort.

Chaque année, les étés étaient plus courts, et les premiers assauts de l'hiver plus rudes. Au printemps, désormais, la calotte glaciaire qui avait jadis occupé le centre du continent, un endroit où rien ne pouvait vivre, continuait même d'avancer. Jadis, il y avait là des arbres immenses : des conifères, des arbres fougères, et ces antiques podocarpes au pied envahi de fruits. Dans cette forêt, Noth se serait senti chez lui. Mais ces arbres n'existaient plus que sous la forme de veines de charbon enfouies loin au-dessous des pattes de Creuse. Ils avaient depuis longtemps succombé au froid. Cela faisait déjà plusieurs millions d'années qu'aucun ancêtre de Creuse n'avait grimpé aux arbres.

Les primates de l'Antarctique avaient bien dû s'adapter au froid. Ils ne pouvaient pas grossir davantage – à cause des dinosaures. Mais ils s'étaient dotés de plusieurs couches isolantes, de graisse et de fourrure, qui les aidaient à garder leur chaleur corporelle. Creuse avait les pattes si froides qu'il n'y avait pratiquement aucune différence de température entre elles et le sol, ce qui permettait d'éviter une trop grande déperdition de chaleur. Le sang froid qui montait dans son torse à partir de ses pattes courait dans des vaisseaux sanguins, à la rencontre d'un sang chaud venu d'en haut. Ainsi, le sang qui descendait était refroidi avant même d'avoir atteint ses pattes. La graisse de ses pattes était d'un genre particulier, faite de chaînes d'hydrates de carbone plus courtes que la normale, elle se liquéfiait à basse température, lui évitant de durcir comme du beurre. Et le tout à l'avenant.

Malgré toutes ces concessions au froid, Creuse était toujours un primate. Elle avait toujours les mains agiles et les robustes avant-bras de ses ancêtres. Et bien que son cerveau fût beaucoup plus petit que le leur – dans ces conditions extrêmes, un gros cerveau était un luxe hors de prix, et les animaux n'étaient jamais plus malins qu'ils n'avaient besoin de l'être – elle était quand même plus maligne que n'importe quel lemming.

Mais le climat continuait de se refroidir. Chaque année, les animaux et les plantes qui avaient survécu se retrouvaient sur une bande de toundra de plus en plus étroite, au bord de la côte.

La partie serait bientôt terminée.

Creuse fut soudain à bout de souffle.

Prise de panique, elle gratta la neige avec ses petites pattes faites pour grimper aux arbres et qui maintenant se frayaient un chemin à travers un toit de neige.

Elle sortit de son terrier, dans une fine lumière printanière, choquante de clarté. Une bouffée d'air fétide monta derrière elle en fumant dans l'air froid – fétide, et chargée d'une puanteur de mort.

Elle n'était qu'un petit paquet osseux de fourrure et de peau sentant la pisse, perdu sur une immense terre de neige vierge. Le soleil était suffisamment haut sur l'horizon pour ressembler à une lanterne jaune accrochée sur un fond de ciel violacé. Le printemps était donc bien avancé. Pourtant, rien ne bougeait : pas un oiseau, pas un raptor, aucun bébé allosaure nain jaillissant de sa grotte hivernale. Nul autre fouisseur ne pointait son museau sur la neige ; aucun de ceux de son espèce ne l'avait suivie.

Elle descendit la banquise enneigée. Ses mouvements étaient raides, ses jointures douloureuses, la faim lui tenaillait l'estomac, la soif lui brûlait la gorge. La longue hibernation avait consumé presque un quart de sa masse corporelle. Et elle *tremblait*.

Elle tremblait : cela voulait dire que son système corporel de résistance au froid était lamentablement mis en échec ; c'était le dernier recours de son corps pour créer de la chaleur : mettre ses muscles en mouvement. Mais cela brûlait également une quantité très importante d'énergie. Elle n'aurait jamais dû trembler.

Quelque chose n'allait pas.

Elle atteignit la bande de terre nue qui bordait la mer. Le sol était de glace, aussi dur que la roche. La saison était déjà bien avancée, et pourtant rien n'avait encore poussé. Les spores et les graines dormaient toujours dans la terre.

Elle tomba sur un groupe de leaellynasaures. Il avait fait si froid qu'ils s'étaient enlacés, membres et cous pêle-mêle, formant comme une sculpture de plumes. Instinctivement, elle s'aplatit sur la neige.

Mais les leaellynasaures ne représentaient aucun danger. Ils étaient morts, figés dans une étreinte ultime. Si Creuse les avait touchés, la sculpture se serait effondrée sur elle-même, leurs plumes gelées se seraient brisées comme autant de glaçons.

Elle se dépêcha, laissant les leaellynasaures à leur dernier sommeil.

Elle atteignit un petit promontoire qui dominait

l'océan. Elle était déjà venue là, à la fin de l'été précédent. À l'abri d'un bosquet de fougères, elle avait assisté au combat du raptor et de la grenouille. Maintenant, même les spores des fougères étaient prisonnières de la terre nue, et il n'y avait rien à manger. De la rive jusqu'à l'horizon, la mer n'était qu'une plaine d'un blanc immaculé. Elle fut prise d'un frisson devant cette morbide géométrie : un horizon implacable, pâle et blanc dessous, arrondi et bleu dessus, vide partout.

Seule la rive offrait au regard autre chose que cette monotonie. Les éternelles marées avaient brisé la glace, et certains endroits fourmillaient de vie. La surface des eaux était ponctuée de petits crustacés avides de plancton. Des méduses de toutes les tailles ondoyaient dans ce carnage, formant une délicate dentelle translucide ballottée par les flots.

Même ici, au bout de la Terre, la mer infinie grouillait de vie, comme elle l'avait toujours fait. Mais il n'y avait rien pour Creuse.

Au fil des ans, le refroidissement général s'accentua, et la glace affermit son emprise. L'assemblage unique d'animaux et de plantes échoués sur cet immense radeau à la dérive n'avait nulle part où aller. C'était la fin, et l'évolution n'avait plus aucune défense à offrir aux créatures en butte aux assauts victorieux du froid.

Un épouvantable phénomène d'extinction, étendu sur plusieurs millions d'années, se déroulait à l'écart du reste de la planète. Tout un écosystème gelait sur place. Les animaux et les plantes disparus, la monstrueuse couche de glace qui s'était répandue sur le cœur du continent continuerait de s'étendre, forçant les glaciers à s'enfoncer dans la roche, jusqu'à ce que l'abstraction sans vie de la glace entre en contact avec la mer. Et même si les fossiles les plus profondément enfouis et les veines de charbon des anciens temps devaient survivre, il ne resterait rien, pas une trace, pour témoigner de l'existence du monde de toundra de Creuse, et de la vie, unique en son genre, qui l'avait peuplé.

Démoralisée, Creuse fit demi-tour et s'éloigna dans la terre gelée, à la recherche de nourriture.

8

Fragments

▼ Côte de l'Afrique du Nord, 5 millions d'années avant notre ère

I

La lumière s'infiltra dans le ciel et Capo s'éveilla. Etendu dans un nid au sommet de son arbre, il bâilla, ses lèvres s'écartant sur d'épaisses gencives, et il étira ses longues pattes recouvertes de fourrure. Puis il se prit les testicules dans une main et entreprit de les gratter consciencieusement.

Capo ressemblait beaucoup à un chimpanzé – sauf qu'il n'y avait pas encore de chimpanzés sur Terre. C'était pourtant un singe. Au fil des siècles qui avaient suivi la mort de Vagabonde, les nouvelles familles de primates avaient divergé, et il y avait déjà vingt millions d'années que la lignée des grands singes à laquelle appartenait l'espèce de Capo s'était séparée de celle des petits singes. Pourtant, cinq millions d'années avant l'apparition des êtres humains proprement dits, la grande époque des singes avait déjà connu son apogée et son déclin.

Capo loucha vers un ciel gris bleu, sans aucun

nuage : encore une longue et chaude journée en perspective...

Encore une bonne journée. Il se masturba, pensif. Comme d'habitude, son érection matinale le démangeait. Certains des plus indisciplinés de ses subalternes s'étaient éparpillés dans les profondeurs de la forêt, quelques jours auparavant. Et ils ne reviendraient pas avant plusieurs semaines, des semaines d'ordre et de calme relatifs. Que du bonheur, pour Capo.

Dans l'immobilité du matin, les sons portaient loin. Toujours étendu, songeant à une chose puis une autre, il entendit un rugissement dans le lointain. Le grondement d'une grosse bête blessée ? Apparemment, cela venait de l'ouest. Il tendit l'oreille, le temps de quelques battements de cœur, et ses poils se hérissèrent. Cet étrange grondement qui ne voulait pas s'arrêter avait quelque chose de maussade et de majestueux ; c'était le bruit d'un pouvoir sans égal. Pourtant, il n'y avait jamais rien à voir, par ici. Ce bruit avait résonné en sourdine tout au long de son existence, toujours le même, toujours incompréhensible – et suffisamment loin pour n'être pas inquiétant.

Il se sentit alors vaguement mal à l'aise – mais pas à cause du bruit : en fait, il ressentait une sorte de trouble, qui s'immisçait en lui chaque fois qu'il se laissait aller à réfléchir.

Capo avait plus de quarante ans. Son corps arborait les cicatrices de nombreuses échauffourées et quelques carrés de peau mis à nu par un excès d'épouillage. Il était suffisamment vieux, et suffisamment malin, pour se rappeler plusieurs saisons – pas sous la forme d'une ligne narrative, plutôt une suite de flashs, comme les scènes les plus fortes d'un film, coupées et montées bout à bout. En son for intérieur, il savait que le monde n'était pas tel qu'il avait été jadis. Les choses changeaient, et pas forcément pour le meilleur.

Mais on n'y pouvait rien.

Langoureusement, il roula sur le ventre. Son nid n'était qu'un amas de fines branches entremêlées maintenu en place par son poids. À travers les mailles de sa structure informe, il voyait sa troupe éparpillée dans les branches de l'arbre, primates perchés comme des oiseaux. Il poussa un voluptueux gémissement et soulagea sa vessie. Une cataracte de pisse jaillit de son pénis, toujours à moitié en érection, et retomba en pluie dans l'arbre.

Feuille, l'une des femelles seniors, fut arrosée. Elle était en train de dormir, allongée sur le dos, son petit accroché à la fourrure de son ventre. Elle se réveilla en sursaut, balaya d'un revers de main le flot d'urine qui lui avait coulé sur les yeux et poussa un hurlement de protestation.

Ayant fini de réfléchir, son érection n'étant maintenant plus qu'un souvenir, Capo se releva et bondit hors du nid.

Au boulot ! Il s'élança dans les arbres, telle une grosse balle de fourrure marron foncé. Il réduisit les nids en pièces, flanquant des baffes et des coups de pied à leurs occupants, cria et sauta jusqu'à ce que l'arbre tout entier ne soit plus qu'un vaste chambard feuillu, et qu'il fût impossible pour quiconque de continuer à dormir, ou en tout cas d'ignorer que Capo, le mâle dominant, était là.

Il négocia un atterrissage rude mais précis pile au milieu du nid de Doigt, un jeune mâle costaud pourvu de mains et d'un cerveau particulièrement agiles. Doigt se roula en boule, geignit et releva son derrière en s'efforçant de prendre l'air aussi soumis que possible. Mais Capo lui flanqua dans les fesses un formidable coup de pied, et Doigt traversa le feuillage en hurlant, avant de s'écraser par terre. Il était grand temps qu'il reçoive une leçon ; Capo trouvait qu'il en prenait un peu trop à son aise.

Ensuite, Capo descendit à terre, le poil hérissé, respirant lourdement. Il se trouvait à la lisière d'une petite clairière, dont le centre était occupé par un marécage. Il n'avait pas encore fini sa parade. Avec force cris et hurlements, il se jeta contre différents troncs d'arbre, tapa dessus avec ses paumes ouvertes en faisant le plus de boucan possible, arracha leurs plus petites branches, les secoua si fort qu'une cascade de feuilles lui retomba sur la tête.

Doigt se remit sur son séant à l'endroit même où il était tombé. Il crapahuta tout en traînant la patte vers l'ombre d'un petit palmier et s'y réfugia, le temps que le chef ait fini son numéro. D'autres mâles sautaient et criaient, en parfaits lèche-bottes qu'ils étaient. Il y avait bien une ou deux femelles debout, mais elles vaquaient à leurs occupations matinales, hors du chemin de Capo.

Sa parade terminée, Capo avisa la Gueularde, une femelle qui poussait des hurlements particulièrement stridents. Accroupie au pied d'un acacia, elle était occupée à émietter une morille dont elle se fourrait les morceaux dans le bec. La Gueularde n'était pas encore pubère, mais ça ne tarderait plus. Remarquant le léger renflement de ses parties génitales, Capo eut aussitôt une érection.

Toujours haletant, le poil hérissé, il se pavana devant la Gueularde, la prit par les hanches, la pénétra doucement. Sa fente était délicieusement étroite, et les groupies de Capo hurlèrent et grondèrent, tout en tapant sur le sol pour stimuler leur héros. La Gueularde ne résista guère. Elle se positionna même de façon à lui faciliter les choses, se laissant besogner tout en continuant à grignoter ses petits bouts de morille, sans montrer le moindre intérêt pour ce qui lui arrivait.

Capo se retira avant d'éjaculer : il était encore trop tôt pour ça. En guise de coup de grâce, il tourna le dos à ses subalternes humblement pâmés, se pencha et éjecta une giclée de merde qui leur retomba en pluie dessus. Puis il s'affala de tout son long dans l'herbe, les poings sur les hanches, et autorisa quelques-uns de ses favoris à l'approcher pour l'épouillage rituel.

Ainsi le big boss, le *capo di capi* de son groupe – le géniteur de l'humanité, l'ancêtre de Socrate, de Newton et de Napoléon –, avait-il commencé sa journée, avec ce qu'il fallait de pompe et de prestige.

La priorité consistait maintenant à se remplir la panse.

Capo choisit l'un de ses subalternes – Fronde, un grand spécimen tout en nerfs et en muscles –, poussa force hurlements et lui balança sur la tête toute une série de tapes et de coups.

Fronde comprit rapidement le message. Sa mission consistait à diriger les recherches en eau et en nourriture de la troupe. Il choisit une direction, qui s'avéra être celle du soleil levant, c'est-à-dire l'est, puis, d'une démarche où se mêlaient la maladresse d'une marche sur les jointures et quelques sprints debout, il effectua des allers et retours à toute allure dans cette direction, en jetant des coups d'œil derrière lui, vers Capo, quêtant son approbation.

Mais Capo n'avait aucune raison de préférer une direction plutôt qu'une autre. Dédaigneusement, ses grosses pattes avant s'enfonçant dans la terre meuble, il emboîta le pas à Fronde. Le reste de la troupe se massa rapidement derrière lui, mâles et femelles mélangés, les enfants cramponnés au ventre de leur mère.

La troupe se fraya un chemin à travers les arbres en lisière de la forêt, cherchant méticuleusement de quoi manger, chacun selon ses goûts – le plus souvent des fruits, même si quelques insectes, voire de la viande, étaient les bienvenus. Les mâles paradaient et se défiaient à grand bruit, alors que les femelles se déplaçaient plus calmement avec leurs bébés, entourées de jeunes qui faisaient des galipettes et jouaient à se battre.

Les femelles cheminaient de concert, calmes, amicales. En vérité, la société de Capo reposait sur elles. Elles restaient toujours fidèles aux leurs, auxquels elles distribuaient ce qu'elles trouvaient à manger. Cette pratique était, d'un point de vue génétique, parfaitement sensée, dans la mesure où tantes, nièces, sœurs partageaient le même patrimoine génétique. Quant aux mâles, ils allaient là où allaient les femelles, et se défiaient pour la forme. En réalité, ça ne changeait pas grand-chose pour la troupe.

Le sexe humide, les jointures délicieusement endolories et l'estomac chatouillé par la perspective d'un prochain remplissage, Capo aurait dû être aussi heureux qu'il lui était possible de l'être. La vie était agréable ici, dans cette forêt. Pour Capo, grand mamamouchi, les choses n'auraient pu aller mieux. Et pourtant, il ressentait toujours comme une sorte de gêne, quelque part...

Malheureusement pour son humeur, la quête de ce matin-là ne fut guère fructueuse. Ils devaient continuer à chercher.

Ils croisèrent la route d'autres créatures de la forêt : des okapis – des girafes à cou court –, des hippopotames nains et de petits proboscidiens sylvestres. C'était une faune ancienne qui s'accrochait aux vieux us et coutumes de la forêt. Il y avait aussi d'autres primates. Ils rencontrèrent un couple de géants : d'immenses animaux au pelage argenté, très larges d'épaules, lourdement accroupis sur le sol, où ils se nourrissaient de feuilles arrachées aux arbres.

Ils rappelaient les gras-du-bide du temps de Vagabonde. Les ancêtres de Capo avaient développé un nouveau genre de dents, plus appropriées à un régime frugivore : Capo avait de grandes incisives, pratiques pour manger les fruits, alors que ses molaires étaient de petite taille. Les dents de ces mangeurs de feuilles étaient conçues à l'inverse de celles de Capo : les feuilles n'avaient pas besoin d'être mordues, mais requéraient d'être longuement mâchées. Proches cousins des gigantopithèques d'Asie, ces énormes animaux qui pesaient chacun près d'un quart de tonne figuraient parmi les plus grands primates qui verraient jamais le jour. Mais à cette époque, en Afrique, les géants étaient rares.

Ils n'étaient pas en compétition directe avec les membres de la troupe de Capo, qui n'avaient pas leurs multiples et énormes estomacs permettant aux feuilles de fermenter, et ne pouvaient donc pas les digérer. Pourtant, Capo n'appréciait pas de devoir changer de chemin pour éviter ces colosses silencieux et patients. Ne souhaitant pas perdre la face, Capo marcha sur les jointures vers le plus grand des deux géants, un mâle, et parada, le poil hérissé, décrivant des cercles en courant, martelant le sol de ses poings. Le mangeur de feuilles le considéra d'un air placide et peu intéressé. Même assis, il était plus grand que Capo.

L'honneur étant sauf, Capo contourna les géants et continua sa route.

Peu après, la marche matinale arriva à son terme – il n'y avait plus d'arbres.

C'était là la source des préoccupations de Capo.

Leur petit morceau de forêt, à moitié inondée et qui allait en s'étrécissant, n'était plus le foyer plein de nourriture qu'il avait jadis été. Ce n'était plus qu'une île, en fait, une île dans un monde beaucoup plus vaste, où les arbres n'avaient pas leur place.

Capo jeta un coup d'œil entre les arbres et aperçut cet autre monde, qui émergeait d'une aube de brume.

Ce petit bout de forêt se trouvait au creux d'une immense plaine brillante. Ce territoire était une sorte de parc, un mélange de plaines vertes offertes au ciel et de lambeaux de forêt. Celle-ci était principalement composée de palmiers et d'acacias, même si sa végétation, assez variée, présentait un mélange de conifères et d'arbres à feuilles décidues : noyers, chênes, ormes, bouleaux et genévriers.

Vagabonde, la lointaine grand-tante de Capo, aurait été surtout étonnée par la nature de la végétation qui recouvrait ces immenses parcelles de terre à découvert : c'était de *l'herbe*. Une herbe coriace et résistante, qui s'étendait lentement, discrètement, sur toute la surface du globe.

En outre, les plaines regorgeaient de lacs, d'étangs et de marais. Partout où portait le regard, un brouillard montait vers le ciel, où le soleil matinal emplissait l'air d'humidité. Un grand fleuve, descendant des hauts plateaux du Sud, décrivait ses méandres dans la plaine détrempée, parmi de nombreux étangs et marécages. La terre était comme une éponge gorgée d'eau. Des arbres mouraient, leurs racines baignant dans l'eau. Ce qui restait de la forêt, déjà réduite comme une peau de chagrin par le refroidissement et l'assèchement du climat, était en train de se noyer.

Cette plaine inondée s'étendait à perte de vue vers le nord. Au sud, la terre remontait vers une immense muraille, évidée par le débordement du fleuve. Devant cette paroi, rien ne poussait, c'était une zone jonchée d'immenses plaques de sel d'une blancheur d'ossement, entourant parfois de petits lacs aux eaux apparemment stagnantes.

Il y eut un mugissement, au nord. Capo se retourna vers la plaine. Au loin, un troupeau de gros cochons sauvages farfouillaient dans les hautes herbes. Avec leur corps marron-gris et leurs pattes courtes, on aurait dit d'énormes limaces. Mais ce n'étaient ni des cochons, ni des hippopotames ; c'étaient des anthracothères, une survivance de temps beaucoup plus anciens.

Deux gros chalicothères avançaient pesamment dans la plaine, arrachant les feuilles des arbustes avec leurs énormes pattes. Ces animaux, aussi gourmets que des pandas, ne se nourrissaient que de bourgeons et de jeunes feuilles. Le plus grand, le mâle, faisait presque trois mètres au garrot. Ils avaient un corps massif, des pattes arrière trapues, mais leurs pattes avant étaient longues et étonnamment gracieuses. Comme ils avaient de longues griffes, ils ne pouvaient pas poser leurs pattes avant sur le sol et devaient marcher sur leurs jointures. Leur corps ressemblait à celui d'improbables et gigantesques gorilles à poils courts, mais leur tête était allongée, comme celle des chevaux : ces anciens animaux étaient des cousins des chevaux. À une époque, ils étaient très répandus, mais les broussailles dont ils se nourrissaient se faisaient plus rares ; et cette espèce était la dernière du genre chalicothère.

Juste à côté d'eux, les grands singes entendirent un bruissement fort et régulier. Ils regardèrent autour d'eux, vaguement inquiets. Une famille d'une sorte d'éléphants s'attaquait aux arbres de la lisière du bosquet. Avec leur trompe, ils arrachaient les branches dont ils engloutissaient le feuillage. C'étaient des gomphothères, de véritables mastodontes. Ils étaient équipés de quatre défenses, une paire à la mâchoire supérieure et l'autre à celle du bas, ce qui leur donnait l'allure d'immenses chariots élévateurs.

C'était l'apogée des proboscidiens. Le schéma corporel des éléphants était très réussi, et il avait été repris par un grand nombre d'espèces de par le monde. En Amérique du Nord, il y aurait des mastodontes jusqu'à l'arrivée des hommes. Une autre famille avait des défenses en forme de pelle, comme les gomphothères, dont les défenses inférieures étaient particulièrement longues et plates. On trouvait également, en Afrique et en Asie du Sud, des stégodons, aux longues défenses rectilignes. C'étaient les ancêtres des véritables éléphants et des mammouths, qui apparaîtraient plus tard.

Les appels des gomphothères portaient loin dans la fraîcheur matinale ; leurs échos se prolongeaient dans l'infrason et faisaient froid dans le dos. Cette espèce particulière de proboscidiens était omnivore. Ce n'étaient pas exactement des chasseurs au pied léger, mais, tout bien considéré, il valait mieux se tenir à l'écart d'un éléphant mangeur de viande.

C'est alors que Fronde, le gringalet, quitta par mégarde les ombres de la forêt et se retrouva dans les hautes herbes, qui lui arrivaient jusqu'aux épaules. L'herbe ondoyait autour de lui, agitée par une brise qui formait des vagues languides dans les espaces à découvert.

Fronde se dressa tant bien que mal sur ses pattes arrière. Le temps d'un battement de cœur, il resta debout, regardant ce monde interdit aux primates, ce monde de verdure infini où des animaux déambulaient, et où les antilopes, les éléphants et les chalicothères se repaissaient d'herbe.

Soudain pris de panique, il se remit à quatre pattes et regagna en courant l'ombrage de la forêt.

Capo lui donna une sévère correction sur la tête pour avoir pris un tel risque. Puis il ramena sa troupe dans les profondeurs de la forêt.

Capo escalada un acacia, en quête de fruits et de fleurs. Il grimpait hardiment, en se dandinant comme un danseur de shimmy. Il se tirait vers le haut à l'aide de ses bras tout en agrippant le tronc de l'arbre avec ses pieds, pour s'en servir comme appui.

C'était un exploit que Vagabonde – ni même d'ailleurs aucun petit singe – n'aurait pu accomplir. Les grands singes comme Capo avaient la poitrine plate, de petites pattes et de longs bras. Le déplacement de leurs omoplates vers l'arrière avait accru leur mobilité, ce qui leur permettait de tendre les bras au-dessus de leur tête. Tout cet attirail était parfait pour se hisser sur un tronc d'arbre. Alors que Vagabonde passait le plus clair de son temps à courir de branche en branche, Capo, lui, était un grimpeur.

Ce nouveau schéma, destiné à leur permettre de grimper, eut très vite une autre conséquence, clairement visible dans le corps longiligne de Capo : habitué à fonctionner debout, avec sa nouvelle ossature et le déplacement de son centre de gravité, le corps de Capo était déjà prêt pour la bipédie. D'ailleurs, il lui arrivait de se mettre sur deux pattes dans les arbres, quand il essayait d'atteindre les fruits les plus hauts en s'accrochant aux branches pour garder l'équilibre. Parfois, ces singes se dressaient sur leurs pattes arrière quand ils étaient à découvert, ainsi que Fronde venait d'en faire la démonstration.

Ainsi reconfigurés, les grands singes devinrent plus malins.

Dans ces climats tropicaux, les arbres étaient rarement en fleur tous en même temps. Même quand on trouvait un arbre en fruit, il n'était pas rare d'avoir à chercher longtemps le suivant. C'est pourquoi les grands singes passaient l'essentiel de leur journée en quête de nourritures éloignées les unes des autres, cherchaient à manger seuls ou en petits groupes, et ne se retrouvaient que pour dormir, à l'abri de leur refuge au sommet des arbres. Cette structure basique de cueillette avait façonné leur vie sociale. D'abord, il fallait qu'ils comprennent parfaitement leur environnement s'ils voulaient trouver la nourriture dont ils avaient besoin.

Etant donné la vie qu'ils menaient, leurs liens étaient lâches. Ils pouvaient nouer et dénouer des relations, former de petits groupes qui perduraient même s'ils ne se voyaient pas plusieurs semaines d'affilée. Garder la trace d'une complexité sociale aussi friable et multidimensionnelle demandait un surcroît d'intelligence. Jonglant entre leurs différentes relations, les singes vivaient une sorte de vie pas si éloignée de celle dépeinte par les soap-operas – sauf qu'il s'agissait d'un maelström social qui aiguisait leur cerveau en plein développement.

Dans les premières années qui avaient suivi la scission de la famille des anthropoïdes archaïques entre petits et grands singes, ces derniers étaient devenus les primates dominants du Vieux Monde. Même si les ceintures climatiques s'amenuisaient, les reléguant dans des latitudes moyennes, il y avait plein de place pour eux dans cette bande de forêt ininterrompue qui comprenait toute l'Afrique et s'étendait en Eurasie, de la Chine à l'Espagne. En suivant ce corridor de verdure, les grands singes avaient quitté l'Afrique et s'étaient disséminés dans les forêts du Vieux Monde – en fait, ils avaient migré de concert avec les proboscidiens.

À leur heure de gloire, il y avait plus d'une soixantaine d'espèces de singes, d'une taille allant de celle du chat à celle de l'éléphanteau. Les plus grands, comme les géants, étaient des mangeurs de feuilles ; ceux de taille intermédiaire – comme Capo – se nourrissaient de fruits ; mais les plus petits, ceux qui pesaient moins d'un kilo, étaient des insectivores, comme leurs lointains ancêtres : plus petit l'animal, plus rapide le métabolisme et plus grande, proportionnellement, la qualité de nourriture exigée. Mais il y avait de la place pour tout le monde. Cela avait été l'âge des singes, un puissant empire anthropoïde.

Malheureusement pour eux, il n'avait pas duré.

Alors que le monde continuait à se refroidir et à s'assécher, les vastes ceintures de forêt s'étaient réduites à l'état d'îlots, comme ici. La disparition des connections sylvestres entre l'Afrique et l'Eurasie avait isolé les populations de grands singes d'Asie, qui se développeraient alors loin des événements de l'Afrique et donneraient naissance aux orangs-outans et à leurs cousins. Le raccourcissement des distances avait entraîné une raréfaction des variétés. La plupart des espèces de grands singes étaient en fait *déjà* en voie d'extinction, et depuis longtemps.

C'est alors qu'était apparu un nouveau compétiteur.

Capo atteignit une zone de l'acacia où il savait trouver des fleurs en abondance. Mais il s'aperçut que les branches épineuses étaient déjà dénudées. En allant y voir d'un peu plus près, il tomba nez à nez avec un petit visage noir bordé de fourrure blanche, surmonté d'une crête grise et surtout très apeuré. C'était un petit singe – une sorte de vervet –, et du jus coulait aux coins de sa bouche. Il rencontra le regard de Capo, poussa un cri aigu et détala sans lui laisser le temps de réagir.

Capo resta un instant sans bouger, se grattant la joue d'un air songeur.

Les petits singes étaient une vraie vermine. Ils avaient un atout majeur : la faculté de manger des fruits sans les décortiquer. Leur corps fabriquait une enzyme qui neutralisait les toxines utilisées par les arbres pour protéger leurs fruits, le temps que leurs graines soient prêtes à germer. Les grands singes ne pouvaient rivaliser avec ça. Les petits singes pouvaient donc dépouiller les arbres avant l'arrivée des grands singes. On en trouvait même dans les prairies, où ils se gavaient des graines coriaces qu'ils y trouvaient. Pour les grands singes, les petits singes étaient des concurrents aussi rudes que les rongeurs l'avaient toujours été.

Au-dessus de la tête de Capo, une forme menue bougea, se balançant d'une allure gracieuse et déterminée. Un gibbon. Il filait dans la canopée à une allure phénoménale. Il se servait de son corps comme d'un pendule afin de prendre un maximum d'élan, et, comme un enfant sur une balançoire, relevait ou abaissait les jambes afin d'accroître sa vitesse.

Avec ses longs bras et sa poitrine plate, le corps du gibbon était une sorte de version exagérée du schéma corporel des grands singes. Les rotules de ses épaules et de ses poignets pouvaient jouer librement, ce qui permettait au gibbon de se suspendre par les bras et de faire un tour complet sur lui-même. Grâce à son poids plume et à son extrême agilité, il pouvait s'accrocher aux plus hautes branches des grands arbres, et atteindre les fruits qui poussaient au bout des branches les plus fines, tout en restant à l'abri des prédateurs qui grimpaient aux arbres. En outre, capable de se pendre par les pieds, il pouvait chiper la nourriture dans les mains mêmes des autres grands singes, qui étaient trop lourds pour le rejoindre sur son perchoir. Il pouvait même s'en prendre aux petits singes, qui, comme lui, couraient le long des plus hautes branches.

Capo regarda faire le gibbon, avec une sorte de jalousie devant tant de grâce, de rapidité et d'agilité, avec lesquelles il ne pouvait rivaliser. Cela dit, aussi magnifique fût-il, le gibbon ne constituait pas pour les grands singes un aboutissement ; c'était plutôt un vestige qui, ayant perdu la compétition face aux petits singes, était contraint de gagner sa pitance en vivant aux marges de l'écologie.

Un rien déçu, toujours affamé, Capo repartit.

Pour finir, Capo trouva une autre de ses ressources favorites, un bosquet de palmiers à huile. Les noix de ces arbres étaient charnues et riches en huile. Leur chair était enfermée dans une sorte de bogue particulièrement dure, qui les protégeait de la plupart des animaux, et même des habiles doigts des petits singes. Mais pas des grands singes.

Capo jeta de pleines poignées de noix sur le sol, puis dégringola les récupérer. Il les rassembla, les transporta jusqu'aux racines d'un acacia qu'il avait repéré depuis longtemps, et les cacha sous un tas de feuilles de palmier séchées.

Puis il retourna vers la lisière de la forêt, où il avait planqué ses pierres-marteaux : des cailloux qui paraissaient faits pour ses mains. Il en choisit un, repartit vers sa cachette.

En chemin, il croisa la Gueularde. Pendant un instant, il se demanda s'il n'allait pas la monter encore une fois, mais être couverte une fois par jour par Capo était déjà un honneur plus que suffisant pour une si jeune femelle.

En tout cas, elle était assise par terre avec un bébé

mâle à drôle d'allure, dont la lèvre supérieure était particulièrement allongée : Éléphant – l'un des fils de Capo. Il se frottait l'estomac en gémissant bruyamment. Peut-être avait-il un ver, ou quelque autre parasite ? La Gueularde gémissait de concert avec lui, comme si un peu de la souffrance du bébé était passée dans son corps. Elle arrachait quelques feuilles dentelées et forçait l'enfant à les avaler ; les feuilles contenaient des substances toxiques pour de nombreux parasites.

Il repéra aussi Doigt et Fronde, qui farfouillaient çà et là dans la forêt. Apparemment, se dit Capo, ces jeunes mâles devaient être en quête d'un quelconque larcin à commettre. En fait, comprit-il rageusement, ils louchaient en direction de son monceau de feuilles.

Capo se garda bien de manifester son impatience. Il s'assit sous un arbre, lâcha sa pierre-marteau, ramassa une brindille et commença méthodiquement à se curer les orteils. Il savait que s'il se précipitait vers ses noix, les autres les atteindraient avant lui et les lui chiperaient. En flânant de la sorte, il faisait croire à Fronde et à Doigt qu'aucune noix n'avait été cachée.

Contrairement à Vagabonde, Capo était capable de comprendre les intentions d'autrui. Il comprenait également que les autres pouvaient avoir des idées différentes des siennes, et que ses actions pouvaient influencer ces idées. Il était même capable d'une certaine empathie (ce qui avait permis à la Gueularde de partager effectivement la souffrance d'Éléphant). Mais cela permettait également d'autres types, plus élaborés, de tromperie et de duperie. En un sens, Capo pouvait lire les pensées.

Ce nouveau don lui avait donné de lui-même une conscience inédite. Le meilleur moyen de modeler le contenu de l'esprit d'autrui était d'appréhender le sien : *Si je voyais ce qu'elle voit, si je croyais ce qu'elle croit, que ferais-je ?...* C'était une sorte d'introspection, un début de réflexion : la naissance de la conscience. Si l'on avait montré à Capo son visage dans un miroir, il aurait su que c'était *lui*, et non un autre singe à sa fenêtre. Son espèce était la première, depuis les chasseurs de la Pangée, à atteindre un tel degré de sophistication.

Finalement, Fronde et Doigt s'éloignèrent de la cachette. Capo reprit sa pierre-marteau et s'approcha de ses noix, se réservant de flanquer plus tard, pour le principe, une bonne correction à ces deux morveux – qui ne sauraient jamais vraiment pourquoi.

Il repoussa les feuilles qui masquaient les noix et mit au jour sa pierre-enclume préférée, une roche plate bien enfoncée dans la terre. Pour se protéger les fesses, il étala quelques grandes feuilles sur le sol humide. Il s'assit, les jambes repliées. Il plaça une noix sur l'enclume, la tint fermement entre deux doigts, puis abattit le marteau, sans oublier de retirer ses doigts au dernier moment. La noix roula un peu et laissa échapper un filet de jus, sans se briser ; Capo la reprit et recommença. C'était un processus délicat qui demandait une grande coordination. Mais il ne fallut à Capo que trois tentatives pour ouvrir la première noix, dont il mâchonna rapidement le contenu.

Vingt-sept millions d'années après Vagabonde et son habitude de lancer les noix contre les branches, c'était là le summum de la technologie sur Terre.

Capo s'occupa consciencieusement de ses autres noix, s'absorbant totalement dans cette procédure élaborée, chassant de son esprit les soucis qui ne cessaient de le titiller. La matinée était maintenant bien avancée, et, pendant un instant, il se sentit content, heureux de savoir qu'il avait mis de côté suffisamment de nourriture pour ne pas souffrir de la faim, pendant les prochaines heures au moins.

Éléphant, attiré par la succulente odeur des noix, s'approcha pour voir ce qui se passait. Les problèmes d'estomac de ce jeune avaient de toute évidence été soignés par les médicaments improvisés de la Gueularde... à moins qu'il n'ait fait semblant d'avoir mal, pour qu'elle s'occupe de lui ; et il commençait à avoir faim. Il avisa les petits bouts de coquille éparpillés autour de la pierre-enclume. Il y avait même quelques restes de chair. Le jeunot les ramassa et les enfourna.

Capo, qui se sentait d'humeur charitable, ne broncha pas.

C'est alors que Feuille passa dans les parages, son enfant sur le dos.

Capo lâcha sa pierre-marteau et se dirigea vers elle. Il entreprit de lui épouiller le ventre, une attention à laquelle elle se soumit de bonne grâce. Feuille, une grosse et gentille créature, était l'une de ses femelles préférées. En fait, elle était la préférée de tous les mâles de la troupe, qui rivalisaient entre eux pour avoir le privilège de l'épouiller.

Mais Capo n'était pas comme eux. Rapidement, son vit turgescent pointa hors de sa fourrure. Feuille, ayant reçu tout l'épouillage auquel elle avait droit, souleva doucement l'enfant de son dos et le posa à terre. Puis elle s'allongea et laissa Capo la pénétrer. Il la besogna si bien qu'elle se cambra, se retrouvant la tête en arrière, le poids de son corps reposant sur son crâne. Ces grands singes s'accouplaient souvent de cette façon, face à face. Encore une histoire d'empathie : ils pouvaient prendre part au plaisir l'un de l'autre tandis qu'ils s'épouillaient ou copulaient.

Capo et Feuille étaient proches, tout proches. Même si le coït se faisait généralement au vu et au su de tous, il arrivait que Feuille et Capo s'en aillent, plusieurs jours durant, dans la forêt – rien que tous les deux. C'était au cours de ces safaris de tendresse, prémices de l'intimité sexuelle de leurs descendants, que la plupart des enfants que Feuille avait eus avec Capo avaient été conçus, notamment Éléphant.

Ce que Capo et Feuille ressentaient l'un pour l'autre à de tels moments ne ressemblait absolument pas à l'amour humain. Les grands singes restaient captifs d'une prison muette ; leur « langage » était à peine plus sophistiqué qu'un cri de douleur. Mais ils faisaient partie des créatures les moins solitaires de la planète, les moins solitaires qui aient jamais vu le jour.

Pendant que ses aînés s'accouplaient, le jeune Eléphant s'absorba dans l'étude de la trousse à outils de Capo. Il entreprit de taper une noix contre un caillou, puis un caillou sur une enclume.

Au cours de leur croissance, les grands singes comme Capo avaient beaucoup de choses à apprendre sur leur environnement. Ils devaient apprendre où trouver à boire et à manger, comment se servir des outils occasionnels qui leur servaient à atteindre ces victuailles, comment appliquer les médicaments rudimentaires offerts par la nature. Ils étaient conduits à se comporter ainsi, en fait, par la compétition avec les petits singes : ils devaient réfléchir à un moyen de se procurer de la nourriture sans que les petits singes la leur volent ; et pour cela, il fallait de la jugeote.

Mais ce n'était pas quelque chose qui s'enseignait. Éléphant n'était pas du tout en train de chercher à comprendre ce que faisait Capo. Mais en essayant, par un système d'approches successives, grâce aux outils que les adultes avaient laissés traîner, appâté par la promesse d'une délicieuse noix de palmier, Éléphant finirait par apprendre à ouvrir les noix tout seul. Il mettrait bien encore trois ans avant d'y arriver correctement. Éléphant devait tout apprendre par lui-même, à partir de zéro, comme s'il lui fallait redécouvrir, au cours de sa vie, l'ensemble des progrès intellectuels qu'avait accomplis son espèce.

Il frappait les coques, encore et encore, comme s'il était le premier de tous les grands singes à essayer ce truc.

Capo eut un lent et puissant orgasme, le premier de cette journée. Il se retira de Feuille et roula sur le dos, fier de lui alors que rien ne le justifiait vraiment. Du coup, il autorisa Feuille à l'épouiller et à peigner la fourrure de son ventre.

C'est alors que la paix de l'esprit qu'il connaissait s'envola, chassée par une soudaine cacophonie venue des profondeurs de la forêt : des cris, des hurlements, des martèlements, le bruissement de grands corps en train de grimper aux arbres et de s'y balancer.

Capo se releva. Dans son monde, il valait mieux éviter de donner une fête et d'oublier de l'y inviter. Il se hissa sur une souche d'arbre, tambourina sur une branche, flanqua à Éléphant quelques taloches de pure forme, puis fonça vers la source du bruit.

Un groupe de jeunes mâles chassait un petit singe.

Capo crut remarquer qu'il ressemblait au vervet qu'il avait surpris un peu plus tôt en train de mâchonner *ses* fleurs d'acacia. À présent, il était assis, recroquevillé sur lui-même, au sommet d'un jeune palmier.

Les chasseurs avaient encerclé la base du palmier et grimpé avec adresse aux arbres entourant celui de leur proie. D'autres singes, dont Fronde et Doigt, s'étaient rassemblés pour profiter du spectacle. C'étaient ces spectateurs qui faisaient tout ce raffut ; les chasseurs, eux, se déplaçaient souplement, en silence. Mais pour le petit singe, le vacarme était terrifiant et il était complètement désorienté.

Capo fut désagréablement surpris quand il reconnut les chasseurs. C'étaient les jeunes voyous qui étaient partis en virée quelques jours plus tôt chercher à manger dans une autre zone de la forêt. Leur chef improvisé, un mâle de forte carrure appelé Roc, avait déjà donné du souci à Capo par le passé. C'était une forte tête, et Capo avait été ravi de le voir partir ; qu'il lâche la vapeur, qu'il fasse quelques conneries, qu'il se fasse un peu mal même, et il viendrait bien assez tôt s'aplatir devant Capo, comme les autres.

Mais Roc n'était parti que quelques jours, alors que Capo aurait voulu qu'il s'en aille plusieurs semaines. Et à en juger par son agressivité débridée, sa virée ne l'avait pas calmé.

Capo s'inquiétait également à cause des chasseurs. Les petits singes ne se mettaient généralement à chasser que lorsque la nourriture manquait, comme au cours des périodes de sécheresse. Pourquoi *maintenant* ?

Soudain, l'un des grands singes, après avoir escaladé un arbre, bondit dans les airs. Le petit singe émit une suite de pépiements et sauta de l'autre côté – droit dans les bras d'un chasseur aux aguets. Les spectateurs poussèrent des cris et des hurlements. Le chasseur fit valdinguer le petit singe de tous les côtés et lui écrasa le crâne contre un tronc d'arbre. Le vervet cessa aussitôt de crier. Puis le chasseur jeta la carcasse désarticulée sur le sol, où la tête explosée du petit singe éclaboussa de rouge brillant le vert sombre de la forêt.

Capo se devait d'intervenir. Il bondit par-dessus Roc pour être le premier à atteindre la dépouille. Il attrapa la petite chose encore chaude, l'empoigna fermement par une cheville et la tordit brusquement, arrachant le petit membre à la hauteur du genou.

À sa grande surprise, Roc se rebiffa. Le gros mâle lui sauta dessus, les pieds en avant dans la poitrine. Capo tomba à la renverse, le souffle coupé, une douleur irradiant sa cage thoracique. Roc prit intentionnellement la patte sectionnée du petit singe et la mordit à pleines dents, faisant gicler du sang sur sa bouche. Tous les grands singes étaient maintenant très excités, et ils criaient, se tapaient sur la poitrine et se rentraient les uns dans les autres.

Sans tenir compte de sa douleur, Capo se releva en rugissant. Il ne pouvait pas laisser Roc s'en sortir comme ça. Il grimpa dans les branches basses d'un arbre, tambourina férocement sur sa poitrine, poussa un hurlement suffisamment bruyant pour déranger les oiseaux juchés au-dessus de lui, ressauta à terre. Il laissa la colère l'envahir. Les poils de son corps se hérissèrent, et une magnifique érection rose violacé se dressa devant lui : un truc vraiment très beau, sa marque de fabrique.

Roc ne se montra guère impressionné. Brandissant la patte du petit singe comme une massue, il commença ses propres rodomontades, tapa du pied, sauta, puis tambourina sur sa poitrine de façon aussi impressionnante que Capo.

Capo savait qu'il ne pouvait se permettre de perdre ce combat. Etant donné la nature des compagnons de Roc, qui tous avaient du sang sur les mains, il n'y laisserait pas que son statut. Il y allait aussi de sa vie.

Avec une agilité étonnante pour son âge, il sauta en avant, colla Roc par terre et s'assit sur sa poitrine. Puis il commença à le rouer de coups, sur la tête et le corps, de toutes ses forces. Roc contre-attaqua. Mais, à part l'âge, tous les atouts étaient du côté de Capo : la surprise, l'expérience et l'autorité. Roc ne pouvait rien contre Capo qui pesait sur lui de tout son poids, lui immobilisant les bras et les jambes.

Petit à petit, Capo vit qu'il était en train de gagner la bataille dans l'esprit du reste de la troupe, ce qui était aussi important que de soumettre Roc. Les suivants du jeune mâle paraissaient avoir disparu dans les arbres, et les hourras d'excitation et d'encouragement que Capo entendait semblaient à présent lui être destinés.

Alors, tandis qu'il corrigeait Roc, un lent raisonnement se fit sous le vaste crâne de Capo.

Il repensa aux arbres en train de mourir qu'il avait aperçus à la frange de l'îlot de forêt, au rapide retour de Roc et de ses compagnons de route, à leur faim apparente, à leur besoin de chasser.

Roc n'avait trouvé nulle part où aller. *La forêt est en train de diminuer.* Cela avait été vrai toute sa vie, mais maintenant il ne pouvait plus l'ignorer. Il n'y avait plus assez de place. S'il laissait le groupe rester ici, la tension entre ses membres en concurrence pour des ressources en constante diminution deviendrait trop intense.

Ils devaient partir.

Roc capitula enfin. Il gisait sans bouger sous Capo. Il prit dans ses mains en coupe les couilles du vieux mâle, branla même un peu son pénis en érection – autant de gestes de soumission. Afin que la leçon soit bien comprise, Capo continua à lui rouer la tête de coups pendant plusieurs minutes. Puis il descendit du jeune mâle étendu par terre. Le poil toujours hérissé, il repartit dans la forêt, où il put enfin se permettre de se masser la poitrine pour soulager sa douleur, sans que personne voie à quel point il souffrait.

Derrière lui, les autres se jetèrent sur le vervet. Leur estomac ne digérait pas très bien la chair, et peu après, ils se remettraient à chercher dans leurs déjections les petits bouts de viande mal digérés, pour les remanger. Leur système digestif devrait être encore un peu amélioré si les descendants de ces créatures frugivores voulaient connaître quelque succès dans la savane.

II

Depuis l'époque de Vagabonde, l'herbe avait refaçonné le monde.

Le mémorable refroidissement de la planète se poursuivait. L'eau se retrouvant piégée dans les glaces de l'Antarctique, le niveau des océans baissa, et les mers intérieures diminuèrent ou se retrouvèrent cernées par les terres. Mais, alors que la surface des terres continentales augmentait, il y avait moins de mer pour amortir les pics de chaleur et de froid du climat, et sous l'effet de l'érosion les roches absorbèrent le dioxyde de carbone de l'air, qui ne pouvait plus retenir la chaleur du soleil. Plus froid, plus sec : la planète avait mis en place un vaste mécanisme qui s'entretenait lui-même, créant des conditions encore plus froides et plus arides.

Parallèlement, les collisions tectoniques créèrent de nouvelles chaînes de montagnes : les Andes en Amérique du Sud, l'Himalaya en Asie. Ces nouveaux soulèvements provoquèrent un gigantesque effet de fœhn sur les continents ; le désert du Sahara naîtrait bientôt, à l'ombre d'une de ces montagnes. Au cours de ce nouveau dessèchement, de vastes forêts d'arbres à grandes feuilles décidues s'étendirent du sud vers le nord autour de l'équateur.

L'herbe se répandait.

Les herbacées – qui formaient des masses immenses, capables de s'en remettre au vent pour faire voyager leurs pollens et se reproduire – auraient pu être inventées pour ces nouvelles conditions de sécheresse et de grands espaces. L'herbe pouvait se contenter des rares pluies sporadiques, alors que la plupart des arbres, dont les racines ne s'étaient jamais enfoncées aussi loin dans le sol, ne rencontraient que la sécheresse et n'arrivaient pas à lutter. Mais le vrai secret de l'herbe, c'était sa tige. Les feuilles de la plupart des plantes poussaient à partir du bout de la pousse. Mais pas chez l'herbe : les feuilles de l'herbe poussaient juste au niveau du sol, à partir de racines souterraines, conservant ainsi toutes leurs capacités de régénération.

Ces propriétés somme toute assez banales avaient permis à l'herbe d'envahir un monde, et de le nourrir.

Les nouveaux herbivores mangeurs d'herbe développèrent un système digestif de ruminants, qui leur laissait le temps de digérer le fourrage d'herbe, et donc d'en extraire le maximum de nutriments. Ils se dotèrent également de dents capables de supporter l'effet abrasif des grains de silice contenus dans les brins d'herbe. De nombreux herbivores apprirent à migrer, à cause des chutes de pluie saisonnières. Ces nouveaux mammifères étaient plus grands que leurs ancêtres archaïques. Ils étaient minces et munis de longues pattes aux pieds spécialisés, comptant un nombre réduit d'ongles qui leur permettaient de marcher et de courir sur de plus longues distances, et à grande vitesse. Au même moment, il y eut une forte poussée du nombre des rongeurs, comme les campagnols et les souris, capables de se nourrir des graines de l'herbe.

De nouveaux carnivores apparurent, équipés de tout ce qu'il fallait pour se nourrir des grands troupeaux d'herbivores. Mais les règles de l'ancien jeu avaient changé. Dans la couverture clairsemée des prairies herbeuses, les prédateurs pouvaient voir leurs proies de très loin – et vice versa. Les prédateurs et les proies entamèrent donc une course aux armements métaboliques, qui avait pour enjeu essentiel la vitesse et l'endurance ; ils développèrent des pattes encore plus longues et des réflexes encore plus rapides.

Un nouveau type de terrain fit son apparition – particulièrement à l'est des continents, à l'abri des vents prédominants de l'ouest et des pluies qu'ils charriaient : des bois et de grandes plaines herbeuses, semées de broussailles. En retour, les animaux qui s'adaptèrent à la nouvelle végétation furent récompensés par une source de nourriture garantie qui s'étalait sur des centaines de kilomètres.

Mais leur spécialisation, ainsi que la stabilité des plaines herbeuses, fixa les ruminants aux herbes, les prédateurs aux proies, établissant une sorte d'intime interdépendance. À cette époque, les daims, les vaches, les cochons, les chiens et les lapins ressemblaient assez à leurs équivalents des temps humains, cinq millions d'années plus tard, même si la plupart d'entre eux paraissaient démesurément grands ; ils seraient ensuite supplantés par leurs plus petits et plus rapides cousins.

Pendant ce temps, la chute du niveau des océans rouvrit les ponts de terre, provoquant d'immenses mouvements migratoires d'animaux. Trois espèces d'éléphants – les deinothères, qui mangeaient la végétation des arbres, les gomphothères omnivores et les mastodontes fourrageurs – passèrent d'Afrique en Asie. En même temps qu'eux traversèrent les grands singes, cousins de Capo. Et de l'autre direction vinrent les rongeurs et les insectivores, les chats, les rhinocéros, les chevrotains, les cochons et les variétés primitives de girafes et d'antilopes.

Il y eut quelques exotismes, notamment sur les îles et les continents isolés. En Amérique du Sud s'épanouirent les plus grands rongeurs qui existèrent jamais ; il y avait une sorte de cochon d'Inde de la taille d'un hippopotame. En Australie, les premiers kangourous firent leur apparition. Et ceux que l'on considérerait plus tard comme les animaux tropicaux se trouvaient déjà en Amérique du Nord, en Europe et en Asie : en Angleterre, la Tamise était un vaste fleuve marécageux, et les hippopotames et les éléphants se baignaient dans ses plaines inondées. Bien que le monde se fût terriblement rafraîchi depuis l'époque de Noth, il n'était pas encore *froid ;* les froids les plus rigoureux viendraient plus tard.

Mais il faisait toujours plus sec. Bientôt, la vieille mosaïque de plaines herbeuses et de bois qui assurait l'alimentation d'une grande variété d'animaux ne subsista plus que dans la partie de l'Afrique à cheval sur l'équateur ; partout ailleurs, les prairies donnaient sur des plaines arides, des savanes, des steppes, des pampas. Dans ces environnements simplifiés et plus rudes, de nombreuses espèces n'avaient plus leur place.

Cet intense drame de l'évolution se jouait à cause des changements incessants du climat – et les animaux et les plantes étaient aussi malléables que les coulées de métal en fusion jaillies de la grande forge de la Terre.

Le lendemain matin, il n'y eut pas de voluptueux grattage de couilles. Dès son réveil, Capo s'assit, mugit doucement à cause de la douleur causée par ses bleus et ses bosses de la veille, et se vida efficacement la vessie et les intestins, se fichant pas mal des protestations qui montaient d'en dessous.

Il bondit hors du nid et descendit à terre de sa démarche chaloupée. Au passage, tout comme la veille, il réveilla la troupe en jetant tout le monde hors du nid, en criant et en distribuant force gifles et coups de pied. Mais, ce matin-là, Capo n'avait guère envie de parader ; ce matin-là, ce qu'il recherchait, ce n'était pas dominer mais gouverner.

Sa détermination était toujours fortement ancrée dans son esprit. La troupe devait partir. Pour aller où ? Ça ne faisait pas encore partie de son processus de prise de décision rudimentaire. Mais ce qui était très clair dans sa tête, c'était la tension de la veille, la bagarre avec Roc, et le sentiment qu'ils étaient trop nombreux pour ce morceau étriqué de forêt.

La troupe s'assembla au pied de l'arbre. Ils étaient plus d'une quarantaine, dont pas mal d'enfants, accrochés au ventre ou sur le dos de leur mère. Encore ensommeillés, ils s'étiraient et se grattaient en se demandant ce que Capo pouvait bien leur vouloir. Evidemment, il s'en trouva pour s'en aller flâner au loin, à la recherche de mousse, de brins d'herbe, de figues ou d'autres fruits poussant au ras du sol. Capo sentit chez ses sujets mâles une certaine réserve et du ressentiment ; il n'était pas impossible qu'ils s'opposent à lui, pour le principe, à cause de l'incessant jeu de domination. Quant aux femelles, c'était un État dans l'État, en dépit de toutes les fanfaronnades et gesticulations de Capo.

Comment allait-il s'y prendre pour conduire où que ce soit un tel ramassis de bras cassés ?

Son esprit était une machine sophistiquée, conçue au départ pour lui permettre d'appréhender la complexité des relations sociales. Et il avait une compréhension innée de son environnement. Il avait dans la tête une sorte de base de données qui lui disait quelles étaient les ressources nécessaires à sa survie et où les trouver. Il était même doué pour se diriger au jugé et dénicher les raccourcis permettant d'aller d'un point à un autre. C'était cette conscience de son environnement qui l'avait prévenu de la disparition de la forêt.

À la différence des êtres humains, il n'était pas conscient en permanence, mais par intermittence. Il n'avait en fait conscience de ses propres pensées et de lui-même que lorsqu'il pensait aux autres membres de la troupe – parce que c'était d'abord à cela que servait la conscience chez les primates : à essayer de se figurer ce que les autres pensaient. Il n'avait pas une conscience aussi affûtée des autres domaines de sa vie, tels que partir en quête de nourriture ou se servir d'un outil : c'étaient là des actions inconscientes, aussi périphériques que respirer, ou bouger les bras et les jambes pour grimper aux arbres. Il ne pensait pas comme un être humain ; c'était plus simple, plus compartimenté.

Il eut quelques difficultés à assembler tous les morceaux du puzzle : le danger représenté par le rétrécissement de la forêt, ce qu'il devait ordonner à sa troupe de faire. Mais il avait bien trop conscience du danger, et tout son instinct lui criait de *se tirer d'ici le plus vite possible*. La troupe devrait suivre. Un point c'est tout ; il le savait, au plus profond des fibres de son être. S'ils restaient ici, ils mourraient.

Pour se mettre en condition, il rugit à s'en faire bouillir le sang et commença la plus énergique des parades. Il courut d'un bout à l'autre de la troupe, frappant, distribuant force taloches, coups de poing et coups de pied. Il arracha les branches des arbres, les agita au-dessus de sa tête pour donner l'impression qu'il était plus grand. Il se balança aux branches, sauta par-dessus, martela férocement le sol et – en guise de bouquet final et afin de renforcer sa victoire de la veille – jeta Roc à terre et lui colla son magnifique anus plissé sur la face. C'était un show de toute beauté, du niveau de ceux dont il était capable au glorieux temps sa jeunesse. Les mâles poussèrent des cris d'encouragement, les femelles rentrèrent la tête dans les épaules, les enfants pleurèrent, et Capo s'autorisa même à ressentir un brin de fierté devant une si belle ouvrage.

Il essaya ensuite de les emmener vers la lisière de la forêt. Il marcha à reculons, secouant les branches, faisant des allées et venues.

Tous le regardaient en ouvrant de grands yeux : il se comportait soudain comme un jeune mâle soumis ! Aussi se lança-t-il dans une nouvelle parade, tambourinant sur sa poitrine, sautant et poussant des cris, et recommença sa routine, qui voulait dire : « Suivez-moi ! »

Enfin, l'un des membres de la troupe bougea : Fronde, le jeune maigrichon. Il fit quelques pas sur les jointures, pour voir. Capo répondit en jacassant et se précipita vers lui afin de le récompenser en l'épouillant avec effusion. Alors, d'autres s'avancèrent : Doigt, puis quelques jeunes mâles, impatients de se faire épouiller à leur tour. Capo remarqua que Roc avait flanqué en douce un petit coup de pied sur le cul de Fronde.

Puis, au grand soulagement de Capo, ce fut au tour de Feuille de venir, son enfant sur le dos, marchant sur les jointures avec un peu de raideur, mais non sans dignité. Quand cette importante vieille femelle approcha, d'autres la suivirent, dont la Gueularde, la jeune femelle presque pubère.

Mais certaines femelles ne bougèrent pas – et certains mâles non plus. Roc restait en retrait, accroupi sous un arbre, les pattes effrontément pliées sous lui. D'autres mâles se massèrent autour de lui. Capo parada devant eux, furieux. Ils se pelotonnèrent davantage les uns contre les autres et se mirent à s'épouiller, comme si Capo n'existait plus. C'était une rebuffade délibérée. S'il voulait sauver la face, Capo allait devoir briser ce noyau de rébellion, et peut-être même mettre à Roc une autre tannée.

Alors, se surprenant lui-même, il renonça à sa parade et s'en alla, haletant.

Dans son cœur, il savait qu'il les avait perdus. Il les avait secoués un peu trop fort, et sa troupe était en train de se séparer. Ceux qui choisiraient de le suivre finiraient bien par trouver leur chemin, avec lui, vers un nouveau destin – un destin qu'il n'arrivait pas lui-même à imaginer. Ceux qui resteraient en arrière n'auraient plus qu'à se débrouiller au mieux.

Il s'éloigna rapidement en bondissant, sortit de la forêt et se dirigea vers la lumière du jour, sans un regard en arrière, mais non sans lâcher un pet d'adieu liquide à l'intention des rebelles.

Finalement, la moitié des mâles environ et un peu plus de la moitié des femelles restèrent en arrière. C'était une réduction drastique du nombre de ses sujets. Et alors qu'il s'avançait vers la brillante lumière de la plaine, il entendit les cris de joie et d'encouragement des mâles. La bataille pour la nouvelle suprématie avait déjà commencé.

À la lisière de la forêt, au bord du vide, Capo fit une pause.

Tout comme la veille, des gomphothères broutaient

des arbres abîmés et à moitié noyés. Au nord, la prairie herbeuse, où des troupeaux d'herbivores passaient comme des ombres, se perdait dans l'horizon brumeux, souligné de lacs et de marécages brillants. Au sud, à un peu plus d'un kilomètre environ, le sol était un blanc d'os, étincelant. Mais Capo voyait que le sol montait en direction d'un plateau de verdure, où – pour autant que le lui permettaient ses pauvres yeux, adaptés aux courtes distances de la forêt –, il voyait une riche couverture d'arbres pousser au-dessus de la roche.

Au sud, donc, puis à travers la terre aride, en direction de la nouvelle forêt du plateau. Sans se retourner pour voir si les autres le suivaient, il partit sur ses jointures et ses pieds, et s'enfonça dans l'herbe qui dansait autour de lui, à hauteur de ses épaules.

Au fur et à mesure qu'ils gravissaient la pente, la végétation se raréfiait.

Il y avait bien quelques arbres, mais ce n'étaient que des bosquets de pins étiques qui s'accrochaient à un sol aride, et qui n'avaient rien de la densité ni de l'humidité confortables de sa forêt. Il n'y avait donc pas moyen de se mettre à l'abri du soleil, de plus en plus ardent. Capo se mit très vite à haleter et à cuire sous son épaisse fourrure ; il eut bientôt les pieds et les jointures à vif. Il ne pouvait pas transpirer, et cette marche à quatre pattes, idéale pour déambuler dans l'environnement dense et complexe de la forêt, n'était pas adaptée à cet endroit.

Capo, créature de la forêt, était intimidé par cette grande étendue de vide. Il poussa un petit cri, résista à l'envie de se recroqueviller sur lui-même, de passer ses bras au-dessus de sa tête et de grimper dans le premier arbre venu.

On voyait quelques animaux, éparpillés sur la plaine aride : des daims, certaines espèces de chiens, une famille de fouisseurs qui ressemblaient à des sortes de cochons, avec une fourrure et des épines. Très peu de gros animaux. Tandis que Capo avançait, cahin-caha, beaucoup de petites créatures détalèrent à son approche : des lézards, des rongeurs, et même quelques lapins primitifs.

La troupe d'une vingtaine de membres qui l'avaient suivi s'effilochait sur la pente, derrière lui. Ils se déplaçaient lentement, parce qu'ils s'arrêtaient souvent pour se nourrir, boire, s'épouiller, jouer, se disputer. Cette migration ressemblait beaucoup à la lente promenade de quelques enfants qu'un rien distrait. L'instinct de Capo lui soufflait de ne pas les presser. Après tout, c'était dans leur nature d'agir ainsi.

Capo arriva au sommet d'une petite colline érodée. De là, il regarda en arrière le paysage humide et luisant, avec ses îlots de forêt et ses herbivores en train de paître. Mais quand il se retourna et regarda vers l'avant, vers le sud, il vit la grande bande de terre sèche vers laquelle ils se dirigeaient. C'était une immense et haute vallée, avec par endroits quelques maigres arbres et des parcelles de végétation. Elle était condamnée à la sécheresse à cause d'un accident géologique qui l'avait piégée au fond d'une sorte d'immense cuvette rocheuse, où ne jaillissait aucune source et où il ne pleuvait jamais.

Un paysage de cauchemar, immensément à découvert. Pourtant, il fallait le franchir.

En plus, maintenant qu'il n'y avait plus de forêt pour étouffer les bruits, il distinguait parfaitement le grondement mystérieux qui montait de l'ouest. Cette lointaine rumeur ressemblait au rugissement d'une grosse bête blessée, affamée, ou au tonnerre de sabots d'un énorme troupeau d'herbivores. Mais quand il regarda vers l'ouest, il ne vit aucun nuage de poussière, aucune silhouette animale. Il n'y avait rien, rien que ce grondement qui s'éternisait, comme s'il était le bruit même de la vie.

Capo descendit vers le sud.

La pente rocheuse était de plus en plus nue. Quelques arbres s'accrochaient encore à la vie, leurs racines enfouies dans les failles de la pierre. Mais ces pins étaient très peu nombreux, et leurs feuilles, avares de leur eau, étaient hérissées de piquants. Il s'arrêta sous l'un de ces arbres. Ses branches et ses feuilles ne lui offrirent quasiment aucune ombre. Il ne trouva pas de fruit, et les feuilles qu'il réussit à arracher étaient sèches et lui raclèrent le gosier. Il essaya d'attraper une sorte de petite souris qui avait de très longues pattes de derrière ; il saliva à la perspective de mordre dans ce petit corps humide et mou, de sentir ses os se briser sous ses dents. Mais sur ce sol rocailleux il était maladroit et bruyant, et la drôle de souris lui échappa sans peine.

Puis le terrain changea de nouveau, se transforma en une large pente de pierres fracassées, une route qui descendait dans les profondeurs de la vallée aride. La marche devint encore plus pénible, Capo trébuchait et glissait sur la caillasse. Mourant de chaud, assoiffé, affamé, effrayé, il poussa un cri de révolte, jeta des cailloux autour de lui, les piétina et donna des coups de pied dedans. Mais il avait beau faire, la terre ne se laissa pas intimider.

Pendant ce temps, une chasma observait la troupe dépenaillée d'anthropoïdes qui descendait la pente inégale et dangereuse.

Elle n'avait jamais rien vu de pareil. Avec son froid intérêt de prédateur, elle estima la vitesse à laquelle ils se déplaçaient, leur force, la quantité de nourriture qu'ils représentaient, commença à classer les individus. Là, il y en avait un qui paraissait blessé et boitait légèrement ; ici, il y avait un enfant, tenu étroitement par sa mère sur sa poitrine ; ailleurs, un jeune, qui paraissait perdu et qui – l'imbécile ! – se laissait distancer par la petite bande.

Cette chasmaporthetes était en fait une sorte d'hyène. Bien que ses longues pattes et son corps élancé la fassent ressembler à un guépard, elle n'avait pas la souplesse et la rapidité d'un félidé, pas vraiment ; son espèce devrait encore s'efforcer de s'adapter aux changements rapides de ce nouveau monde d'herbe. Mais cette immense vallée vide était *son* territoire. Elle en était le prédateur dominant et avait tout ce qu'il fallait pour mener à bien sa macabre tâche.

Pour elle, les singes étaient un nouveau plat au menu de la savane. Elle attendit, les yeux pleins d'étoiles.

Finalement, épuisé, Capo renonça. Il s'effondra sur le sol. Les membres de sa petite bande le rejoignirent l'un après l'autre. Quand ils furent tous arrivés, le soleil se couchait, emplissant le ciel de langues de feu et jetant de longues ombres raides sur la cuvette encailloutée.

Une sorte de vague indécision s'empara de Capo. Ils ne devaient pas rester là, à découvert ; son corps aurait donné n'importe quoi pour escalader un tronc d'arbre, rassembler des branches et s'en faire un nid douillet, où il serait à l'abri et au chaud. Mais il n'y avait pas d'arbres par ici, et pas de sécurité. D'un autre côté, ils ne pouvaient pas traverser la vallée dans le noir. Et ils avaient tous peur, faim et soif.

Il ne savait absolument pas quoi faire. Alors, il ne fit rien.

La bande se dispersa, chacun suivant son propre instinct. Doigt ramassa une pierre ronde, de la taille d'une main, dans le projet, peut-être, de s'en servir pour briser quelques noix. Mais il dérangea un scorpion tapi sous la pierre, et Doigt s'enfuit, en criant.

Fronde, assis tout seul, le dos tourné au reste de la bande, s'activait à quelque chose. Capo, suspicieux, s'avança aussi furtivement que possible sur le gravier.

Fronde avait trouvé une termitière. Il était assis juste devant et il introduisait maladroitement des brindilles à l'intérieur. Quand il vit Capo, il se ratatina en gémissant. Capo lui flanqua quelques bonnes taloches sur la tête et sur les épaules, comme prévu : Fronde aurait dû crier pour prévenir le reste de la bande qu'il avait découvert un trésor.

Capo déchiqueta un buisson dont les branches biscornues étaient couvertes d'épines. Il les effeuilla en les faisant passer dans sa bouche, et les piquants lui ouvrirent les lèvres. Mais il faudrait bien qu'elles fassent l'affaire. Il s'assit à côté de Fronde. Il insinua sa brindille dans l'une des fentes de la termitière et s'ingénia à l'y enfoncer le plus profondément possible. Ce n'était pas l'idéal ; la brindille était trop courte et trop tordue pour être vraiment efficace, mais il devrait bien s'en contenter. Il la tortilla en attendant patiemment. Puis il la retira, centimètre par centimètre. Des termites soldats, envoyés là pour défendre la colonie contre cet envahisseur, étaient accrochés à la brindille. Capo fit très attention à ne rien laisser tomber de cette précieuse cargaison. Puis il se fourra la brindille dans la bouche et savoura ces succulentes friandises.

En voyant cela, les autres s'approchèrent, les plus vieux fabriquant leur propre canne à pêche. Très rapidement, une sorte de hiérarchie informelle s'établit pour savoir qui irait à la pêche en premier, hiérarchie lubrifiée à coups de pieds et de poings, de cris et d'épouillages intéressés. Les aînés des mâles et des femelles formèrent un premier cercle autour de la termitière, dont les jeunes, qui de toute façon ne comprenaient pas ce qui se passait, étaient exclus. Capo n'en avait cure. Il se souciait surtout de garder sa place au plus près de la termitière, tout en travaillant assidûment à en extraire les termites.

Les termites étaient d'antiques créatures que leur longue histoire évolutionnaire avait conduites à une société complexe. Cette termitière était ancienne. Elle avait été construite avec la boue qui s'accumulait à cet endroit quand les rares orages provoquaient des inondations temporaires. Sa croûte dure comme le roc protégeait les termites des mauvaises idées de la plupart des animaux – mais pas de ces singes.

On aurait pu trouver sophistiqué l'usage que Capo faisait de ses outils : brindilles pour pêcher les termites, pierres-marteaux pour casser les noix, feuilles mâchées pour en faire des éponges afin d'extraire l'eau des trous, brindilles pareilles à des cure-dents pour effectuer un vague travail de dentiste... Il savait ce qu'il voulait faire ; et il savait de quelle sorte d'outil il avait besoin pour cela. Il mémorisait l'emplacement de ses outils préférés – ses pierres-marteaux par exemple – et prenait de subtiles décisions quant à leur utilisation : ainsi, il savait renoncer à transporter une pierre-marteau trop lourde sur une trop longue distance. Et il ne se contentait pas de ramasser une pierre trouvée par hasard ; il savait aussi modifier certains de ses outils, comme cette brindille à pêcher les termites.

Cela dit, on ne pouvait pas vraiment parler d'artisanat. Les modifications qu'il apportait à ses outils étaient modestes : abandonnés après usage, ils auraient été très difficiles à distinguer des éléments du paysage.

Les actions qui lui permettaient de confectionner ses outils faisaient partie de son répertoire habituel : mordre, arracher des feuilles, lancer une pierre. Personne n'avait encore inventé un geste totalement *nouveau* : le jet de glaise du potier, par exemple, ou le coup de main de l'ébéniste. Chaque outil n'avait qu'un usage, et un seul ; il n'était jamais passé par la tête de Capo qu'une brindille à pêcher les termites aurait également pu servir de cure-dents. Il n'améliorait pas les outils qui lui donnaient satisfaction. Et si par hasard, avec le temps, il lui arrivait de tomber sur un nouveau genre d'outil, si pratique soit-il, il fallait plusieurs générations pour que l'usage s'en répande dans sa communauté. L'idée que l'on puisse former le contenu de l'esprit de quelqu'un d'autre par la répétition et la démonstration n'avait pas encore été découverte. L'école n'existait pas.

C'est pourquoi la boîte à outils de Capo était étonnamment rudimentaire, et très peu évolutive. Ses ancêtres, disparus depuis cinq millions d'années, des créatures d'une espèce différente, avaient utilisé des outils à peine moins sophistiqués. Capo n'était même pas conscient d'*utiliser* des outils.

Et pourtant, pas de doute, il travaillait là assidûment, il savait ce qu'il voulait, choisissait les meilleurs matériaux pour arriver à ses fins, fabriquer et façonner le monde autour de lui. C'était bien le plus intelligent, à ce jour, de toute la longue lignée des descendants de Purga. C'était comme si un lent feu couvait dans ses yeux, son esprit, ses mains. Un feu qui bientôt brûlerait beaucoup, beaucoup plus vivement.

Alors que le soleil disparaissait à l'autre bout de la vallée, les singes se blottirent les uns contre les autres. Profondément malheureux, ils se bousculaient, se bagarraient, se fichaient des claques, s'invectivaient et s'engueulaient. Ils n'étaient pas chez eux. Ils n'avaient pas d'armes pour se défendre, pas de feu pour tenir les animaux à distance. Ils n'avaient même pas l'instinct de faire silence au crépuscule – l'heure des prédateurs. Tout ce qu'ils avaient, c'était leur nombre – la protection du groupe, l'espoir qu'un *autre* serait pris, pas *moi*.

Capo s'assura qu'il était bien pile au centre de la bande, entouré par les corps trapus des autres adultes.

L'instinct de survie du jeune Éléphant n'était pas aussi développé. Et sa mère, perdue quelque part au milieu du groupe, était trop occupée par sa petite dernière ; en cet instant précis, Éléphant était bien la moindre de ses préoccupations. Il avait le malheur d'être au mauvais âge : trop vieux pour être défendu par les adultes, trop jeune pour se gagner une place au centre, loin du danger.

Repoussé à la frange du groupe, il essaya pourtant de s'installer. Il trouva une place à côté de Doigt, son cousin. Le sol était dur et caillouteux, très différent des douillets perchoirs auxquels il était habitué ; en se tortillant, il réussit à se faire une sorte de creux en forme de bol. Et il colla son ventre contre le dos de Doigt.

Il était encore trop jeune pour comprendre le pétrin dans lequel il était. Il s'endormit, mal à l'aise.

Plus tard, dans l'obscurité, il fut réveillé par une sorte de pincement à l'épaule. C'était presque gentil, comme un épouillage. Il poussa un petit cri, chercha à s'enfoncer plus profondément dans le dos de Doigt, et c'est alors qu'il sentit un souffle sur sa joue et entendit un grognement, une sorte de ronronnement, comme un éboulis rocailleux, accompagné par une haleine qui charriait une puanteur de viande. Il se réveilla en sursaut, le cœur battant, criant et s'agitant en tous sens.

Quelque chose lui arracha l'épaule. Envahi de douleur, il fut tiré en arrière, comme une branche arrachée à un arbre. Il vit les siens, pour la dernière fois. Ils étaient réveillés, paniqués, poussaient des cris et se grimpaient dessus dans le plus grand désordre. Enfin, un ciel étoilé tourna autour de lui, et il fut plaqué à terre, si violemment qu'il en eut le souffle coupé.

Une forme se dressa au-dessus de lui, mince, se découpant sur la nuit. Une cage thoracique puissamment musclée se pressa contre lui, presque avec amour. Il perçut le contact d'une fourrure à l'odeur de brûlé, une haleine chaude comme du sang, deux yeux jaunes qui brillaient au-dessus de lui.

C'est alors qu'il sentit des morsures aiguës, comme des coups de poignard, d'abord à la jambe, puis juste au-dessus des reins. Il se tordit de douleur. Il cria, roula, essaya de s'enfuir – ses jambes se dérobèrent sous lui. Il avait les tendons coupés. Puis les dents s'attaquèrent à sa gorge. Il fut soulevé par la peau du cou et sentit de puissants crocs s'enfoncer dans sa chair. Il essaya de lutter, grattant le sol avec ses pattes ; mais ses efforts ne firent qu'accentuer sa douleur, tandis qu'il se vidait de son sang.

Il abandonna. Se laissant pendre passivement dans la gueule de la chasma, sa tête et ses jambes lacérées battant contre le sol inégal, ses pensées s'estompèrent. Il n'entendait déjà plus les cris des siens. Il était seul, maintenant, seul avec la douleur, la puanteur métallique de son propre sang, et le patient et régulier bruit des pas de la chasma.

Il resta inconscient pendant un certain temps.

Il fut lâché sur le sol. Il ne se fit pas mal en tombant, mais toutes ses plaies le lancèrent atrocement.

En miaulant, il tenta de se relever. Le sol était caillouteux, comme à l'endroit d'où il venait, et couvert de poils qui sentaient la chasma.

Il vit de petites formes bondir autour de lui, noires sur noir, se déplaçant rapidement, un peu maladroitement. Des moustaches chatouillèrent sa fourrure et on lui mordilla les chevilles et les poignets. Des bébés chasmas. Il poussa un cri de défi, balança un poing à l'aveuglette. Le poing rencontra un petit paquet chaud, qui voltigea dans les airs en piaulant.

Il y eut un bref et sourd grondement : la maman chasma. Pris de panique, il essaya de ramper.

Les petits jappèrent, tout excités, en se lançant à sa poursuite. Il n'était pas allé très loin lorsque les morsures commencèrent à se faire plus sérieuses, dans son dos, ses fesses, son ventre. Il roula sur le dos, ramena ses jambes sur sa poitrine, donna des coups de pattes dans le vide. Mais les bébés étaient rapides, furieux et tenaces ; bientôt, l'un d'eux réussit à lui mordre la joue, pesant de tout son petit poids pour lui arracher le visage.

Une nouvelle fois, la maman rugit, repoussant les bébés. Une nouvelle fois, Éléphant tenta de s'enfuir. Une nouvelle fois, les bébés le rattrapèrent et lui infligèrent une douzaine de petites et affreuses blessures.

Si elle n'avait pas eu ses petits, la chasma aurait tué Éléphant rapidement. Mais elle voulait leur donner une occasion de poursuivre une proie et de lui régler son compte. Ainsi, quand ils seraient un peu plus grands, ils pourraient l'achever eux-mêmes et la démembrer ; Plus tard encore, elle relâcherait sa proie presque indemne et laisserait ses petits finir la chasse. Ce n'était pas vraiment de l'éducation – pas plus que chez les singes. C'était plutôt une sorte de formation sur le tas, un comportement inné, qui s'était développé chez cette espèce de carnivores intelligents afin de permettre aux jeunes d'acquérir les compétences dont ils auraient besoin pour chasser seuls.

La leçon continuait, et Éléphant était toujours conscient, en proie à une sorte de terreur et de nostalgie, enfouies dans un tumulte de sang, de chair et de cartilage. Les petits les plus hardis mangèrent même la langue qui pendait de sa mâchoire brisée.

Mais les bébés étaient encore trop jeunes pour achever Éléphant tout seuls.

La maman prit le relais. Alors que ses mâchoires se refermaient sur le crâne d'Éléphant, il sentit le picotement de petites dents pointues former comme une couronne d'épines autour de sa tête, et la dernière chose qu'il entendit fut un lointain grondement.

Au petit matin, tout le monde savait qu'Éléphant avait été pris.

Capo regardait avec fascination le désordre de cailloux et de poils qui marquait l'endroit où Éléphant s'était brièvement débattu, et les traces brunes de pattes ensanglantées qui se perdaient dans le lointain. Il sentit comme un vague regret en songeant à la perte d'Éléphant. Il avait du mal à croire qu'il ne reverrait jamais ce jeune empoté, avec ses tentatives maladroites d'épouillage, ses cafouillages lorsqu'il essayait d'ouvrir une noix de palme.

D'ici la fin de la journée, il n'y aurait que la mère d'Éléphant pour se souvenir de lui. Et quand elle serait morte à son tour, plus rien ne dirait qu'il avait existé ; et il aurait à jamais disparu dans le vide total et obscur qui avait englouti tous ses ancêtres, les uns après les autres.

Éléphant avait payé le prix pour que la troupe survive. Capo sentit un froid soulagement. Sans hésiter, sans même effectuer la parade qui voulait dire « Suivez-moi », Capo descendit la pente et se dirigea vers les étendues de sel.

III

Le lendemain, ils durent traverser l'étendue de sel. Sous un ciel délavé, presque blanc, qui s'étendait quasiment jusqu'à l'horizon, Capo voyait une succession de collines, d'arbres et de marécages. Cette couverture grisâtre faisait comme un défaut sur le monde.

Le sel, déposé sur une boue grise et dure, formait des plaques lisses, à la surface sillonnée de grandes lignes concentriques qui se refermaient sur des nœuds centraux. Quelque part, une source souterraine avait agglutiné de gros blocs de sel, que les singes devaient escalader.

Rien ne poussait sur le sel. Il n'y avait même aucune trace. Rien ne bougeait, à l'exception des singes. Pas un lapin, pas un rongeur, pas même un insecte. Le vent gémissait dans ce décor minéral sans rencontrer d'obstacles, sans faire frémir un seul buisson, un seul arbre, un seul brin d'herbe.

Et pourtant Capo continuait, car il n'y avait rien d'autre à faire.

Il leur fallut des heures pour traverser le sel. Enfin, les pieds et les mains en sang, Capo escalada péniblement un éperon rocheux. Au sommet, il y avait une ceinture de forêt – dense et un peu inquiétante, mais une forêt quand même.

Capo hésita un instant. Il avait chaud, des douzaines de petites blessures aux pattes, mais il s'avança maladroitement au sein des ombres vertes de la forêt.

Le sol disparaissait sous tout un tas de racines, de

branches, de moisissures et de feuilles. Des touffes de céleri sauvage poussaient un peu partout. Il était presque midi, mais il faisait toujours froid, et un léger brouillard semblable aux brumes matinales rendait l'air humide. Les troncs d'arbre suintaient, des lichens et des mousses horribles laissaient de vilaines traînées verdâtres sur les paumes de Capo.

L'humidité semblait traverser sa fourrure. Mais, après l'aridité de l'étendue de sel, il appréciait le rassurant entremêlement de vert qui l'entourait, et il dévora les feuilles, les fruits et les champignons qu'il cueillait à même le sol. Il se sentait à l'abri des prédateurs. À n'en pas douter, rien dans cette densité verte ne risquait d'attaquer la petite bande affamée et fourbue.

C'est alors qu'il distingua des formes massives, d'un brun presque noir, à peine visibles dans l'entremêlement de verdure. Il se figea.

Un énorme bras se tendit vers une branche plus large que la cuisse de Capo. Des muscles roulèrent dans une grande montagne d'épaule, et la branche fut cassée en deux, aussi facilement que si Capo avait détaché une brindille pour se curer les dents. Des doigts géants arrachèrent les feuilles des branches les plus proches et les enfournèrent méthodiquement dans d'immenses mâchoires. La tête entière travaillait alors que le gros animal mâchait, ses muscles d'acier faisant bouger son crâne et sa mâchoire d'un même mouvement.

Capo était devant un singe, comme lui. Un mâle. Et pourtant, il ne ressemblait pas à Capo. Le gros mâle regardait sans curiosité les étranges petits singes rabougris. Il avait l'air puissant, menaçant. Mais il ne bougeait pas. Le mâle et son petit clan de femelles et d'enfants se contentaient de rester assis là, à se nourrir des feuilles et des céleris sauvages qui jonchaient le sol de la forêt.

Un gorille. Un lointain cousin de Capo. Son espèce avait divergé de la plus large lignée des singes, un million d'années auparavant. Cette divergence s'était produite à une période où une autre forêt s'était fragmentée, isolant les populations qui y vivaient. Alors que leur habitat se restreignait au sommet des montagnes, ces singes avaient adopté un régime de feuilles, que l'on trouvait toujours en abondance, même ici, et étaient devenus suffisamment gros pour résister au froid. Pourtant, ils restaient étrangement gracieux, capables de se déplacer en silence à travers cette dense forêt.

Les populations de gorilles se réadapteraient plus tard aux conditions de vie dans les plaines, apprendraient à grimper aux arbres et à se nourrir de fruits, mais d'une certaine façon leur histoire évolutionnaire était déjà terminée. Ils s'étaient par trop spécialisés, apprenant à manger une nourriture si bien défendue – avec ses crochets, ses épines et ses piquants – qu'aucune autre créature ne venait la leur disputer. Ils pouvaient ingurgiter des orties, par exemple, grâce à une manœuvre élaborée qui consistait à enlever les feuilles de la tige, à les rouler afin d'emprisonner les bords urticants à l'intérieur et à les enfourner telles quelles.

Assis dans leurs îlots montagneux, mangeant paresseusement leurs feuilles, ils survivraient presque inchangés jusqu'à l'arrivée des hommes, et l'extinction finale qui les guettait.

Quand il fut sûr que les gorilles ne représentaient pas une menace pour eux, Capo s'éloigna, menant les autres plus loin dans la forêt.

Il émergea, enfin, de l'autre côté de la ceinture de forêt.

Ils étaient ressortis de l'aride cuvette. Quand il regarda vers le sud, de l'autre côté du plateau qu'ils venaient d'atteindre, il vit une vallée jonchée de caillasse. Et là, par-delà cette vallée, il distingua la terre qu'il avait espéré trouver : plus haute que la plaine derrière lui, mais bien irriguée, luisante de lacs, recouverte de vert par l'herbe et regorgeant de poches de forêt. Les ombres d'un troupeau d'herbivores – probablement des proboscidiens – déferlaient avec majesté sur la plaine luxuriante.

Il poussa un cri de triomphe, fit des cabrioles, sauta sur les rochers, martela le sol de pierre, aspergea les rochers secs de chiasse puante.

Sa bande ne réagit presque pas à ses démonstrations. Tout le monde avait faim et terriblement soif. Capo lui-même était épuisé. Mais il continuait quand même à parader, obéissant à un profond instinct qui voulait que chaque triomphe, même petit, fût célébré.

Sur ces hauteurs, le lointain et persistant grondement qui venait de l'ouest paraissait plus fort. Intrigué, Capo se tourna dans cette direction.

De ce promontoire, le regard portait très loin. Il distingua un mouvement dans le lointain, un tourbillon de blanc. Cela semblait planer au-dessus du sol comme un nuage bouillonnant. En fait, c'était une sorte de mirage, l'image de quelque chose d'éloigné, qui lui était portée par la réfraction sur une lame d'air chaud. Ces nuages de vapeur étaient réels, seulement ils n'étaient pas vraiment suspendus au-dessus du sol.

Il faisait face au détroit de Gibraltar, où, à cette époque, les plus puissantes cascades de l'histoire de la Terre – d'une puissance et d'un débit équivalents à mille chutes du Niagara – s'abattaient dans un bruit de tonnerre sur des falaises vacillantes, plongeant dans un bassin océanique vide. Jadis, la plaine à partir de laquelle Capo avait grimpé était couverte par des eaux de deux kilomètres de profondeur. Le lit de la Méditerranée.

Capo était né dans le bassin qui se trouvait entre les côtes de l'Afrique, au sud, et de l'Espagne, au nord. En fait, il n'était pas très loin de l'endroit où une dinosaure plus intelligente que les autres appelée Celle-qui-Écoute s'était jadis tenue sur les côtes de la Pangée et avait plongé son regard dans les eaux tumultueuses du puissant Téthys. Capo était sorti du bassin et avait atteint l'Afrique proprement dite. Mais si Celle-qui-Écoute avait vu la naissance du Téthys, Capo était le témoin de quelque chose qui ressemblait à sa mort. Alors que le niveau de l'océan baissait, ce dernier vestige du Téthys s'était retrouvé bloqué, comme par un barrage, à l'endroit de ce qu'on appellerait plus tard Gibraltar. Cerné par les terres, l'océan s'était évaporé – se vidant complètement, laissant derrière lui une grande vallée qui faisait en certains points cinq kilomètres de profondeur, couverte d'étendues salées.

Au gré des changements climatiques, le niveau de la mer était remonté, et les eaux de l'Atlantique avaient traversé la barrière de Gibraltar. Maintenant, l'océan était en train de se remplir. Mais Capo n'avait rien à craindre des vagues géantes qui tombaient en cascade à l'ouest, car même un millier de Niagara n'auraient pu remplir un océan en une nuit. Les eaux de Gibraltar pénétraient dans le bassin de façon graduelle, formant d'immenses torrents. Le vieux lit marin était transformé en un marécage détrempé où la végétation mourait lentement, jusqu'au jour où les eaux monteraient si haut qu'elles le recouvriraient entièrement.

Après chaque remplissage, le niveau global des océans baissait à nouveau, et cette fois encore la

Méditerranée s'évaporerait. Cela se produirait jusqu'à *quinze fois* au cours du million d'années entourant la brève vie de Capo. Le fond marin de la Méditerranée se retrouverait doté d'une géologie complexe, où des couches d'argile prendraient en sandwich les couches de sel déposées au cours des vidanges successives.

Les assèchements répétés de cet océan prisonnier avaient un profond impact sur l'endroit où vivait Capo – et sur son espèce. Avant les assèchements, la région du Sahara avait été une dense forêt bien irriguée, où vivaient de nombreuses espèces de singes. Mais la pompe climatique constituée par ces assèchements et l'effet de fœhn provoqué par le lointain Himalaya faisaient du Sahara un endroit de plus en plus aride. Les vieilles forêts disparaissaient, provoquant la dispersion des communautés de singes, chaque clan s'embarquant pour sa propre destinée évolutionnaire – ou vers l'extinction.

Le grondement, le trouble spectacle de Gibraltar étaient trop loin pour signifier quoi que ce soit pour Capo. Il se retourna et entama la descente vers la plaine.

Il quitta enfin la roche nue, atteignit la végétation. Il savoura la douceur verte de l'herbe sous ses jointures alors qu'il bondissait vers l'avant. Les autres dévalèrent la pente en roulant derrière lui et s'affalèrent dans l'herbe qu'ils caressèrent, se délectant de cette vie végétale qui offrait un si fabuleux contraste avec la dureté de la roche.

Mais ils n'étaient pas encore chez eux. Ils étaient séparés de la poche de forêt la plus proche par une bande de quelques centaines de mètres de savane à découvert ponctuée de buissons d'épineux. Et cette zone n'était pas inoccupée.

Un groupe d'hyènes s'affairait autour d'un cadavre. Trapu, rond, cela aurait pu être un jeune gomphothère, peut-être tué par un chasma. Les hyènes se mordaient et se grognaient dessus tout en s'affairant autour de la carcasse, la tête plongée dans l'estomac de la créature, leur mince corps se tortillant industrieusement.

Alors que Capo s'aplatissait dans l'herbe, Doigt et Fronde s'approchèrent de lui en poussant de petits cris. Ils prodiguèrent au dos de Capo un épouillage de pure forme, lui ôtant quelques cailloux et saletés. Les jeunes mâles reconnaissaient encore son autorité, mais Capo savait bien qu'ils étaient impatients. Fourbus, assoiffés, affamés, effrayés par la perspective d'avoir à traverser cette étendue à découvert, ils avaient aussi hâte que le reste de la bande d'atteindre le couvert des arbres, et la nourriture. Et l'emprise que Capo avait sur eux en souffrait. La tension entre les trois mâles était puissante, toxique.

Mais cette confrontation se déroulait dans un quasi-silence, car ils s'efforçaient tous les trois de cacher leur présence aux hyènes.

Alors que Capo hésitait toujours, Fronde s'avança. Il fit un, puis deux pas traînants vers l'avant. Capo lui flanqua un coup violent sur le derrière de la tête pour avoir osé remettre en question son autorité. Mais Fronde se contenta de montrer les dents et s'éloigna un peu.

Les grandes herbes se balançaient langoureusement sur son passage, comme s'il nageait dans une mer de végétation. Puis Fronde se dressa sur ses pattes de derrière, faisant sortir sa petite tête, ses épaules et le haut de son torse au-dessus de l'herbe afin d'y voir mieux. Il ressemblait à une petite ombre, toute droite, comme un arbuste.

Les hyènes étaient toujours absorbées par la dégustation du bébé éléphant. Fronde se baissa dans l'herbe et continua sa route.

Il arriva enfin au plus proche bouquet d'arbres. Capo, avec un mélange de ressentiment et de soulagement, le vit grimper dans un grand palmier, ses jambes et ses bras travaillant de façon synchronisée, comme une mécanique bien huilée. Quand Fronde atteignit le sommet de son palmier, il poussa un léger cri pour appeler les autres. Puis il commença à cueillir les noix et les jeta par terre.

Un par un, sous la conduite de Doigt et de Feuille, la plus âgée des femelles, les singes coururent dans l'herbe en direction de la poche de forêt.

Ils ne furent pas dérangés par les hyènes, même si certains de ces charognards les avaient sentis. Par chance pour les singes, de sanglants calculs effectués par les petits esprits des hyènes leur avaient indiqué qu'il valait mieux s'attaquer à une viande immédiatement disponible plutôt qu'à ces primates poussiéreux, à l'aspect plutôt minable.

Capo essaya de tirer le meilleur parti de la situation. Il distribua une ration de claques et de coups aux autres mâles alors qu'ils passaient devant lui, comme si tout cela avait été son idée, comme si c'était lui qui dirigeait cette courte migration. Les mâles acceptèrent ses coups sans broncher, mais il sentait une tension en eux, un subtil manque de déférence qui le mettait mal à l'aise.

Quand ils entrèrent dans la forêt, les singes s'égaillèrent.

Capo franchit un banc de jeunes arbres élancés et se retrouva devant un lac marécageux, une étendue d'eau bleu-vert entourée par les verts et les bruns réconfortants de la forêt. Il courut jusqu'à l'eau, plongea son museau dans le liquide frais et commença à boire.

En arrivant au lac, les singes se jetèrent carrément dans l'eau, se dressant parfois sur leurs pattes postérieures pour en avoir à mi-corps. Ils ramassèrent avec leurs doigts les algues bleu-vert qui flottaient dans l'eau, les engloutirent : une façon de se nourrir qui était encore un des petits cadeaux de la bipédie. De nombreux jeunes plongèrent la tête la première dans l'eau et commencèrent à nettoyer la poussière accumulée sur leur fourrure ; ils poussaient toutes sortes de cris terrifiants et jouaient à s'éclabousser. Quelques oiseaux paisiblement posés au cœur du lac s'envolèrent, effrayés, dans un grand bruissement d'ailes.

Certains des jeunes mâles s'étaient rassemblés au bord de l'eau, Fronde et Doigt parmi eux. Fronde avait trouvé un caillou qui pouvait servir de pierre-marteau ; il jouait avec, pour voir. De temps en temps, les mâles jetaient de petits regards en coulisse vers Capo. Leur langage corporel puait la conspiration.

Capo ourla les lèvres et émit un discret bruit de pet.

Il était très futé quand il s'agissait de se sortir de problèmes sociaux. Il savait ce que les jeunes mâles pensaient. Il les avait conduits en sécurité, mais ce n'était apparemment pas suffisant : ses gesticulations, lorsqu'ils avaient traversé la dernière étendue d'herbe, n'avaient convaincu personne. Pour restaurer son autorité, il lui faudrait encore parader de façon impressionnante. Arracher quelques branches et commencer à arpenter le bord de l'eau, par exemple ; avec ce feuillage, cette eau, cette lumière, cela ferait un spectacle impressionnant. Et puis il y aurait d'autres bagarres, difficiles à gagner...

Mais ce n'était peut-être pas le moment.

Il regarda les mères donner le bain à leurs enfants, les jeunes mâles se battre presque poliment alors que leurs membres et leur peau se remettaient de la chaleur et de la sécheresse du voyage. *Plus tard : laissons-les reprendre des forces avant que les affaires reprennent, comme toujours.*

En plus, il fallait bien le reconnaître, il n'avait pas très envie d'une nouvelle guerre tout de suite. Il avait mal partout, sa peau le démangeait, il était couvert de plaies et de bosses, et ses entrailles, habituées à un approvisionnement continu en eau et en nourriture, grondaient à cause des périodes de disette et de satiété rapprochées qu'il leur avait infligées. Il était *épuisé*. Il se frotta les yeux et bâilla, s'autorisant même un rot énorme. Il serait bien temps de reprendre le difficile travail de la vie, d'être Capo. Pour l'instant, il avait besoin de repos.

Cette excuse en tête, il s'éloigna de l'eau et partit à petits bonds dans la forêt.

Il trouva rapidement un kapokier plein de gros fruits mûrs. Cela dit, le kapokier était défendu par de longues épines affûtées. Il arracha donc à l'arbre deux branches lisses, se les plaça sous chaque patte en les maintenant avec ses pouces opposables, puis, protégé par ces branches, il escalada l'arbre, enjambant les épines comme si elles n'existaient pas. Le fait de grimper à nouveau emplit ses membres d'un plaisir familier ; leur antique dessein était rempli. Il aurait été absolument ravi de ne plus jamais remettre les pieds par terre.

Quand il atteignit les fruits, il arracha une autre branche et la posa sur les épines. Assis sur cette selle improvisée, il commença à manger.

De son perchoir, il voyait que cette zone de forêt avait poussé autour du bras mort d'un cours d'eau, oublié par un fleuve qui serpentait vers le sud, à travers ce riche Sahara luxuriant. Dans l'avenir, cette artère pareille à une sorte de Nil serait déroutée de son cours actuel par les mouvements tectoniques et irait s'enrouler plus au sud, abandonnant le Sahara. Pour finir, elle viendrait se jeter dans la baie du Bénin, en Afrique de l'Ouest, et les hommes lui donneraient le nom de Niger : même les fleuves étaient façonnés par le temps, alors que la terre inspirait et expirait, et que les montagnes poussaient et se réduisaient comme des rêves.

Pour l'heure, ce fleuve était un corridor de verdure à l'intérieur du pays. La bande de Capo pouvait le suivre, s'enfoncer dans la forêt, pénétrer de plus en plus loin à l'intérieur des terres...

Un cri perçant retentit dans la forêt. C'était un cri qui ne voulait dire qu'une seule chose : *Danger !* Capo cracha une pleine bouchée de fruits et redescendit de son kapokier.

Il n'avait pas encore atteint le lac qu'il savait déjà quel était le problème. Il le *sentait*. Et en regardant plus attentivement, il le vit : des peaux de fruits jonchaient le sol jusque sous son kapokier, et il y avait des choses qui ressemblaient à des nids dans les plus hauts arbres.

Les autres.

Ils avaient surgi en masse des arbres et des fourrés ; ils étaient très nombreux, incroyablement nombreux – cinquante, soixante, plus nombreux que la troupe de Capo ne l'avait jamais été. Les mâles s'approchèrent de l'eau en paradant furieusement, la fourrure hérissée, tapant sur des racines et des branches et se balançant dans les arbres.

Après tout ce qu'ils avaient subi pour arriver jusque-là, cette zone de forêt n'était pas vide... Capo avait le cœur lourd, lourd d'un sentiment d'échec. Mais sa bande contre-attaquait déjà.

Malgré leur fatigue, et leur poil trop humide pour se hérisser de façon convaincante, les mâles se bagarraient vaillamment. Deux des plus vieilles femelles avaient entamé une parade de tous les diables. Capo se jeta lui-même à la tête de ses troupes et entreprit immédiatement un exercice d'intimidation de l'adversaire, faisant appel à toute sa longue expérience pour créer un spectacle aussi impressionnant que possible.

Les deux armées se faisaient face, murs de singes prenant des postures et criaillant. Ils étaient de la même espèce, impossibles à distinguer les uns des autres. Ils arrivaient pourtant à sentir la différence qu'il y avait entre eux : d'un côté, la subtile et familière odeur de la famille, de l'autre, l'âcre puanteur des étrangers. Il y avait une vraie haine xénophobe dans cette démonstration, et leurs menaces n'étaient pas de pure forme. C'était le revers des liens sociaux de ces animaux intelligents : quand on faisait partie d'un groupe, alors tous les autres étaient des ennemis, cela pour la simple raison qu'ils n'étaient pas *soi*.

Capo était effrayé. Il se rendit compte rapidement que les autres n'avaient pas l'intention de battre en retraite. Au contraire, leurs manœuvres d'intimidation gagnaient en férocité, et leurs chefs – d'énormes mâles – marchaient vers eux avec détermination.

Capo savait ce qui allait se passer. Ce ne serait pas une guerre totale. Les plus forts, les mâles ainsi que les femelles les plus âgées, seraient éliminés les premiers ; les enfants procureraient probablement un peu de chair fraîche pour le ventre de ces étrangers. *Un par un*. Ce serait une tuerie lente, sanglante, mais elle se poursuivrait jusqu'au bout. Un massacre aussi systématique était une horreur nouvelle dans le monde. Une horreur que seuls ces singes, de tous les animaux de la Terre, étaient assez malins pour concevoir et mettre en pratique.

Ils ne pouvaient pas rester ici. Capo le savait. Ils pourraient peut-être repartir, reprendre leur marche à travers la plaine ; Capo pourrait peut-être les mener jusqu'à un endroit inoccupé, où ils seraient à l'abri.

Mais, comme venue du plus profond de ses entrailles, la vérité se fit jour. Dans ce monde de forêts en régression, les animaux qui avaient réussi à survivre avaient déjà envahi tous les îlots de forêt subsistants. C'est pourquoi les autres se battaient si implacablement pour les chasser de leur territoire. Ils étaient déjà *trop nombreux* pour cette parcelle qui allait en s'étrécissant, et ils n'avaient nulle part ailleurs où aller.

Il n'y avait plus aucun abri nulle part, mais également plus le choix : il fallait partir.

Après avoir beaucoup agité les branches et beaucoup tapé du pied, Capo entama la danse subtile indiquant qu'il voulait mener sa bande hors de cet endroit, à la lisière de la forêt, vers la savane. Une ou deux des femelles réagirent. Intimidées par ces étrangers si féroces et mesurant à quel point leur situation était désespérée, Feuille et quelques autres réunirent leurs enfants et se préparèrent à le suivre. Même Fronde, l'un des jeunes mâles qui l'avaient défié, se rangea à ses côtés, ne sachant que faire d'autre.

Doigt ne pouvait pas accepter ça.

Pour donner plus de poids à ses rodomontades, il faisait tout un raffut en tapant sur une racine avec une pierre-marteau. Puis, dans une envolée soudaine et terrifiante, tournant le dos à l'ennemi, il se jeta furieusement sur Capo. Il le frappa dans le dos, le plaqua par terre, lui martela la tête avec ses poings. Ensuite, il s'éloigna en roulant sur lui-même et se rua avec une vigueur égale sur le plus gros des autres mâles. Soudain, le bruit, déjà assourdissant, devint une véritable cacophonie, et l'air s'emplit d'une puanteur de sang et de merde.

Capo roula sur le dos et s'assit, le cou endolori. Les autres mâles s'écartèrent subtilement, tout en continuant à pousser des cris et des hurlements.

Doigt ne s'en sortait pas bien du tout. Il avait réussi à clouer l'un des gros mâles à terre, mais d'autres mâles s'étaient jetés dans la mêlée et avaient pris le dessus. Ils l'avaient arraché à son adversaire, lui empoignant les membres et la tête comme s'il avait été un petit singe auquel on aurait donné la chasse. Et déjà du sang coulait des profondes morsures dont sa peau était couverte. Ensuite, ils l'aplatirent sur le sol, et ses cris devinrent rapidement des gargouillis noyés de sang. Capo entendit un affreux bruit de déchirement de peau et de ligaments, suivi d'un craquement d'os.

L'attaque de Doigt ne resterait pas sans conséquence. Si quelqu'un avait dû attaquer l'ennemi, cela aurait dû être Capo. Et Capo savait qu'il avait déjà perdu. Il aurait de la chance s'il survivait à ce jour : si les autres ne le tuaient pas, alors ses anciens subalternes le feraient.

Capo, honteux et meurtri, reprit sa danse, essayant d'inciter sa bande à le suivre. Il n'y avait rien d'autre à faire.

L'heure était grave, et pourtant ils ne répondirent pas tous. Certains, crachant de peur et de défi, se dispersèrent dans la forêt à la rencontre de leur propre destinée. Il ne les reverrait jamais.

La jeune femelle, la Gueularde, regarda les siens, les yeux écarquillés de peur, puis s'avança droit vers l'ennemi. Leurs femelles lui taperaient dessus, bien sûr, mais peut-être que leurs mâles la trouveraient suffisamment attirante pour la laisser vivre, surtout si elle était assez maligne pour se faire engrosser au cours d'un de ces sauvages accouplements qu'elle savait devoir subir.

Puis Fronde répondit à la danse de Capo, et ceux qui étaient restés avec lui commencèrent enfin à bouger, regagnant la frange de la forêt.

Capo avait compris, bien sûr. C'était Fronde qu'ils suivaient, pas lui.

Ils repartirent donc vers la lisière de la forêt, sans être poursuivis, pas encore. Effrayés, incertains, ils ramassèrent au passage quelques feuilles et quelques bouts de fruits.

Capo était déprimé de se retrouver à son point de départ, où semblait l'attendre le corps du bébé gomphothère, étendu dans l'herbe. Il grimpa dans un arbre, se construisit un nid de fortune à l'écart des autres.

Maintenant que Doigt était mort, il se demandait qui serait son prochain rival.

Fronde ? Capo pourrait peut-être garder un peu de pouvoir s'il s'alliait avec l'un des autres mâles. Il ne serait bien sûr plus le chef des chefs, mais en tant qu'éminence grise son appui serait crucial, et il continuerait à jouir de bien des privilèges qui accompagnaient le pouvoir – notamment les privilèges de l'accouplement. Et qui sait, peut-être pourrait-il à partir de là se frayer à nouveau un chemin vers le sommet ? Son agile esprit alla même un peu plus loin, considérant toutes sortes de ruses et de renversements d'alliances...

Ses pensées se firent plus vagues. Il se sentait écrasé par ce voyage, la terrible déception qui les avait attendus à la fin. Rien ne semblait plus avoir d'importance ; même pas les jeux politiques compliqués qui lui avaient valu tant de succès dans le passé.

Les autres paraissaient avoir compris son humeur.

Ils l'évitaient, ne venaient pas l'épouiller, ne le regardaient même pas. Sa lamentable destitution avait été retardée par la mort de Doigt ; mais le processus avait été enclenché. Capo avait fini son temps, sa vie était presque terminée. Son prestige était anéanti.

C'est alors que Feuille vint le trouver. Elle grimpa dans son nid et l'épouilla gentiment, comme au temps de leur jeunesse, quand le monde était lumineux, riche et plein de possibilités.

Fronde se désintéressait complètement de Capo. Il avait bien d'autres choses en tête.

Il fit quelques pas sur les jointures et sortit dans la verdure baignée de soleil. Là, il se dressa une fois de plus sur ses pattes de derrière. Comme toujours, il n'était pas très à l'aise sur ses pieds. Mais l'élévation de sa tête lui fournissait un poste d'observation pour regarder le paysage et s'assurer qu'il n'y avait ni prédateur ni danger aux alentours.

Il se recroquevilla dans l'herbe et se fraya précautionneusement un chemin vers le gomphothère. Il dérangea des oiseaux charognards, qui s'éloignèrent à tire d'aile en poussant des cris indignés. Les charognards avaient bien fait leur travail : on aurait dit que la carcasse avait explosé. Ses membres, ses côtes et ses défenses en forme de pelle gisaient épars sur le sol, ses os cassés et rongés brillaient à la lumière du soleil, son crâne nettoyé de sa chair dardait vers lui le regard accusateur de ses orbites vides. Il fouilla les lambeaux de cuir ensanglantés mâchouillés par les hyènes, mais il ne restait pas grand-chose ; la machine à manger les morts de la savane avait consciencieusement fait disparaître la chair du proboscidien. Les hyènes avaient même dévoré ses os les plus tendres. Il trouva tout de même un fémur, gros et long, terminé par une sorte de bulbe massif. Il n'était pas cassé. Il le tapota, pour voir, contre un autre os. Et cela fit un drôle de bruit creux.

Il ramassa un galet d'une taille qui convenait parfaitement à son poing, le leva et l'abattit sur l'os. L'os se fendit, révélant un trésor de moelle délicieuse. C'était un mets inaccessible aux charognards, hors de portée de leurs dents et de leur bec – mais pas du jeune Fronde. Il leva l'os et en suça la moelle avec avidité.

Les *autres*, qui avaient chassé Capo et sa bande hors de la forêt, resteraient ici, cramponnés à ce qu'ils avaient. Ils finiraient un jour par donner naissance aux chimpanzés, qui seraient très peu différents de leurs lointains ancêtres. Ils survivraient, et même prospéreraient : alors que le désert avancerait et que les forêts se retireraient dans leurs dernières redoutes autour de l'équateur, les grands fleuves procureraient des corridors de verdure aux chimpanzés, leur permettant de migrer dans l'intérieur de l'Afrique.

Les descendants de la bande de Capo marchaient à présent vers un destin tout différent. Cette troupe disparate de singes, que la disparition de leur forêt avait fait échouer là, finirait par comprendre qu'il y avait un moyen de vivre là – *ici*. Mais renoncer à une écologie à laquelle ils s'étaient adaptés pendant des millions d'années n'était pas facile : tant que les singes ne pourraient pas marcher ni courir sur de longues distances, tant qu'ils ne pourraient pas transpirer et digérer la viande, beaucoup, beaucoup mourraient. Certains survivraient, seulement quelques-uns, et pourtant ça suffirait.

Fronde avait fini sa moelle, mais il y avait plein d'autres os à casser. Il se redressa de nouveau sur ses pattes de derrière, jeta un coup d'œil vers les siens, poussa un cri pour les appeler.

Puis il retourna vers la savane. C'était un bipède, il portait des outils, il mangeait de la viande, il était xénophobe, attaché à une hiérarchie, il se battait, entrait en compétition – autant de caractéristiques qu'il avait rapportées de la forêt –, et en même temps il était encore plein de ce que ses ancêtres avaient de meilleur : l'obstination de Purga, l'exubérance de Noth, le courage de Vagabonde, et même la clairvoyance de Capo. Riche des possibilités du futur, des reliques du passé, le jeune mâle, campé sur ses pattes arrière, contempla les plaines qui s'ouvraient devant lui.

DEUXIÈME PARTIE

L'être humain

Interlude

Alice et Joan se traînèrent avec la foule des passagers vers le terminal de l'aéroport. Elles n'étaient restées que quelques minutes dans l'air moite chargé de fumée, mais Joan, appuyée sur le bras d'Alice Sigurdardottir, avait l'impression de fondre.

La première chose qu'elles sentirent à la descente de l'avion fut un tremblement de terre – une sensation extraordinaire, l'impression de flotter comme dans un rêve, et qui avait passé presque aussitôt.

Évidemment, ce tremblement de terre avait été provoqué par le Rabaul.

Sous l'île de Papouasie-Nouvelle-Guinée, le magma, mille kilomètres cubes de roche en fusion, était en ébullition. Cette grande hémorragie était remontée par les failles de la fine croûte terrestre, vers l'immense et ancienne caldeira du Rabaul, à la vitesse de dix mètres par mois. C'était un rythme stupéfiant pour un événement géologique, un pied de nez aux énergies les plus puissantes. Ce surgissement avait fait sauter le bouchon de roche, mettant la terre à rude épreuve.

Le Rabaul avait déjà connu plusieurs éruptions cataclysmales. Deux avaient été identifiées par des savants humains, l'une mille cinq cents ans plus tôt, l'autre deux mille ans auparavant. Il s'en produirait sûrement d'autres.

Le troupeau de passagers traversa au pas de course l'air enfumé, direction le petit terminal de l'aéroport, apparemment indifférent au tremblement de terre. Bex Scott avait rejoint sa mère, Alison, et sa sœur – une fille aux yeux dorés et aux cheveux *verts*. Sous un ciel maculé par les incendies du lointain, et alors que la terre continuait de gronder sans que personne paraisse s'en soucier, les superbes enfants issus du génie génétique papotaient vivement avec leur élégante maman. Joan remarqua qu'elles avaient toujours leur petite oreillette argentée nichée dans l'oreille. Elles devaient avoir l'impression de marcher dans un brouillard luminescent.

Joan se rappela, non sans honte, l'assurance avec laquelle elle avait promis à Bex qu'elle n'aurait pas la malchance de voir le Rabaul entrer en éruption à leur arrivée. Mais ici, sur cette terre frémissante, cette affirmation semblait démentielle. Enfin, elle pouvait encore avoir raison... la montagne pouvait se rendormir. D'une manière ou d'une autre, la plupart des gens n'y pensaient même pas. C'était un monde surpeuplé, avec plein de problèmes à régler, beaucoup plus pressants qu'un volcan en train de gronder.

La marche jusqu'à l'aérogare semblait interminable. Malgré tous ces logos multicolores recouvrant la moindre surface disponible, la zone aéroportuaire était un endroit sinistre. Le frémissement intermittent du sol était une perturbation des premiers âges, et les puissants gémissements des réacteurs ressemblaient à des grognements d'animaux frustrés.

C'est alors que Joan entendit de sourdes détonations dans le lointain, comme si on avait jeté des bûches humides sur un feu.

— Et merde ! On nous tire dessus ?

— Il y a des manifestants aux portes de l'aéroport, expliqua Alice Sigurdardottir. Je les ai aperçus à l'atterrissage. Une sacrée bande même, complètement dépenaillée. On dirait tout un bidonville.

— Tout ça en notre honneur ?

Alice eut un bon sourire.

— Tu n'espérais pas monter une conférence sur la globalisation digne de ce nom sans que des manifestants viennent gueuler sous des pancartes ? Allez, c'est la coutume ; ils foutent la merde dans ces conférences depuis toujours. Tu devrais te sentir flattée. Tu es prise au sérieux, comme nos anciens...

— Alors, il va vraiment falloir qu'on fasse un effort pour les convaincre qu'on a quelque chose de nouveau à offrir, dit Joan avec un rictus. J'ai l'impression que tu n'aimes pas beaucoup Alison Scott...

— Toute la vie et l'œuvre de Scott ne sont que du cinéma. Même ses gamines ont été cooptées – non, *créées*, pour faire partie du spectacle. Non mais, regarde-les !

Joan haussa les épaules.

— Tu ne peux pas lui en vouloir d'avoir enrichi génétiquement ses enfants. Je ne crois pas que je voudrais de ça pour Junior, ici présent, fit-elle en posant la main sur son gros ventre, mais les gens ont toujours voulu donner à leurs enfants les meilleures chances. La meilleure école. La meilleure lance à pointe de silex, la meilleure branche dans le figuier...

Elle réussit à arracher un sourire à Alice.

— Certains de ces enrichissements seraient positifs, si *tout le monde* pouvait se les offrir, poursuivit-elle. Les capacités de réparation de notre organisme ne sont pas figées. Il n'y a rien d'impossible, physiologiquement. Pourquoi ne pourrions-nous pas faire repousser nos membres amputés, comme les étoiles de mer ? Pourquoi ne pourrions-nous pas avoir plusieurs rangées de dents ? Pourquoi seulement deux ? Pourquoi ne pourrions-nous pas remplacer nos articulations usées ou rongées par l'arthrite ?

— Mais tu vois bien que c'est pas là-dedans qu'Alison Scott a placé son argent ! Regarde ses gamines, leurs cheveux, leurs dents, leur peau... Et encore, on ne voit pas l'intérieur... À quoi bon dépenser de l'argent si on ne peut pas l'afficher ? L'argent actuellement investi dans les enrichissements génétiques l'est à *quatre-vingt-dix pour cent* dans ce qui se voit, pas dans ce qui ne se voit pas. Les pauvres gamines de Scott ne sont que des panneaux publicitaires ambulants vantant sa fortune et sa puissance. Ce n'est pas pour rien que dans « enrichissement » il y a « riche ». Je n'ai jamais rien vu d'aussi décadent.

Joan prit Alice par la taille.

— Possible. Mais nous devons accueillir toutes les tendances. Nous avons besoin du soutien de Scott, exactement comme nous avons besoin du tien... Tu sais, j'ai vraiment l'impression d'avoir un boulet dans le ventre, fit-elle à bout de souffle.

Alice fit une grimace.

— Tu m'étonnes ! J'en ai eu trois. Mais je suis retournée en Islande pour les mettre au monde. Ça tombe vraiment mal...

— Un accident, répondit Joan avec un sourire. La conférence était prévue depuis deux ans. Quant au bébé...

— La nature n'en fait qu'à sa tête, comme toujours. Et elle se fiche pas mal de nos petits problèmes. Le père ?

Un paléontologue, lui aussi. Il avait été pris au milieu d'une de ces innombrables échauffourées complètement absurdes qui ravageaient ce qui restait du Kenya... Il avait essayé de protéger des strates de fossiles d'hominidés contre les pillards ; un seigneur de la guerre croyait qu'il gardait de l'argent, des diamants, ou des doses de vaccin contre le sida. Cette mésaventure et la grossesse dont il lui avait fait cadeau avaient encore accru la détermination de Joan à faire de la conférence un succès.

Mais elle n'avait pas envie d'en parler pour le moment.

— C'est une longue histoire, dit-elle.

Alice parut comprendre.

Tout le monde entra enfin dans le terminal. La fraîcheur de l'air conditionné tomba sur les épaules de Joan comme une douche glacée. En même temps, elle éprouva une pointe de culpabilité à l'idée des kilowatts de chaleur déversés dans l'air enfumé, un peu plus loin. Une représentante de Qantas, une aborigène, les orienta vers un salon de réception.

— Il y a eu quelques problèmes, dit-elle aux passagers qui ne cessaient d'arriver. Mais il n'y a aucun danger. Il y aura une annonce, bientôt...

Alice et Joan mirent le cap vers un banc métallique. Puis Alice alla chercher des sodas.

Le petit salon était entouré de murs intelligents, où se lisaient des informations sur les départs, les arrivées, comment téléphoner à l'étranger, des journaux télévisés, des émissions de variété. Les passagers ne tenaient pas en place. La plupart étaient des invités de la conférence, que Joan reconnut facilement. Elle avait vu leurs visages sur les programmes ou sur Internet. Apparemment, ils souffraient du décalage horaire et semblaient perdus, excités, épuisés, ou tout cela à la fois.

Un petit homme à la bedaine rebondie, portant ce

qu'on aurait pu appeler autrefois une chemise hawaïenne, s'approcha timidement de Joan. Chauve, transpirant à grosses gouttes, affichant un sourire imperturbable, il arborait un badge à la boutonnière, où défilaient, sur fond de ciel orange, des images de Mars et du petit robot de la NASA. Joan, quand elle était gamine, l'aurait certainement taxé d'*intello binoclard*. Mais il n'avait pas plus de trente-cinq ans. Un *intello binoclard* de la seconde génération, donc. Il lui tendit la main.

— Madame Useb ? Je m'appelle Ian Maughan, du JPL... Euh...

— Le Jet Propulsion Laboratory. La NASA. Je connais votre nom, bien sûr.

Joan se redressa tant bien que mal et lui serra la main.

— Je suis ravie que vous ayez accepté de venir. Particulièrement en ce moment, votre mission...

— Tout se passe bien, grâce au vieux pépère à barbe blanche qui veille sur nous, tout là-haut, dans le ciel. Ce sont des images en direct, dit-il en tapotant son badge. Enfin, en léger différé, il faut le temps que les images arrivent, bien sûr... Johnny a déjà fini de construire son usine à carburant, et commence à extraire le métal de la planète...

— Du fer, à partir des roches rouges de Mars.

— Exactement.

« Johnny » avait été baptisé ainsi en l'honneur de John von Neumann, le savant américain du vingtième siècle à qui on devait le concept des réplicateurs universels, ces machines capables, pourvu qu'elles aient les matières premières nécessaires, de fabriquer n'importe quoi, notamment des copies d'elles-mêmes. « Johnny » était une expérience technologique, un prototype de réplicant, dont le but ultime était de fabriquer une copie de lui-même à partir des matériaux trouvés sur la planète.

— Il a un succès fou auprès du public, dit Maughan. Les gens adorent le voir à la télé. Je crois que c'est à cause de la grandeur de sa tâche. C'est fantastique de le voir fabriquer toutes ces pièces, les unes après les autres.

— De la téléréalité, en direct de Mars.

— Ouais, quelque chose de ce genre. Je dois vous avouer qu'on n'a pas vraiment pensé à l'audience en bossant. Même après soixante-dix ans, la NASA ne s'est pas encore vraiment mise aux relations publiques. Enfin, ça fait toujours plaisir.

— Quand pensez-vous que Johnny aura, hum, accouché ? Avant que je ne tente moi-même de m'autorépliquer ?

Maughan eut un petit rire forcé. À la grande surprise de Joan, il semblait embarrassé de l'entendre évoquer sa propre biologie humaine.

— Eh bien, c'est possible. Mais il progresse à son propre rythme. C'est ça, la beauté du projet. Johnny est autonome. Maintenant qu'il est tout là-haut, il n'a plus besoin de quoi que ce soit... qui vienne de la Terre, en tout cas. Dans la mesure où ses fils et lui ne nous coûteront pas un centime, c'est vraiment ce qu'on peut appeler un projet à petit budget.

Des fils ? releva Joan.

— Mais Johnny est plus glamour d'un point de vue technologique que scientifique, dit Alice Sigurdardottir.

Elle était revenue avec deux sodas.

— N'est-ce pas ?

Maughan eut un sourire complice. Joan se rendit compte avec un peu de retard qu'en dépit de son apparence il devait être l'un des membres du JPL les plus au fait des problèmes de relations publiques ; sans quoi, il n'aurait même pas été là.

— Je ne peux dire le contraire, ajouta-t-il. Mais c'est notre façon de faire. À la NASA, l'engineering et la science ont toujours dû avancer la main dans la main. Cela dit, fit-il en se tournant vers Joan, je suis flatté que vous m'ayez invité, bien que je ne sache pas encore très bien pourquoi. Je n'ai que de vagues lueurs en biologie. Je suis surtout un informaticien. Et Johnny n'est qu'une sonde spatiale parmi tant d'autres ; un paquet de silicone et d'aluminium.

— Ce n'est pas du tout une conférence sur la biologie, dit Joan. Je voulais faire venir ici les meilleurs et les plus brillants esprits de tous les domaines, pour qu'ils se rencontrent. Il faut que nous apprenions à penser d'une nouvelle façon.

Alice secoua la tête.

— Malgré mon scepticisme au sujet de tout ce projet, je pense que vous vous sous-estimez, docteur Maughan. Réfléchissez. Vous arrivez en ce bas monde tout nu, vous prenez ce que la Terre vous donne – les métaux, le pétrole –, vous le façonnez, vous en faites quelque chose d'intelligent, et vous le lancez dans l'espace vers *un autre monde*. L'image de la NASA a toujours été désastreuse. Mais ce que vous faites, en réalité, est tellement... romantique.

Maughan cacha sa gêne derrière une platitude :

— Diable, m'dame, va falloir que je vous invite à mon prochain entretien annuel...

Le salon continuait à se remplir de passagers.

— Quelqu'un sait ce qui se passe ? demanda Joan.

— C'est les manifestants, répondit Ian Maughan. Ils balancent des cailloux sur l'aéroport, sur les pistes. La police tente de les repousser, mais c'est le bordel. Ils nous ont laissés atterrir, mais il serait imprudent d'essayer de récupérer nos bagages tout de suite, ou de quitter l'aéroport.

— Génial ! fit Joan. Alors on va être assiégés pendant toute la conférence ?

— Qui sont ces manifestants ? s'enquit Alice.

— Principalement des quart-mondistes.

Il s'agissait d'un paravent, le résultat d'une scission d'une secte chrétienne qui prétendait représenter les intérêts de toutes les populations défavorisées de la Terre : l'autoproclamé Quart-Monde, des gens encore moins bien représentés que les nations et les groupes humains du tiers-monde, les plus pauvres, les plus exclus, qui se trouvaient en dessous du balayage radar des riches nations du Nord et de l'Ouest.

— Ils croient que Pickersgill lui-même est en Australie.

Joan éprouva un vague malaise. Gregory Pickersgill était le leader charismatique, né en Angleterre, du dogme central ; les pires problèmes – très souvent mortels – le suivaient partout. Elle décida de ne pas s'inquiéter outre mesure :

— Laissons cela à la police. Nous avons une conférence à organiser.

— Et une planète à sauver, dit Ian Maughan en souriant.

— C'est fichtrement vrai.

Dans un coin de l'aérogare, une grande boîte blanche poussée sur des roulettes arriva dans un véritable raffut. On aurait dit un immense réfrigérateur. Il y eut des flashs, et des caméras se braquèrent sur le visage d'Alison Scott.

— Une valise qui ne pouvait évidemment pas attendre, murmura Alice.

— Je crois que c'est une marchandise vivante, dit Maughan. Je les ai entendus en parler.

La petite Bex Scott courut vers Joan. Celle-ci remarqua que Ian Maughan était fasciné par ses cheveux bleus et ses yeux rouges ; peut-être que les gens étaient un peu retardés, à Pasadena.

— Oh, docteur Useb, fit Bex en prenant la main de Joan. Je voudrais que vous voyiez ce que ma mère a apporté. Vous aussi, docteur Sigurdardottir, venez, je vous en prie. Heu, vous avez été gentilles avec moi, dans l'avion. J'avais vraiment peur, avec toute cette fumée et ces trous d'air.

— Tu n'étais pas vraiment en danger.

— Je sais, mais j'avais peur quand même. Vous l'avez vu, et vous avez été gentilles. Venez, je voudrais vraiment que vous voyiez ça.

C'est ainsi que Joan se laissa entraîner à l'autre bout du salon, Alice et Maughan en remorque.

Alison Scott parlait devant les caméras. C'était une grande femme imposante.

— ... m'intéresse à l'évolution du développement. L'Evo-Devo, pour parler comme les journaux. Le but est de comprendre comment faire repousser, disons, un doigt coupé. Ça consiste à étudier les gènes ancestraux. Croisez un oiseau et un crocodile, et vous aurez un aperçu du génome de leur ancêtre commun : un reptile prédinosaurien, qui rôdait sur Terre il y a deux cent cinquante millions d'années. Avant même la fin du vingtième siècle, un groupe d'expérimentateurs a réussi à « déclencher » la croissance de dents chez les poules. Les anciens circuits sont toujours là, mais ils servent à autre chose ; il suffit d'aller chercher les bons interrupteurs moléculaires...

Joan haussa les sourcils.

— Dieux du ciel ! Tu le crois, ça ? Comme si c'était *sa* conférence !

— Son boulot, c'est le show-business, répondit Alice d'un ton réprobateur. Ni plus, ni moins.

Exagérant une courbette, Alison Scott tapota la boîte à côté d'elle. Une paroi devint transparente. La foule retint son souffle – puis il y eut des cris étouffés.

— S'il vous plaît, n'oubliez pas que ce que vous allez voir est une reconstruction génétique, rien de plus, reprit Scott. Des détails comme la couleur de la peau et le comportement ont dû être presque entièrement réinventés...

— Doux Jésus, fit Alice.

La créature dans la boîte ressemblait à s'y méprendre à une femelle chimpanzé d'un mètre de haut, aux seins et aux parties génitales proéminents. Mais Joan vit aussitôt, au dessin particulier de ses hanches, que c'était une bipède. Cela dit, ça lui faisait une belle jambe : pour le moment, elle était recroquevillée dans un coin, ses longues pattes relevées sur sa poitrine.

— Je vous l'avais dit, docteur Useb, fit Bex. Vous n'avez pas besoin d'aller gratter les os dans la terre. Maintenant, vous pouvez *rencontrer* vos ancêtres.

Oui, se dit Joan, fascinée malgré elle. Rencontrer mes ancêtres, toutes ces grand-mères velues. Voilà ce qu'était en réalité le travail de ma vie entière. Alison Scott comprend évidemment cette pulsion, mais cette pauvre chimère avait-elle jamais été réelle ? D'ailleurs, à quoi ces ancêtres pouvaient-ils bien ressembler, *en fait* ?

Bex prit impulsivement Alice par la main.

— Vous voyez ? demanda-t-elle, ses yeux écarlates brillant d'excitation. Je vous avais bien dit qu'il ne fallait pas vous en faire pour la disparition des bonobos !

— Mais enfin, ma petite fille, soupira Alice, si nous n'avons pas réussi à garder une place aux chimpanzés, où trouverons-nous de la place pour *elle* ?

L'ersatz d'australopithèque terrifié montra les dents en un sourire paniqué.

9

Les marcheurs

▼ Centre du Kenya, Afrique de l'Est, 1,5 million d'années avant notre ère

I

Plus que tout au monde, elle adorait courir. Son corps était fait pour ça.

Quand elle courait à toute allure, elle couvrait cent mètres en six ou sept secondes, et en ménageant ses forces elle pouvait couvrir un mile en trois minutes. Elle pouvait *courir*. Alors, son souffle lui brûlait les poumons, et les muscles de ses longues jambes et de ses bras pompant l'air comme des pistons brillaient sous une fine pellicule de sueur. Elle aimait sentir le picotement de la poussière qui collait à sa peau nue, luisante de transpiration, et respirer l'odeur électrique, calcinée, de la terre chaude et craquelée.

C'était la fin de la saison sèche. La chaleur brutale de la mi-journée pesait lourdement sur la savane, et le soleil à la verticale au-dessus de sa tête imprimait à la scène une étincelante symétrie. Entre les collines volcaniques aux formes d'édredon, l'herbe était maigre et jaune, écrasée par les immenses troupeaux d'herbivores. Les sentiers qu'ils avaient formés, là où elle courait, étaient comme des routes reliant pâturages et cours d'eau. À cette époque, le paysage était façonné par les grands mangeurs d'herbe ; aucune des nombreuses espèces de gens qui peuplaient le monde ne les avait encore dépossédés de ce rôle.

Dans la chaleur de midi, les mangeurs d'herbe étaient regroupés à l'ombre, ou simplement couchés dans la poussière. Elle avait repéré des troupeaux immobiles de pachydermes, de nombreuses espèces pareilles à des nuages gris dans le lointain. Des autruches dégingandées picoraient, d'un air désabusé, le sol du haut de leurs grandes pattes. Des prédateurs profilés dormaient paresseusement avec leurs jeunes. Même les oiseaux charognards qui décrivaient des cercles au-dessus de leur tête, et les prédateurs furtifs, se reposaient de leurs travaux quotidiens. Rien ne bougeait, sinon la poussière qu'elle soulevait à chaque pas, et sa propre ombre mouvante, réduite à une tache sombre.

Tout à son corps, à son monde, elle courait sans calcul ni réflexion, avec une aisance et une liberté qu'aucun primate n'avait connues avant elle.

Elle ne pensait pas comme un être humain. Elle n'avait conscience de rien, que de son souffle, de l'agréable douleur dans ses muscles, dans son ventre, et de la terre qui semblait voler sous ses jambes. Quand on la voyait courir ainsi, toute nue, elle avait l'air humaine.

Elle était grande – plus d'un mètre cinquante –, son espèce était plus grande que toutes celles qui l'avaient précédée. Elle était svelte, efflanquée, et ne pesait pas plus de quarante-cinq kilos ; ses membres étaient minces, ses muscles noueux, son ventre et son dos étaient plats. Elle n'avait que neuf ans, et c'était presque une adulte. Déjà, ses hanches s'élargissaient et ses petits seins drus commençaient à s'arrondir. Elle n'avait pas encore fini de grandir. Elle conserverait ses proportions élégantes, mais elle pouvait espérer atteindre les deux mètres. Sa peau, humide de sueur, était nue, en dehors du chaume noir qui lui couvrait la tête et des buissons de poils noirs qui ornaient son entrejambe et ses aisselles. En fait, elle était aussi poilue que tous les autres singes, mais ses poils étaient pâles et fins. Elle avait un joli visage rond, et son petit nez, rond, charnu et saillant comme celui d'un être humain, n'était pas du tout aplati comme celui d'un singe.

Peut-être son torse était-il un peu haut, légèrement conique ; peut-être les proportions de ses longs membres auraient-elles paru inhabituelles. Mais, pour un être humain, son corps était dans les limites de l'épure. Elle aurait pu ressembler à une habitante du désert, comme les Dinkas du Soudan, ou les Turkanas ou les Massaïs qui arpenteraient un jour la contrée qu'elle traversait à présent. Elle avait l'air humaine. Sa tête, toutefois, était différente. Ses yeux étaient surmontés par une arcade sourcilière proéminente que prolongeait un front bas. De là, l'os courait presque à plat jusqu'à l'arrière du crâne. La forme de sa tête disparaissait sous une épaisse masse de cheveux, mais il était impossible de se méprendre sur la petitesse de son crâne.

Elle avait un corps humain, un crâne de singe, des yeux clairs, vifs et curieux. À neuf ans, son corps était plein de joie de vivre, et elle savourait pendant ce bref moment de lumière et de liberté tout le bonheur qu'il lui était possible de ressentir. Un observateur humain l'aurait trouvée belle.

Son peuple, les hominidés, plus proche des hommes

que les chimpanzés ou les gorilles, était lié à l'espèce qui porterait plus tard le nom d'*Homo ergaster*, puis d'*Homo erectus*. Mais, d'un bout à l'autre du Vieux Monde, il y avait beaucoup, beaucoup de variantes, beaucoup de sous-espèces basées sur ce même schéma corporel. C'était une espèce diversifiée, conquérante, et il n'y aurait jamais suffisamment d'ossements et de fragments de crânes pour en raconter toute l'histoire.

Quelque chose fila sous ses pieds. Elle fit un bond, surprise, et retint son souffle. C'était un agouti, un rongeur ; dérangé dans sa lente quête de nourriture, il s'éloigna, indigné.

C'est alors qu'elle entendit un cri.

— Loin ! Loin !

Elle regarda derrière elle. Son peuple, vague tache floue perdue dans le lointain, s'était massé sur la surrection rocheuse où il avait l'intention de passer la nuit. L'un des siens, sa mère ou sa grand-mère, était monté sur la roche et l'appelait, les mains en porte-voix :

— Loin !

Un cri qu'aucun singe n'aurait pu pousser, pas même Capo. Un mot.

Le soleil avait commencé à redescendre, et déjà l'ombre à ses pieds s'allongeait. Bientôt, les animaux sortiraient de leur torpeur ; elle ne serait plus en sécurité, protégée par la somnolence du milieu de la journée.

Toute seule, loin des siens, elle éprouva un délicieux frisson de crainte. Tous les jours, dès que l'occasion s'en présentait, elle courait. Loin. Trop loin. Et tous les jours il fallait la rappeler. Elle n'avait pas de nom. Aucun hominidé ne s'était encore donné de nom, mais si elle en avait eu un, elle se serait appelée « Loin ».

Elle revint en courant vers le rocher, d'une foulée régulière qui mangeait la poussière.

Son groupe comptait vingt-quatre personnes.

La plupart des adultes étaient dispersés dans le paysage près de la falaise de grès. Ils se déplaçaient comme de minces ombres sur le sol poussiéreux, cherchant en silence des noix et du petit gibier, avec une habilité toute professionnelle. Les mères avaient emmené avec elles leurs plus jeunes enfants, qui étaient cramponnés sur leur dos ou tournaient autour de leurs jambes.

La mère de Loin s'affairait dans un petit bosquet d'acacias qui avait été presque complètement ravagé par le passage d'un troupeau de deinothères. Ces antiques créatures pachydermiques avaient utilisé leurs défenses et leur petit trognon de trompe pour déraciner et casser les arbres, remuer la terre et déterrer les racines. Les gens n'étaient pas seuls à chercher à manger à cet endroit : les phacochères et les cochons sauvages grognaient et piaulaient en enfonçant leur vilain museau dans la terre retournée. Loin voyait des blattes géantes fourrager entre les tas de crottins frais des deinothères, et des tamanoirs et des blaireaux vadrouiller à la recherche de larves.

C'était un bon endroit pour trouver à manger. Une excellente stratégie pour se nourrir, dans les endroits que l'on ne connaissait pas, consistait à chercher les restes des autres animaux, notamment des espèces les plus destructrices, comme les éléphants et les cochons. Dans le bouquet d'arbres saccagés, la mère de Loin trouverait des choses qui sans ces animaux seraient restées cachées ou inaccessibles. Les troncs brisés fournissaient même des leviers, des barres à mine et des bâtons à fouir, idéaux pour soulever les racines du sol, des branches cassées qu'il suffisait d'agiter dans les arbres pour en faire tomber les fruits, et des feuilles de palmier servant à sucer la moelle.

La mère de Loin était une femme posée, élégante, grande même pour son espèce ; elle aurait pu s'appeler Calme. Elle se déplaçait avec ses deux enfants, un petit bébé endormi, blotti contre l'une de ses épaules, et un garçonnet. Ce dernier avait à peu près la moitié de l'âge de Loin, mais il était déjà presque aussi grand qu'elle. C'était un maigrichon, que Loin avait inconsciemment baptisé le Morveux : très agaçant, malin, réussissant un peu trop bien à s'attirer l'attention et les faveurs de sa mère et de sa grand-mère.

La mère de Calme, la grand-mère de Loin, se trouvait juste à côté. La quarantaine à peu près, la grand-mère manquait bien trop de souplesse pour pouvoir aider à chercher de la nourriture. Mais elle rendait service à sa fille en gardant un œil sur les plus petits. Un homme n'aurait absolument pas été surpris de voir des vieux dans ce groupe ; tout cela paraissait on ne peut plus naturel. Mais aucun autre type de primates avant eux n'avait suffisamment vécu pour connaître la vieillesse – très peu avaient même survécu à leurs années de fertilité. Pourquoi leur corps devrait-il continuer à les garder en vie alors qu'ils n'étaient plus capables d'alimenter le fleuve des gènes ? Désormais, c'était différent ; dans le peuple de Loin, les vieux avaient un rôle à jouer.

À bout de souffle, couverte de poussière, Loin escalada la roche. Ce n'était qu'une éminence d'une centaine de mètres à la base, sur laquelle il n'y avait rien que des touffes d'herbes sèches, des lézards et quelques insectes. Mais pour le peuple, c'était une maison temporaire, un îlot de sécurité relative dans cette savane à ciel ouvert, cette mer de dangers. Sur la surrection elle-même, quelques hommes réparaient des lances de bois. Ils travaillaient distraitement, les yeux dans le vague, comme si leurs mains s'affairaient toutes seules. Certains des plus grands enfants jouaient, mimant les travaux des adultes qu'ils seraient plus tard. Ils se bagarraient, se couraient après, singeant la démarche des uns et des autres. Deux gamins de six ans étaient engagés dans des préliminaires maladroits, sondant du bout du doigt nichons et bas-ventre.

Loin n'était plus une enfant et pas encore une adulte, et dans ce petit groupe il n'y avait personne de son âge. Alors, elle restait à l'écart des autres.

Elle grimpa au sommet de la masse de grès érodée, trouva un bout de mâchoire d'antilope, abandonné là par un charognard, complètement nettoyé par des gueules avides et le patient travail des insectes. Elle brisa l'os en le cognant sur la pierre et employa cette lame acérée pour gratter la sueur et la crasse de ses jambes et de son ventre.

De cette hauteur, le paysage offrait un panorama complexe. C'était une immense vallée. Un gigantesque tourment géologique se déployait dans une succession de dômes, de coulées de lave, de parois escarpées et de cratères. À l'est – et derrière l'horizon, à l'ouest –, le sol avait été soulevé, formant un plateau de trois cents mètres, couvert de terres volcaniques fertiles. Le grand plateau était interrompu par une paroi abrupte, plongeant vers la vallée.

C'était la vallée du Rift : une fracture entre deux plaques tectoniques en train de se séparer. Elle courait sur trois mille kilomètres, de la mer Rouge et l'Ethiopie, au nord, jusqu'au Mozambique, au sud, en passant par le Kenya, l'Ouganda, la Tanzanie et le Malawi. Vingt millions d'années d'activité géologique avaient créé, le long de cette grande blessure, des volcans, des hauts plateaux et des vallées effondrées, qui canalisaient les eaux vers certains des plus grands lacs du continent. La terre elle-même avait été remodelée alors que les couches de cendre volcanique se superposaient, entrelardées de strates de schiste et d'argile. Sur les pentes volcaniques poussaient des forêts tropicales, et une mosaïque complexe faite de forêts, de savanes et de broussailles couvrait le fond des vallées. C'était un endroit bigarré, luxuriant, foisonnant.

Et tout plein d'animaux.

Tandis que le soleil continuait à descendre, les créatures de la savane vaquaient à leurs occupations préférées : les hippopotames se prélassaient dans les marécages, des troupeaux de majestueuses créatures éléphantesques se répandaient sereinement dans les prairies. Il y avait en fait de nombreuses espèces d'éléphants, qui différaient subtilement par la forme de leur dos, de leur crâne ou de leur trompe. Ils voguaient comme des vaisseaux crépusculaires sur la mer de poussière qu'ils soulevaient, en s'appelant à coups de barrissements stridents. À côté de ces gros herbivores, il y avait beaucoup d'autres espèces qui dépendaient directement de l'herbe : des lièvres, des porcs-épics, des agoutis, des cochons sauvages. Les prédateurs qui se nourrissaient de ces herbivores – et qui étaient à leur tour la proie d'animaux plus dangereux – comprenaient des chacals, des hyènes et des mangoustes.

Ces animaux auraient paru étrangement familiers à un observateur humain, parce qu'ils étaient déjà bien adaptés à la vie de la savane. Mais la richesse et la variété de la vie locale auraient stupéfié un observateur habitué à l'Afrique contemporaine. C'était la région la plus riche de la Terre par le nombre, la diversité et l'abondance des espèces de mammifères.

C'était d'ailleurs l'une des périodes les plus prolifiques de l'Afrique. Dans cet endroit surpeuplé, hostile, les créatures des plaines, tels les éléphants et les antilopes, vivaient près des habitants des forêts, comme les cochons et les chauves-souris. Le Rift présentait un paysage de roches étendu qui offrait des possibilités d'adaptation à de nombreuses espèces d'animaux telles que les éléphants, les cochons, les antilopes – et les hommes. C'était, en vérité, le creuset d'où avait émergé l'espèce de Loin.

Mais elle n'y était pas restée.

Après l'époque de Capo, affranchie des derniers liens ancestraux qui la retenaient dans la forêt, l'espèce de Loin était devenue nomade. Elle s'était aventurée hors d'Afrique : les premiers hominidés avaient déjà arpenté toute la côte sud du continent asiatique. Mais les grand-mères de Loin avaient, sans le savoir, effectué un grand circuit au nord, à l'est et au sud, qui les avait ramenées ici, après bien des générations, à l'endroit même d'où leur espèce était originaire.

Assise sur son rocher, Loin observait le paysage d'un œil froidement calculateur. Dans son errance, le peuple suivait principalement les cours d'eau. Il était venu du Nord jusqu'ici, et Loin voyait le cours du fleuve qu'ils avaient suivi : un serpent d'argent qui zébrait l'herbe et les broussailles. Le long de la rive, le sol était boueux, gorgé d'eau et riche en nutriments. Un vigoureux mélange d'arbres, d'herbes et de fourrés poussait là, ponctué par les spectaculaires piliers des termitières. À l'est, le sol s'asséchait en montant et devenait presque aride, tandis qu'à l'ouest la forêt s'épaississait, formant une ceinture infranchissable. Mais, quand elle regardait au sud, elle discernait des possibilités pour demain : un corridor de savane, avec le saupoudrage habituel d'herbes, de fourrés et de bois que son peuple aimait tant.

Loin était encore jeune, elle avait encore beaucoup à apprendre sur le monde et sur la meilleure façon de l'utiliser. Mais elle avait une compréhension profonde, systématique, de son environnement. Elle était déjà capable de se faire une idée d'un paysage inconnu, tel que celui-ci, de localiser les sources de nourriture, d'eau et de danger, et même de repérer les routes de migrations.

C'était une compétence nécessaire. Voués à la vie dans les grands espaces, Loin et les siens avaient été poussés par la sélection naturelle à développer de nouvelles sortes de rapports à la nature. Ils avaient été obligés de comprendre les habitudes du gibier, la répartition géographique des plantes, les changements de saison, la signification des traces – afin de résoudre les énigmes innombrables de la savane, impitoyable et complexe. Son lointain ancêtre Capo, qui avait vécu et qui était mort à des milliers de kilomètres au nord-ouest, avait dû apprendre par cœur les caractéristiques de ce généreux monde de forêt : incapable de déchiffrer les signes du sol, d'imaginer de nouveaux schémas, il avait été constamment déconcerté par ce qui ne lui était pas familier.

Maintenant, les adultes et leurs petits revenaient vers le rocher, chargés de nourriture. Ils étaient nus et ne portaient que ce qu'ils pouvaient tenir à la main ou dans leurs bras. La plupart avaient encore la bouche pleine et mastiquaient quelque chose. Les gens mangeaient le plus vite possible, ne s'occupant que d'eux-mêmes et des membres les plus proches de leur famille, n'hésitant pas à chaparder quand ils pensaient pouvoir le faire impunément. Ils mangeaient dans un silence ponctué de rots, de pets, de grognements de plaisir ou de dégoût quand ils tombaient sur un morceau de nourriture pourri – et parfois d'un mot : « Moi ! », « Noix », « Casser », « Mal, mal, mal »...

Des mots simples : des noms, des verbes, des possessifs, et des défis... En réalité, des phrases d'un mot, sans structure ni grammaire. Mais c'était malgré tout un langage. Des étiquettes qui se référaient à des choses précises – un système très avancé par rapport aux bredouillis de l'époque de Capo, ou de n'importe quel autre animal.

C'est alors que s'approcha le frère de Loin, le Morveux. Il portait le corps flasque d'un petit animal, peut-être un lièvre. Sa mère, Calme, avait les bras pleins de racines, de fruits et de cœurs de palmier.

Soudain, Loin eut faim. Elle se précipita vers sa mère en couinant, les mains tendues et la bouche ouverte.

Calme lui siffla dessus, écartant théâtralement de sa fille sa brassée de victuailles.

— Moi ! Moi !

C'était une rebuffade, et elle était accompagnée des regards noirs de sa grand-mère. Loin commençait à être trop grande pour qu'on la nourrisse comme un bébé. Elle aurait dû aller aider sa mère au lieu de gâcher son énergie à courir sans but, dans la nature. D'ailleurs, son frère, le Morveux, qui avait travaillé dur, revenait avec sa propre pitance... Et tout ça tenait en un seul mot.

La vie n'était pas comme du temps de Capo. À cette époque, les adultes s'efforçaient d'éduquer leurs jeunes. Le monde était devenu trop compliqué pour que les enfants aient le temps de réinventer à partir de zéro toute la technologie et les techniques de survie ; il fallait leur apprendre à survivre. Et l'un des rôles des anciens, comme la grand-mère de Loin, était de leur insuffler cette sagesse.

Loin tendit à nouveau les mains, poussant de piteux miaulements. *Juste une fois, juste pour aujourd'hui. Je t'aiderai demain*.

— Grrr !

Calme, comme Loin s'y attendait, lâcha la nourriture sur la roche. Elle avait ramassé des noix, du millet, du niébé et des tubercules de haricots. Elle tendit à Loin un gros tubercule, que Loin mordit aussitôt à pleines dents.

Le Morveux était assis tout près de sa mère. Il était encore trop jeune pour s'asseoir avec les hommes, chacun farfouillant dans son propre tas de nourriture. Le morveux avait écartelé son lièvre avec les mains, en lui tordant les pattes et la tête, et lui ouvrait la poitrine avec un caillou. Il effectuait cette parodie de boucherie à petits gestes tendus, tremblants.

Personne dans sa famille ne le savait, mais il était déjà gravement malade. Il souffrait d'hypervitaminose. Quelques jours plus tôt, l'un des hommes lui avait donné un morceau de foie d'hyène, tuée lors d'un bref combat pour les restes d'une antilope. Comme celui de la plupart des prédateurs carnivores, le foie était gorgé de vitamine A, et le garçon présenterait bientôt les symptômes de ce subtil empoisonnement.

D'ici un mois, il serait mort. Et dans douze, oublié de tous, même de sa mère.

Pour l'instant, Calme lui flanquait quelques taloches, sans méchanceté, et lui prenait une partie de son lièvre pour l'obliger à le partager avec sa sœur.

Depuis l'époque de Capo, le monde avait continué à se refroidir et à s'assécher.

Au nord de l'équateur, une grande ceinture de taïga faisait le tour du monde en passant par l'Amérique du Nord et l'Asie, une forêt uniquement composée d'arbres à feuilles persistantes. Plus au nord encore, une toundra s'était formée pour la première fois depuis trois cents millions d'années. Pour les animaux, la nourriture offerte par la taïga était pauvre en comparaison des vieux mélanges de conifères et d'arbres à feuilles décidues des forêts tempérées. De même, les prairies continuaient à s'étendre – l'herbe réclamant moins d'eau que les arbres. Mais l'herbe faisait des plaines arides, qui ne pouvaient accueillir qu'un assemblage d'espèces animales beaucoup moins varié que celui des forêts, en cours de disparition. Et cette lente dessiccation était accompagnée, comme toujours, d'extinctions.

Si la qualité diminuait, la *quantité* de vie, elle, était stupéfiante.

Les disettes saisonnières et la nécessité de disposer d'un système digestif capable de se contenter d'un régime fruste toute l'année favorisaient le développement des gros herbivores. Les mammifères géants, une nouvelle « mégafaune » d'une échelle comme on n'en avait pas vu depuis la mort des dinosaures, se répandirent d'un bout à l'autre du nord de l'Eurasie, traversèrent les ponts de terre périodiquement exposés par la baisse du niveau des océans, passèrent en Amérique du Nord. Pour le moment, comme ils vivaient sous des climats tempérés, ils n'avaient pas de poils et mangeaient du feuillage plutôt que de l'herbe. On eût dit des éléphants, mais ils avaient le crâne en pain de sucre, et les défenses enroulées sur elles-mêmes de leurs ancêtres laineux.

À cette même époque, on trouvait des chameaux géants en Amérique du Nord, tandis qu'en Asie et en Afrique s'aventuraient les énormes giraffidés si semblables à des élans. Une sorte de gros rhinocéros, l'elasmotherium, parcourait le nord de l'Eurasie. Il était équipé de grandes pattes et d'une corne de deux mètres de long : une licorne bodybuildée.

Et, en même temps que ces énormes tas de viande

sur pattes, arrivèrent de nouveaux prédateurs spécialisés : les félidés. De vrais tueurs, qui venaient de sortir de la marmite de l'évolution. Dotés de canines pareilles à des cisailles, qui déchiraient la peau, pénétraient dans les chairs, avant de passer le relais à de puissantes incisives. Leurs meilleurs représentants étaient les félins à dents de sabre : ces grands et puissants prédateurs musclés, bâtis comme des ours, avec de petits membres robustes et une gueule capable de s'ouvrir assez grand pour broyer les proies, pouvaient faire deux fois la taille des lions de l'époque humaine. Ils étaient construits pour la puissance, pas la vitesse, et pratiquaient l'embuscade. À côté des félidés, même les canidés faisaient figure de généralistes ; les félidés furent peut-être les ultimes prédateurs terrestres.

Et puis, un demi-million d'années avant la naissance de Loin, s'amorça une dégradation dramatique du climat. Pour les créatures du monde entier, les règles avaient de nouveau changé.

Il y eut un appel dans la plaine.

— Regarde, regarde ! Moi, regarde, moi !

Les gens se relevèrent et se rassemblèrent pour regarder.

Un homme approchait. Il était grand, plus musclé que les autres, et doté d'une arcade sourcilière anormalement proéminente. Cet homme, Front, était un dominant de cette époque, un chef dans le petit monde en compétition des mâles. Et il portait un animal mort sur ses épaules, un jeune élan.

Les huit autres hommes adultes du groupe commencèrent à pousser des cris de joie, comme il se devait, et dévalèrent en courant la pente rocheuse. Ils flanquèrent à Front de grandes claques dans le dos, caressèrent respectueusement l'élan, se mirent à faire des bonds, soulevant un spectaculaire nuage de poussière qui étincela dans la lumière du soleil couchant. Ils unirent leurs efforts pour remonter l'élan en haut de la pente et le jetèrent sur la roche. Les enfants accoururent et se mirent à se disputer sa viande. Le Morveux était parmi eux, mais il était le plus faible de tous les enfants, même les plus petits, et il se laissa facilement repousser. Loin vit une lance de bois cassée plantée dans la poitrine de l'animal. C'était donc ainsi que Front avait tué sa proie. Probablement après lui avoir tendu une embuscade, et peut-être qu'il avait laissé la lance dans l'animal pour montrer comment il avait accompli cet exploit.

En attendant, Front présentait une érection impressionnante. Les femmes, dont Calme, la mère de Loin, marquèrent des signes subtils de disponibilité – une main incurvée par ici, des cuisses légèrement entrouvertes par là.

Loin, qui n'était ni une femme ni une enfant, se tenait à l'écart des autres. Elle mordillait une racine et attendait la suite.

Certains des adultes avaient rapporté de petites roches volcaniques du fleuve tout proche. Rapidement, les hommes et les femmes commencèrent à entrechoquer les pierres à petits coups précis, leurs doigts explorant leur surface. Les outils émergeaient de la pierre sans réel effort conscient – c'était un talent déjà ancien, enfoui dans une section particulière d'un cerveau rigidement compartimenté. En quelques minutes, ils confectionnèrent des hachoirs et des couteaux rudimentaires, mais qui convenaient parfaitement. Dès qu'un instrument était terminé, celui qui l'avait fabriqué se jetait sur l'élan.

La bête fut ouverte de l'anus à la gorge, sa carcasse dépecée. Sa peau fut jetée, puis vite oubliée : personne n'avait pensé à utiliser les peaux d'animaux, pas encore. Ensuite, l'animal fut rapidement découpé, à l'aide des fines lames de pierre. Les articulations furent tranchées, les membres et les côtes détachés. Les tendres organes encore chauds apparurent, après quoi, la viande elle-même fut séparée des os.

Le travail fut effectué promptement, presque sans effusion de sang ; c'était une technique de dépeçage efficace, apprise au fil des générations. Les bouchers travaillaient chacun de leur côté. Ils acceptaient la suprématie de Front, le laissant prendre les plus belles pièces et extraire le cœur et le foie, mais ils se chamaillèrent pour le reste de la bête, grommelant et se bousculant. Ils étaient peut-être munis d'outils, mais ils se jetaient sur l'élan comme une meute de loups.

Rares étaient les femmes qui se battaient pour la viande. Leur modeste razzia sur le bosquet d'acacias – entre autres – avait été couronnée de succès, ce jour-là. Leurs enfants et elles avaient déjà le ventre plein de figues, de raisins sauvages, de pousses d'herbes, de racines – autant de fruits abondants dans ces contrées arides, et qui n'exigeaient pas beaucoup de préparation avant d'être mangés.

Lorsque la carcasse de l'élan fut presque entièrement débarrassée de sa viande, on commença à marchander sérieusement. Front passait entre les hommes, une lame dans une main, un gros cuissot dans l'autre. Il tranchait des bouts de viande, les tendait à certains des hommes, ignorant certains autres, qui se détournaient alors comme s'ils n'existaient pas, mais qui comptaient bien se rattraper plus tard en chipant des bouts de nourriture à leurs compagnons. Tout cela faisait partie des sempiternels jeux guerriers et politiques des hommes.

Ensuite, Front s'approcha des femmes en leur distribuant des petits bouts de viande, comme un roi en visite. En arrivant auprès de Calme, il s'arrêta, le sexe fièrement brandi, trancha une large et succulente portion de cuisse d'élan. Elle accepta avec un soupir. Elle en mangea tout de suite un morceau, mit le reste de côté, près de son bébé endormi dans un nid d'herbes sèches, puis elle s'allongea sur le dos, cuisses écartées, et ouvrit les bras, invitant Front à la rejoindre.

Si Front était allé à la chasse, ce n'était pas seulement pour procurer à manger à son peuple. Le gros gibier ne représentait qu'un dixième, peut-être, des apports alimentaires du groupe, l'essentiel étant fourni par les plantes, les noix, les insectes et le petit gibier que rapportaient aussi bien les femmes et les enfants que les hommes. Le gros gibier était généralement une nourriture d'appoint, pour les temps difficiles – sécheresse, inondations, rigueurs de l'hiver. Mais la chasse était utile aux chasseurs de bien des façons. Avec son élan, Front renforçait sa position au sein du groupe d'hommes et s'achetait les faveurs des femmes – ce qui était en fin de compte le but de ce combat perpétuel pour la domination.

Avec leur intelligence développée, leur grand corps glabre et leur langage rudimentaire, c'étaient les créatures les plus *humaines* qui avaient jamais vu le jour. Mais nombre de leurs us et coutumes auraient été familiers à Capo. Les ancêtres de Front avaient adopté ce schéma sociétal – lutte des mâles pour le pouvoir, chasse pour obtenir des faveurs, femelles regroupées par les liens du sang – depuis très longtemps, bien avant que Capo ne prenne la décision fatidique de quitter sa forêt. Les primates auraient peut-être pu adopter d'autres façons de vivre. Ils auraient peut-être pu imaginer d'autres sortes de sociétés. Quoi qu'il en soit, une fois la feuille de route fixée, il était presque impossible d'en changer.

Et ça marchait. La nourriture était partagée ; la paix était maintenue. Globalement, la plupart des gens avaient à manger.

Quand Front eut fini, Calme s'essuya les cuisses avec une feuille et reprit son bout de viande. Elle utilisa un éclat de pierre pour la découper, en donna un peu à sa mère, qui était trop vieille pour intéresser Front, et le reste à Loin, qui se jeta dessus avidement.

Plus tard, alors que la lumière déclinait, Front s'approcha de Loin. Elle vit une grande silhouette massive, dressée devant le rouge violacé du ciel. Il ne restait presque plus rien de son élan, mais il charriait une forte odeur de sang. Il tenait un tibia. Il s'accroupit devant Loin, la renifla avec curiosité, puis abattit brutalement son os sur la roche, le cassant. Elle sentit la délicieuse odeur de la moelle, commença à saliver. Sans réfléchir, elle chercha à se saisir de l'os.

Il le ramena vers lui, obligeant Loin à venir plus près.

En s'approchant, elle sentit encore plus nettement son odeur : sang, terre, sueur, et résidus de sperme. Il céda et lui donna l'os, qu'elle suça, enfonçant sa langue dans le canal médullaire pour aspirer goulûment la moelle. Pendant qu'elle mangeait, il lui posa la main sur l'épaule et lui caressa le corps. Elle essaya de ne pas marquer de mouvement de recul quand il explora ses petits seins, titillant ses tétons. Mais elle piaula quand ses doigts inquisiteurs plongèrent entre ses cuisses. Il retira sa main et renifla ses doigts. Puis, décidant manifestement qu'elle n'avait rien pour lui, il grommela et s'éloigna.

Il lui avait laissé l'os à moelle. Elle le dévora voracement, réussissant presque à le finir avant qu'une femme plus vieille le lui vole.

La nuit tomba rapidement. Partout sur la savane, les prédateurs s'appelaient, marquant à la façon de leurs ancêtres leur royaume de chair et de sang.

Le peuple de Loin se rassembla sur l'îlot rocheux où tous seraient en sécurité, au milieu de cet endroit inhospitalier : tout prédateur ambitieux devrait quitter le niveau du sol pour grimper ici, où il aurait à affronter de gros hominidés intelligents et armés. Mais ce n'était jamais garanti à cent pour cent. Il y avait dans le coin un félin à dents de sabre appelé *dinofelis*, une sorte de jaguar en plus trapu, qui pratiquait l'art de l'embuscade et avait fait de l'hominidé son plat favori. Il grimpait même aux arbres.

Dans le crépuscule, les gens vaquaient à leurs affaires. Certains mangeaient, d'autres s'occupaient de leur toilette, enlevant la terre de sous leurs ongles des pieds, tripotant leurs ampoules. Quelques-uns fabriquaient des outils. Beaucoup de ces activités étaient répétitives. Comme au cours d'un rituel, personne ne réfléchissait vraiment.

Ailleurs, on s'épouillait : entre mère et enfants, entre frère et sœur, entre compagnons – hommes et femmes renforçant leurs subtiles alliances. Loin démêlait les épais cheveux de sa mère, pour en faire une sorte de natte. À cette époque déjà, les cheveux exigeaient beaucoup de soins. Ils s'emmêlaient, se feutraient, attiraient les poux – et il fallait bien s'en occuper.

Ces gens étaient la seule espèce de mammifères dont la toison épaisse ne se nettoyait pas toute seule ; la spectaculaire toison capillaire de certains des singes, par exemple, poussait exactement comme ça, en bataille. Les cheveux de Loin avaient même besoin d'être coupés. Dans la savane, il valait mieux faire partie d'un grand groupe, et le groupe avait besoin de mécanismes sociaux pour assurer sa cohésion. Les gens n'avaient plus de temps à consacrer aux antiques et interminables rituels d'épouillage des singes, auxquels se livraient Capo et ses ancêtres. À vrai dire, on ne pouvait pas épouiller une peau qui s'était débarrassée de ses poils pour permettre la transpiration. Et pourtant, par cette séance de coiffage primitive, ils renouaient avec leur héritage.

La grammaire du peuple qui se livrait à ces activités diverses n'était pas tout à fait celle d'un groupe humain. Dans l'obscurité qui allait en s'épaississant, ils se blottissaient les uns contre les autres pour se protéger, mais il n'y avait pas de réel partage. Il n'y avait ni feu, ni rien qui ressemblât à un *foyer* – un point focal. Ils ressemblaient à des hommes, mais leur esprit n'était pas encore humain.

Comme à l'époque de Capo, leur mode de pensée était rigidement compartimenté. Le but principal de la conscience était encore d'aider les gens à imaginer ce que les autres avaient dans la tête : ils n'avaient véritablement conscience d'eux-mêmes, au sens humain du terme, que lorsqu'ils s'occupaient les uns des autres. Les limites de la conscience étaient beaucoup plus ténues que dans l'esprit humain ; et il y avait beaucoup de choses, là, dans le noir, qu'ils faisaient sans vraiment réfléchir. Même ceux qui fabriquaient des instruments ou s'occupaient de la nourriture le faisaient sans parler, leurs mains s'activant impulsivement, sans plus de contrôle conscient que s'ils avaient été des lions ou des loups. Leur conscience, à cette époque, était vacillante, ponctuelle. Ils faisaient des instruments aussi inconsciemment que les hommes marcheraient ou respireraient un jour.

Cependant, humains ou non, un doux bruissement de langage parcourait le groupe. Les mères et les enfants, ceux qui s'épouillaient et les couples, parlaient entre eux. Ils n'échangeaient pas beaucoup d'informations ; le discours se composait pour l'essentiel de soupirs d'aise, comme le ronronnement des chats.

Mais leurs mots *sonnaient* comme des mots.

Les gens avaient dû apprendre à communiquer avec l'équipement conçu pour d'autres tâches – une bouche faite pour manger, des oreilles faites pour guetter le danger –, et maintenant, tout cela était réassemblé de bric et de broc pour un nouvel usage. La bipédie y avait contribué : le repositionnement du larynx et les changements de mode de respiration amélioraient la qualité des sons qu'ils pouvaient produire. Mais, pour être utiles, les sons devaient être identifiables rapidement et sans confusion possible. Et les moyens pour y arriver étaient limités par la nature de l'équipement que les hominidés avaient à leur disposition. Alors que les gens s'écoutaient les uns les autres, imitant et réemployant les bruits utiles, les phonèmes – le contenu sonore des mots, la base de tout langage – s'étaient sélectionnés d'eux-mêmes, obéissant à la nécessité de communiquer et aux limites physiologiques.

Mais il n'y avait encore rien qui ressemblât à une grammaire : pas de phrases – et certainement pas de narration, pas d'histoire. Le but principal de la parole, pour le moment, n'était pas de transmettre des informations. Personne ne parlait des outils, de la chasse ou de la préparation de la nourriture. Le langage était social : il servait pour les ordres et les demandes, pour les expressions primitives de joie ou de douleur. Et il remplissait la même fonction que l'épouillage : le langage, même sans contenu important, était une façon plus efficace d'établir et de renforcer des relations que de s'enlever des morpions des poils pubiens. Ça permettait même d'« épouiller » plusieurs personnes en même temps.

En réalité, une bonne partie de l'évolution du langage avait été le fait des mères s'adressant à leurs tout petits enfants. Pour le moment, les ancêtres de Démosthène, de Lincoln et de Churchill ne parlaient que le « bébé ».

Quant aux enfants, ils ne parlaient tout simplement pas.

L'esprit des adultes avait la complexité de celui d'un enfant humain de cinq ans. Avant l'adolescence, leurs enfants ne connaissaient pas le langage, sinon une sorte de babillage digne d'un chimpanzé. Il n'y avait qu'un an ou deux que les mots des adultes avaient un sens pour Loin, et le Morveux, à sept ans, ne parlait pas du tout. Les gosses étaient comme des singes qui auraient eu des parents humains.

Comme la lumière disparaissait, le groupe s'installa pour dormir.

Loin se blottit contre les jambes de sa mère. Le jour finissant n'était qu'un maillon d'une longue chaîne qui remontait au commencement de sa vie. Elle ne se souvenait que vaguement des jours qui s'étaient enfuis dans le lointain... Derrière ses paupières closes, elle se voyait courir dans la clarté aveuglante du jour, courir, courir...

Elle ne pouvait pas savoir que c'était la dernière fois qu'elle s'endormait au côté de sa mère.

II

Un million d'années auparavant, la dérive tectonique, lente et implacable, avait provoqué la collision de l'Amérique du Sud et de l'Amérique du Nord, donnant naissance à l'isthme de Panamá.

Panamá étant une langue de terre sans importance, cela paraissait un petit événement. Mais, comme lors de Chicxulub, la région était devenue une fois de plus l'épicentre d'une catastrophe planétaire.

À cause de Panamá, les vieux courants équatoriaux qui passaient entre les deux Amériques – les derniers vestiges du courant du Téthys édénique – étaient interrompus. Maintenant, les seuls courants de l'Atlantique étaient les gigantesques bandes convoyeuses d'eau froide des flux interpolaires. Le refroidissement de la planète s'intensifia dramatiquement. La calotte glaciaire disloquée qui couvrait l'océan du Nord s'agrégea, et les glaciers se répandirent comme les serres d'un aigle sur les masses continentales du Nord.

C'était le début d'une ère glaciaire. Au maximum de leur étendue, les glaciers couvrirent plus d'un quart de la surface de la planète ; la glace descendait jusqu'au Missouri et au centre de l'Angleterre. Beaucoup de choses disparurent immédiatement. Là où les glaciers passaient, la terre était nettoyée jusqu'au lit de roche, lui-même pulvérisé et réduit en poussière, laissant un héritage de montagnes aux flancs ravagés, aux surfaces polies, jonchées de blocs épars et de vallées à vif. Cela faisait maintenant deux cents millions d'années qu'il n'y avait pas eu de glaciation significative sur Terre ; et un héritage de roches et d'os remontant à l'ère des dinosaures s'était trouvé presque complètement anéanti.

Sur la glace, rien ne pouvait vivre : rien. Et sous la glace s'étendaient des ceintures appauvries de toundra. Même dans les régions équatoriales d'Afrique, éloignées de la glace, la modification de la course des vents intensifia l'aridité, restreignant la végétation aux côtes et aux vallées fluviales.

Le refroidissement n'était pas uniforme. Le globe

terrestre s'inclinait et rebondissait dans sa danse interminable autour du soleil, changeant subtilement d'orbite et d'inclinaison. À chaque cycle, la glace descendait et remontait, revenait et repartait ; le niveau des océans fluctuait comme un cœur qui bat. Même la Terre, comprimée sous des kilomètres de glace ou libérée par sa fonte, montait et redescendait comme une marée rocheuse.

Ces changements de climat étaient parfois très violents. En l'espace d'une seule année, la quantité de neige tombant sur une zone donnée pouvait doubler, et la température moyenne chuter de dix degrés. Face à des oscillations aussi chaotiques, la vie devait fuir ou périr.

Même les forêts marchaient. Les pins, capables d'avancer d'un demi-kilomètre chaque année, se révélèrent des migrateurs presque aussi bons que les épicéas. Les grands châtaigniers, des arbres massifs aux grosses graines, pouvaient se déplacer de deux cents mètres par an. Avant les ères glaciaires, les animaux des latitudes médianes de l'hémisphère nord étaient un riche mélange de ruminants élancés comme les cerfs et les chevaux, d'herbivores géants comme les rhinocéros, et de carnivores rapides à la course comme les lions et les loups. Maintenant, les animaux étaient chassés vers le sud, où se trouvait la chaleur. Les populations d'animaux de différentes régions climatiques se mélangèrent et entrèrent en conflit dans des zones écologiques sujettes à de rapides changements.

Mais certaines créatures commencèrent à s'adapter au froid et à exploiter les réserves alimentaires qui subsistaient au pied des calottes glaciaires. Beaucoup d'animaux, comme les rhinocéros, les renards, les chevaux et les félidés, se couvrirent d'une épaisse toison et de couches de graisse. D'autres suivirent les gigantesques oscillations de température saisonnières. Ils migraient, se déplaçant vers le nord en été et vers le sud en hiver ; les plaines devinrent une immense marée de vie, où de grandes communautés mouvantes étaient patiemment pourchassées par les prédateurs.

Un mélange catastrophique s'était produit dans les Amériques. Les deux continents, le nord et le sud, s'étaient trouvés séparés depuis la division de la Pangée, cent cinquante millions d'années auparavant. La faune de l'Amérique du Sud avait évolué de son côté, et était principalement constituée de mammifères marsupiaux et d'ongulés. Il y avait des « loups » marsupiaux, et des « félins » à dents de sabre ; il y avait des « chameaux » ongulés, des « éléphants » à trompe, et des paresseux géants qui pesaient jusqu'à trois tonnes et faisaient six mètres de haut quand ils se dressaient sur leurs pattes de derrière pour attraper les feuilles de palmier. Il y avait encore des glyptodons, qui ressemblaient un peu à cette gigantesque créature cuirassée qui avait tant terrifié Vagabonde, et les prédateurs du sommet de la pyramide étaient de gigantesques oiseaux aptères, exactement comme à l'époque archaïque. Cet assemblage exotique s'était développé seul dans son coin, bien qu'il se fût enrichi de temps en temps des naufragés apportés par des radeaux ou des ponts de terre temporaires – comme Vagabonde et ses infortunés compagnons, dont les enfants avaient peuplé de singes les jungles d'Amérique du Sud.

Mais l'émergence du pont de terre de Panamá avait provoqué une migration massive, du nord au sud, d'insectivores, de lapins, d'écureuils, de souris et, plus tard, de chiens, d'ours, de belettes et de chats. Les créatures indigènes d'Amérique du Sud entrèrent en compétition avec ces nouveaux arrivants, et n'eurent pas le dessus. Les extinctions devaient prendre plusieurs milliers d'années, mais l'empire des marsupiaux était tombé.

Malgré toutes ces difficultés, toutes ces morts, cette époque de changements rapides et sauvages était paradoxalement une époque riche en possibilités. Pendant les quatre milliards d'années d'histoire de la Terre, il y avait eu peu d'époques plus propices à la diversification et à l'innovation évolutionnaire. Au milieu de ces innombrables extinctions, la spéciation était farouche.

Au centre de ce chaudron écologique se trouvaient les enfants de Capo.

Le lendemain matin, le soleil se leva sur un ciel d'un bleu délavé. Dans l'air sec flottait une odeur étrangement âpre, et la chaleur fut bientôt étouffante. Les animaux de la savane semblaient assommés de chaleur. Même les oiseaux étaient silencieux ; les nettoyeurs de carcasse restaient tapis dans les racines de leurs arbres, comme de vilains fruits noirs.

Avec leur peau nue, conçue pour transpirer, les hominidés étaient aussi bien équipés que n'importe quelle autre espèce de cet endroit pour résister à la sécheresse de ce jour torride. Mais eux aussi commencèrent leur journée sans entrain. Ils vadrouillèrent autour de leur îlot rocheux, en picorant les restes de la veille.

Ce n'était pas une zone particulièrement riche. Les hominidés ne parlaient pas de leurs projets – il n'en était jamais question, et de toute façon ils n'avaient pas de vrais projets –, mais il paraissait évident qu'ils ne pouvaient pas rester ici. Bientôt, certains des hommes se dirigèrent vers le cours d'eau afin de reprendre leur marche vers le sud.

Le Morveux était tombé malade pendant la nuit. De

la plante de ses pieds craquelés suintait une humeur aqueuse, et quand il essaya de se lever, il ne put retenir un cri de douleur. Il n'irait nulle part ce jour-là.

Calme, la grand-mère de Loin et la plupart des autres femmes restèrent près de lui. Quant aux hommes, les femmes se contentèrent d'ignorer leurs mimiques tandis qu'ils arpentaient impatiemment la piste qu'ils avaient reprise vers le sud.

Ce conflit, presque muet, quant au programme de la journée, était pénible pour tout le monde. C'était un vrai dilemme. La savane n'était pas comme les forêts sûres et pleines de richesses du temps jadis ; on ne pouvait pas se contenter de partir dans n'importe quelle direction au hasard. Il ne se passait pas une journée, sur ce territoire dénudé, changeant, sans que l'on soit confronté à la nécessité de prendre des décisions. Où aller chercher à manger ? Où aller chercher à boire ? Quels étaient les dangers à éviter ? Si l'on se trompait, ne serait-ce qu'une fois, les conséquences pouvaient se révéler dramatiques. Mais les marcheurs avaient peu d'enfants, et ils s'investissaient beaucoup dans chacun d'eux. Aucun n'était jamais abandonné à la légère.

Les hommes finirent par renoncer. Certains retournèrent au rocher pour se prélasser dans la chaleur du soleil. Front en guida une poignée d'autres sur la piste d'un troupeau d'éléphants, dont l'un des jeunes semblait boiter. Les hommes restés sur place, les femmes et les plus grands enfants se dispersèrent dans les sites de cueillette explorés la veille.

La façon dont ces gens vivaient – établissant un camp de base central, allant chercher à manger, partageant travail et nourriture – s'imposait d'elle-même. Dans la plaine, il fallait travailler dur pour gagner sa pitance, et les jeunes, qui grandissaient lentement, coûtaient cher à entretenir. Il fallait coopérer et partager, d'une façon ou d'une autre. Mais il n'y avait pas de réelle planification. Par bien des côtés, cela ressemblait plus à une meute de loups qu'à une réelle communauté humaine.

Loin passa une bonne partie de la matinée dans le fourré piétiné que sa mère avait exploré la veille. Le sol était déjà tout remué. Et il fallait beaucoup creuser pour trouver de nouvelles racines ou des fruits. Elle se sentit bientôt brûlante, sale, mal à l'aise. Elle ne tenait pas en place. Elle étouffait, et ses grandes jambes repliées sous elle dans la terre et les débris piétinés lui faisaient mal.

Vers midi, le calme trompeur de cette étrange et lourde journée devint pesant. Comme la veille, la savane, ouverte et libre, appelait Loin. Alors que sa faim commençait à s'estomper, les pressions de la survie et des devoirs familiaux furent submergées par un fort désir de *partir* en courant.

Un palmier épineux portant une grappe de noix avait échappé à l'attention des deinothères. Un jeune homme grimpa à son sommet avec une vitesse et une grâce héritées d'une époque plus primitive, plus verte. Loin regarda filer son torse délié et éprouva une curieuse tension au bas-ventre.

Elle prit une sorte de décision. Elle lâcha le reste de sa nourriture, sortit du fourré et fila vers l'ouest.

Elle éprouva un immense soulagement quand ses membres s'actionnèrent et que ses poumons se mirent à pomper l'air. Elle sentait la douceur de la poussière sous la plante de ses pieds. L'espace d'un moment, tandis qu'elle courait sans réfléchir, la brise de sa course rafraîchit sa peau et la chaleur du jour sembla s'atténuer.

C'est alors qu'un sourd grondement, menaçant, se

fit entendre dans le ciel. Elle s'arrêta, s'accroupit, regarda craintivement autour d'elle.

Soudain, la lumière devint moins aveuglante. L'horizon, à l'est, se mit à vomir de gros nuages noirs. Elle fut surprise par un éclair de lumière violacée, qui éclaira le ventre des nuages. Presque aussitôt, il y eut un claquement assourdissant, et un grondement profond, prolongé, sembla rouler d'un bout à l'autre du ciel.

Elle se retourna et regarda le rocher. Il lui parut très éloigné, et elle vit que les gens couraient, rassemblant leurs enfants. Le cœur battant, Loin se redressa et commença à rentrer.

Tout à coup, les nuages noirs crevèrent. De grosses gouttes meurtrirent sa tête et sa peau nues, creusant de petits cratères dans la terre. Le sol se changea rapidement en une boue collante, qui s'accrochait à ses pieds, ralentissant sa course.

Un nouvel éclair de lumière zébra les nuées, et ce fut comme si une grande rivière avait relié le ciel et la terre. Sidérée, Loin trébucha et tomba dans la boue. Un bruit assourdissant retentit autour d'elle, comme si le monde explosait.

Elle vit que le grand palmier au centre de la clairière piétinée avait été fendu en deux et qu'il avait pris feu. Les flammes léchaient les palmes qui s'agitaient d'un air désolé. Le feu gagna rapidement le reste du fourré dévasté, et l'herbe de la plaine s'embrasa à son tour.

Un rideau de fumée noire se dressa devant elle. Elle se releva, impatiente de rejoindre les siens, mais il avait beau pleuvoir à torrents, le feu s'étendit rapidement. La saison avait été exceptionnellement chaude et sèche, et la savane était jonchée d'herbes jaunies, de buissons desséchés et d'arbres tombés à terre qui ne demandaient qu'à s'embraser. Quelque part, un éléphant barrit. Loin repéra des formes émaciées qui fuyaient dans la grisaille : des girafes, peut-être.

Les hominidés étaient cependant en sécurité. Les flammes lécheraient la base de leur rocher sans leur faire de mal. Ils souffriraient tous de la chaleur et de la fumée, mais aucun n'en mourrait. Et si Loin arrivait au rocher, elle aussi serait sauvée. Mais elle en était encore à plusieurs centaines de mètres, et un formidable écran de flammes et de fumée l'en séparait. Les flammes sautaient joyeusement par-dessus les longues herbes sèches, dont chaque brin brûlait en un clin d'œil. Elle se mit à tousser. Des flammèches dérivaient dans l'air noir de fumée, lui brûlant la peau.

Elle fit la seule chose à faire. Elle se retourna et courut : vers l'ouest, loin du feu et de sa famille.

Elle ne s'arrêta de courir qu'une fois arrivée à l'abri d'une dense forêt. Face à l'infranchissable muraille verte, elle hésita, l'espace d'un battement de cœur. De nouveaux dangers l'attendaient de l'autre côté, mais cet endroit résisterait certainement au feu. Elle s'y précipita, tête baissée.

Accroupie près des racines d'un arbre-fougère, cernée par ses frondes préhensiles et humides, Loin se tourna vers la savane. Le feu dévorait toujours voracement les longues herbes, et des volutes de fumée noire pénétraient jusque dans la forêt. Mais ce bosquet était bien trop dense et humide pour être menacé. En outre, le feu consommait rapidement son carburant, et la pluie commençait à l'éteindre.

Elle pourrait bientôt repartir. En attendant, elle s'assit plus confortablement.

Un mouvement furtif près de son pied attira son attention. Sur la racine texturée de l'arbre-fougère, un scorpion s'avançait avec une précision mécanique vers son pied. Sans hésitation, mais en prenant bien garde à éviter le dard, elle plaqua le talon de sa main sur le scorpion. Elle le ramassa prudemment entre deux doigts et le porta à sa bouche...

Quelque chose la heurta dans le dos. Elle fut projetée sur le ventre, tandis qu'une lourde masse chaude, musculeuse, pesait sur elle. Elle était entourée de grincements et de cris perçants, et des poings lui bourrèrent le dos et la tête.

Le souffle coupé, bandant ses muscles, elle roula sur elle-même.

Une mince silhouette se pencha au-dessus d'elle. Elle ne faisait pas beaucoup plus de la moitié de sa taille, avait un corps osseux recouvert de fourrure brun foncé, de longs bras oscillant comme des balanciers, une tête simiesque collée sur un buste conique, étroit, et un mince pénis rose dardé sous son ventre. Sa fourrure, trempée de pluie, répandait une puanteur musquée. Pourtant, la créature – l'homme – était dressé au-dessus d'elle comme un membre de son espèce et non comme un singe.

Un pithèque : un homme-singe, un homme-chimpanzé, un représentant des tout premiers hominidés, le lointain cousin de Loin. Et il n'était pas tout seul. Il y en avait d'autres, dans le lacis de branches au-dessus d'elle, qui descendaient comme des ombres.

Elle se retourna, essaya de se lever. Quelque chose la frappa à la tête, et elle sombra dans les ténèbres.

Quand elle se réveilla, elle était couchée sur le dos et avait mal à la poitrine, aux jambes et aux fesses.

Elle était entourée de pithèques.

Certains étaient montés dans des acajous, à la recherche de fruits. D'autres fouillaient le sol, d'où ils extrayaient des racines de balsa. C'étaient d'énergiques bipèdes en quête de nourriture, qui travaillaient sans parler. Contrairement à Loin, ils étaient petits, velus, et ils avaient la peau flasque, comme des chimpanzés.

Quelqu'un poussait des cris. Loin tourna la tête.

Un pithèque était accroupi dans la terre. Il – elle – faisait des efforts, la face convulsée, ses mamelles pendantes, lourdes de lait. Loin vit indistinctement une petite masse velue, couverte de mucus, émerger de son bassin : la tête d'un bébé. Cette femelle pithèque était en train de mettre bas.

D'autres femelles l'entouraient, des sœurs, des cousines et sa mère. En bavardant et en jacassant doucement, elles se penchèrent entre les jambes de la jeune mère. Elles tirèrent délicatement sur le bébé, qui sortit, tout mouillé, du ventre de sa mère.

La nouvelle mère était confrontée à des problèmes que les primates n'avaient pas connus jusque-là, parce que le bébé était né en lui tournant le dos. Feuille, une femelle du temps de Capo, aurait pu voir le visage de son petit alors qu'il naissait, et aurait pu tendre les mains entre ses cuisses pour guider sa tête et son corps hors de son ventre. Si cette pithèque l'avait imitée, elle aurait tordu le cou du bébé en arrière et risqué d'abîmer sa colonne vertébrale, ses nerfs et ses muscles. Elle ne pouvait pas s'en sortir toute seule, comme Feuille – mais elle n'était pas seule.

Quand les mains du bébé furent dégagées, il se cramponna à la fourrure de sa mère et commença à tirer dessus. Il était déjà assez fort pour prendre part à sa propre délivrance.

Tout cela était une conséquence de la bipédie. Un quadrupède supportait ses organes abdominaux grâce aux tissus accrochés à sa colonne vertébrale. Le bassin n'était qu'un élément de connexion qui transmettait la pression de la colonne vertébrale vers les hanches et les jambes. Mais quand on marchait debout, le bassin devait supporter le poids des organes abdominaux et d'un embryon en plein développement. Le bassin des bipèdes pithèques s'était rapidement adapté, devenant pareil à la structure porteuse humaine, en forme de cuvette. L'ouverture centrale qui laissait passer le nouveau-né avait changé, elle aussi, devenant plus large que profonde – en fait ovalisée, de façon à laisser passer le crâne du bébé.

La filière d'expulsion du fœtus, chez la femelle pithèque, était plus étroite par rapport à la taille du bébé que chez n'importe quel primate avant elle. Son bébé était entré dans la filière pelvigénitale tourné sur le côté, afin de laisser passer sa tête. Mais ensuite il devait se retourner, de sorte que ses épaules soient dans l'alignement de la plus large portion de la filière. Parfois, le bébé se retrouvait dans la position la plus facile, face à sa mère, mais il arrivait souvent qu'il soit de travers.

Dans l'avenir, alors que la taille du crâne des hominidés augmenterait pour accueillir un cerveau plus gros, une modification plus complète de la filière pelvigénitale serait nécessaire, et le bébé de Joan Useb devrait se tordre et se retourner d'une façon compliquée pour se diriger vers la lumière. Mais, même en ces temps reculés, les premières mères bipèdes avaient déjà besoin de sages-femmes – et un nouveau genre de lien social s'était forgé parmi les pithèques.

Enfin, le bébé émergea complètement et chuta avec un bruit mat sur le sol jonché de feuilles, en ouvrant et refermant ses petits poings. La mère se laissa tomber à terre avec un soupir de soulagement. Une pithèque plus âgée ramassa l'enfant, ôta le bouchon de mucus qui lui obstruait le nez et la bouche, lui souffla dans les narines. Quand la petite chose velue poussa son premier cri, la sage-femme le jeta avec autorité dans les bras de sa mère et s'éloigna à grands pas.

Soudain, Loin sentit de grosses mains se refermer avec force sur ses chevilles. Elle fut secouée, tirée, des feuilles et de la terre lui raclèrent le dos, et elle perdit de vue la mère et le bébé.

On la traînait sur le sol. Chaque fois que sa tête heurtait une pierre ou une racine, la douleur l'aveuglait. Des créatures hurlantes, grinçantes, étaient massées autour d'elle. Il n'y avait que des mâles, comme elle le vit alors, avec leurs parties génitales dépassant de leur fourrure, et des testicules étonnamment gros qu'ils grattaient d'un air distrait. Leur démarche était étrangement maladroite, les articulations de leurs hanches semblaient particulières.

Elle se rendit vaguement compte qu'ils l'entraînaient plus profondément dans la forêt. Mais elle semblait n'avoir plus la force ni la volonté de se débattre.

Tout à coup, un autre groupe de pithèques sortit de la verdure en poussant des cris furieux. Les mâles qui avaient emmené Loin se levèrent pour affronter les envahisseurs.

Pendant un moment, ce fut un concert de hurlements, de cris et de parades. Les pithèques avaient le poil hérissé, et certains semblaient avoir grossi de moitié. Les plus imposants se précipitaient bruyamment à travers les branches, arrachant les feuilles des arbres, bondissant à terre en frappant le sol. L'un des membres du groupe qui s'était emparé de Loin exhiba une immense érection rose qu'il agitait devant les intrus. Un autre se cambra en arrière et pissa sur les nouveaux venus. Et ainsi de suite. C'était une cacophonie déconcertante, puante, une escarmouche entre deux groupes de créatures qui avaient l'air rigoureusement identiques aux yeux de Loin, sidérée.

Enfin, les ravisseurs de Loin repoussèrent les intrus. Bouillonnant d'une agressivité résiduelle, ils se mirent à tourner furieusement autour des arbres en poussant des cris grinçants et en se flanquant des taloches.

Une fois calmés, les pithèques commencèrent à fouiller avec leurs longs doigts les débris de feuilles et de brindilles. L'un d'eux trouva un caillou noir, un galet de basalte. Il dénicha une autre pierre, puis tourna et retourna la première dans sa main, sa langue rose dépassant comiquement de sa bouche.

Il sembla enfin satisfait. Les yeux sur la pierre basaltique, il la ficha dans le sol, la tenant précisément entre le pouce et l'index. Puis il tapa dessus avec l'autre pierre, comme si c'était un marteau. Des étincelles jaillirent de la roche visée, souvent si petites qu'on avait du mal à les voir à l'œil nu. Le pithèque fouilla dans la terre, en grognant de déception, reprit sa pierre et commença à la tourner à nouveau dans ses mains. Lorsqu'il se remit à taper dessus, une mince écaille noire de la taille de sa paume s'en détacha nettement. Le pithèque souleva l'éclat et l'approcha de ses yeux, afin d'en étudier attentivement le tranchant.

Ce couteau primitif n'était qu'un éclat de pierre. Mais sa fabrication, qui impliquait une compréhension du matériau à façonner et l'usage d'un outil pour en fabriquer un autre, était un exploit cognitif qui dépassait de beaucoup les capacités de Capo.

Le pithèque observa Loin. Il savait qu'elle était toujours consciente, mais il allait quand même la dépecer.

Son bras se détendit brusquement, et il enfonça l'éclat de pierre dans l'épaule de Loin.

L'intensité de la douleur et le chaud surgissement de son sang tirèrent Loin de sa passivité. Elle hurla. Le pithèque poussa un rugissement en réponse et brandit à nouveau son éclat de pierre. Mais, tout comme elle avait écrasé le scorpion, Loin lui flanqua sa main dans la figure. Elle entendit un craquement d'os des plus réjouissants, et sa main fut couverte de sang et de morve. Le pithèque recula, la face ensanglantée.

Les pithèques battirent en retraite, surpris, en poussant des cris pour appeler leurs camarades et en martelant le sol avec leurs grandes pattes. On aurait dit qu'ils révisaient leur jugement quant à la force et la dangerosité du grand animal furibard qu'ils avaient traîné dans leur forêt.

Puis l'un d'eux s'avança vers elle en montrant les dents.

Elle s'obligea à se lever et à courir, s'enfonçant plus profondément dans la pénombre de la forêt.

Elle se cognait dans les troncs d'arbre, s'empêtrait dans les lianes et les racines, traversait des nœuds denses de branchages. Ses longues jambes et ses puissants poumons conçus pour courir pendant des heures en terrain plat étaient presque inutiles dans ce dense entrelacs où elle ne pouvait faire un pas sans heurter un obstacle.

Et pendant ce temps-là, les pithèques se déplaçaient comme des ombres autour d'elle. Ils grimpaient à toute allure dans les arbres, bondissaient de l'un à l'autre en hurlant. Ici c'était chez eux, pas chez elle. En entrant dans la savane, l'espèce de Loin avait tourné le dos à la forêt – qui était devenue, comme par vengeance, non plus un sanctuaire, mais un endroit plein de dangers, peuplé de ces pithèques qui, tels les farfadets auxquels ils ressemblaient, hanteraient longtemps les cauchemars de Loin, un endroit où elle avait l'impression d'étouffer.

Les pithèques la rattrapèrent vite, s'approchant dangereusement.

Soudain, elle se retrouva dans une clairière plongée

dans une pénombre crépusculaire. Un nouveau monstre se dressa devant elle en beuglant. Elle poussa un piaulement et s'aplatit par terre.

L'espace d'un battement de cœur, le monstre l'observa de toute sa hauteur. Derrière lui se trouvaient des formes trapues ; de larges faciès étaient tournés vers elle, indifférents, leurs énormes mâchoires mastiquant mollement.

Le monstre était aussi un hominidé : un autre pithèque – en plus robuste. Ce gros mâle, au ventre immensément distendu, était plus grand et plus massif que les spécimens graciles qui avaient capturé Loin. Quand il se tenait debout, sa posture avait quelque chose d'étrangement simiesque : le dos incliné, de longs bras, les jambes arquées. Sa tête, sculptée de façon extravagante, arborait de hautes pommettes, une immense mâchoire, pareille à une meule pleine de chicots usés, et une grande crête osseuse courant sur son crâne.

Epuisée, endolorie, l'épaule ruisselante de sang, Loin se roula en boule par terre, attendant que les immenses poings de la bête s'abattent sur elle. Le coup ne vint jamais.

Les grosses créatures massées derrière l'énorme mâle se rapprochèrent les unes des autres. Des femelles. Elles avaient les seins lourds, le ventre distendu, et regardaient Loin, leurs enfants bedonnants serrés contre elles. L'une des femelles ramassa une noix, si dure que Loin aurait eu besoin d'un caillou pour l'ouvrir. La femelle la plaça entre ses dents et, en appuyant sur sa mâchoire avec sa main, la fendit comme si de rien n'était. Puis elle l'engloutit, coquille comprise.

C'est alors que les graciles pithèques firent irruption dans la clairière. Quand ils virent Gros Bedon, ils s'arrêtèrent net, se rentrant dedans comme des clowns. Aussitôt, ils commencèrent à faire leur numéro, allant et venant, la fourrure hérissée, martelant le sol, jetant des brindilles et des crottes séchées à leur nouvel adversaire.

Gros Bedon répondit en grognant. La vérité était que cet homme-gorille était un végétarien contraint par la médiocre qualité de son régime alimentaire à passer le plus clair de son temps assis sans bouger, pour permettre à son immense appareil digestif de transformer sa nourriture. Mais cette énorme brute avec ses vilaines dents, sa carcasse puissamment musclée et son harem de trouillardes, semblait en mesure de répondre de façon on ne peut plus intimidante aux simagrées des graciles pithèques. Il se pencha en avant et s'appuya sur ses jointures, produisant un choc qui ébranla le sol, tandis que son immense ventre s'ourlait de vagues. Il arpenta son petit domaine en tous sens, la fourrure hérissée, en rugissant en direction des frêles impertinents.

Les pithèques détalèrent en poussant des cris de frustration.

Loin fit un écart et poursuivit sa route, s'enfonçant à l'aveuglette dans cette forêt apparemment interminable. Cette fois, elle n'était pas poursuivie.

Elle ne voyait pas le soleil, pas directement. Elle ne distinguait du sol que les tavelures verdâtres produites par la lumière. Elle n'avait pas idée du temps qu'elle avait passé à errer dans la forêt, ni de la distance qu'elle avait parcourue. La profonde entaille de son épaule avait formé un caillot, mais elle avait quand même perdu beaucoup de sang. Elle avait mal à la tête, à cause du coup que lui avait flanqué le pithèque avec sa pierre, et sa poitrine et son dos n'étaient qu'une masse d'ecchymoses. Le choc et la stupéfaction causés par la perte de sa mère et du petit groupe qui composait tout son monde commençaient à la submerger.

Elle se sentit gagnée par l'épuisement.

Elle finit par trébucher sur une racine, tomba aux pieds d'un arbre-fougère, dans l'humus jonché de frondes.

Elle essaya de se relever, en vain. Ses bras étaient sans forces. Elle se mit à quatre pattes, mais le monde perdit ses couleurs, son vert profond, omniprésent, se mua en gris. Enfin, la terre sembla basculer et vint à sa rencontre, lui cognant brutalement la figure.

Elle sentit la fraîcheur du sol sous sa joue. Elle ferma les yeux. Sa souffrance s'estompa peu à peu, s'éloignant dans le lointain comme les roulements de tonnerre de l'orage. Une clameur lui emplissait la tête, forte, monotone – étrangement réconfortante. Elle se laissa sombrer dans le vacarme.

Après Capo avait eu lieu la grande divergence d'avec les chimpanzés. Une nouvelle sorte de singe en avait résulté : les hominidés – plus proches de l'homme que du chimpanzé ou du gorille.

Dans la dramatique histoire de l'évolution des hominidés, apprendre à marcher debout était encore ce qu'il y avait eu de plus facile. Des millions d'années passées à grimper dans les arbres à la façon des singes y avaient contribué. Maintenant, alors que les descendants de Capo s'adaptaient à leur nouvelle vie dans les espaces compris entre la forêt et la savane, devenir un véritable bipède impliquait une réorganisation corporelle moins importante que s'il avait fallu se remettre à marcher à quatre pattes.

Leurs pieds, dont ils n'avaient plus besoin pour agripper les branches, se simplifièrent. Ils devinrent des sortes de coussinets compacts, qui avaient perdu beaucoup de leur flexibilité et dont les gros orteils n'étaient plus opposables. Mais leur nouvelle voûte arquée servait d'absorbeur de choc, ce qui leur permettait de marcher sur de longues distances sans se faire mal. Les articulations des genoux et les fémurs furent redessinés pour permettre la verticalité. Les colonnes vertébrales, désormais verticales, s'allongèrent et s'incurvèrent, repoussant le centre de gravité vers l'avant, afin que la verticale repose sur le polygone de sustentation formé par les pieds. De nouvelles hanches spécialisées apparurent. Leur conception permettait de soulever une jambe sans perdre l'équilibre, contrairement à ce qui serait arrivé aux chimpanzés, de façon à pouvoir marcher sans tortiller du cul. Les mains n'avaient plus besoin de servir à la fois à la marche et à la manipulation des objets, ce qui leur permit de gagner en souplesse : leurs articulations s'affinèrent, les pouces se libérèrent, et tout cela procura une préhension plus précise et habile. Maintenant qu'ils n'avaient plus besoin de passer leur temps à se hisser dans les arbres, les hominidés s'offrirent le luxe de devenir moins forts à poids égal.

La bipédie permit aux nouveaux singes des savanes de marcher ou de courir sur de longues distances entre des abris et des sources de nourriture éparses. Alors que le temps passait, ils se tenaient de plus en plus droits, étaient de plus en plus grands, sous le joug des mêmes forces qui avaient façonné les girafes. Il y avait tellement d'avantages au fait d'être un bipède que cela s'était déjà produit auparavant, dans d'autres lignées de singes – même si toutes ces créatures devaient s'éteindre bien avant l'apparition de l'être humain proprement dit.

Les graciles et frêles pithèques qui avaient pourchassé Loin étaient des espèces de chimpanzés bipèdes. Ils se tenaient plus droit que Capo ou que n'importe quel singe. Mais ils avaient conservé une face simiesque, un museau proéminent, une petite calotte crânienne, des narines épatées. Ils avaient le dos rond même debout, la tête penchée en avant, et leurs bras étaient trop longs – leur mains préhensiles tombant presque jusqu'à leurs genoux. Quand ils marchaient, ils devaient faire plus de pas que Loin pour parcourir la même distance, et ils avançaient plus lentement. Mais sur les courtes distances, c'étaient des marcheurs efficaces.

Ils s'étaient cantonnés à la lisière de leurs forêts, mais ils avaient appris à exploiter les ressources de la savane : notamment les grands herbivores abattus par les prédateurs. Quand l'occasion s'en présentait, ils se ruaient hors des forêts sur une carcasse en agrippant leurs lames de pierre rudimentaires pour trancher tendons et ligaments. Les membres ainsi dérobés pouvaient être rapidement rapportés sous le couvert des arbres, où ils étaient débités et consommés – les couteaux de pierre servant ensuite à casser les os à moelle.

Tout cela provoqua une sélection par l'intelligence. Les hominidés n'avaient pas les dents des hyènes ni le bec des oiseaux charognards ; puisqu'ils devaient piller efficacement les carcasses, ils avaient besoin de meilleurs instruments que ceux trouvés dans la boîte à outils de Capo. Dans le même temps, leur corps s'était amélioré pour mieux profiter de la viande. Beaucoup d'espèces de pithèques avaient des dents capables de déchiqueter la chair crue, et un système digestif plus efficace, mieux adapté à une nourriture plus riche.

Cela dit, c'étaient encore de piètres charognards, au plus bas de l'échelle des mangeurs de viande ; ils devaient attendre leur tour et passaient en dernier, après que les lions, les hyènes et les vautours s'étaient servis. Ce travail de charognards, et à l'occasion leurs tentatives de chasse, n'était pas la seule pression qui s'exerçait sur les singes de la savane.

La savane était un enfer pavé de prédateurs. Les léopards et les ours des forêts étaient déjà assez redoutables. Dans la savane, il y avait de gigantesques hyènes carnivores, des félins à dents de sabre et des canidés gros comme des loups. Les hominidés, petits, lents et sans défense, qui sortaient de leurs forêts en clignant des yeux, faisaient une proie facile pour ce genre de créatures. Très vite, certains de ces prédateurs, comme le dinofelis, apprirent même à se spécialiser dans la chasse à l'hominidé.

C'était une attrition impitoyable, une pression implacable. Mais les hominidés avaient du répondant. Ils analysèrent le comportement des prédateurs et mirent au point des parades efficaces. Ils apprirent à mieux coopérer, parce que la sécurité était dans le nombre, et à utiliser des instruments pour repousser leurs agresseurs. Même le développement du langage fut en quelque sorte favorisé par ces pressions, les cris d'alarme spécialisés qui remontaient aux notharctus des forêts s'étant peu à peu métamorphosés en mots plus flexibles.

La savane avait façonné les hominidés. Mais ce n'étaient pas des chasseurs ; c'étaient des proies.

Les pithèques avaient leurs limites. Ils avaient besoin de l'abri des forêts comme camp de base, parce qu'ils n'étaient pas faits pour supporter de longues périodes à découvert. Et ils étaient contraints de rester près des fleuves, des lacs et des marécages, parce que leur corps avait très peu de tissus adipeux et ne pouvait tenir longtemps sans eau.

Au fil du temps, alors que le climat de l'Afrique et leurs zones d'habitats fluctuaient, la lisère des forêts qu'appréciaient tant les pithèques s'était étendue : dans un paysage de forêts, il y avait beaucoup de *lisières*. La forme pithèque s'était révélée efficace et résistante, et il y avait eu un grand malaxage d'événements provocateurs de spéciations, une efflorescence d'hommes-singes.

Le robuste peuple des gorilles avait renoncé à s'aventurer à la frange des forêts et s'était rabattu sur leurs profondeurs. Là, ils avaient commencé à exploiter une source de nourriture pour laquelle on se battait assez peu : les feuilles, les écorces et les fruits verts qu'aucun autre hominidé n'avait la faculté de digérer, ainsi que les noix et les graines trop dures pour que les autres animaux arrivent à les casser. Pour s'adapter à ce style de vie, ils avaient dû, comme les gras-du-bide et les gigantopithèques, développer d'énormes intestins qui consommaient beaucoup d'énergie pour transformer leur nourriture de mauvaise qualité, et des crânes puissamment bâtis capables de faire fonctionner comme un étau une grosse mâchoire munie de dents.

Leur vie sociale avait également changé. Au cœur de la forêt, il y avait toujours quantités de feuilles, d'écorces, et des groupes stables de femelles venaient cohabiter dans un même coin de forêt. Les mâles étaient des êtres solitaires, qui essayaient de maintenir leur emprise sur les femelles de leur territoire. C'est ainsi qu'ils étaient devenus plus gros que les femelles, et qu'une prime avait été attribuée à la force physique et à la brutalité, afin de permettre à chaque mâle de combattre ses éventuels concurrents.

Les hommes-gorilles figuraient parmi les moins intelligents des hominidés de cette époque. Leur grosse panse exigeait une énergie considérable, et pour équilibrer les dépenses leur corps avait dû, en s'adaptant, faire des sacrifices ailleurs. On n'avait pas besoin d'Einstein dans les harems des profondeurs de la forêt. Le gros cerveau des hommes-gorilles, très coûteux en sang et en énergie, s'était atrophié.

De même, étant assuré d'avoir accès à ses femelles, l'homme-gorille avait des testicules minuscules. Alors que les graciles pithèques, obligés de s'accoupler le plus souvent possible avec le plus de femelles possible, avaient besoin, pour produire des océans de sperme, d'une bonne grosse paire de couilles pendouillantes qu'ils n'hésitaient pas à vous fourrer sous le nez.

Chez ces types de pithèques de base, entre les graciles chimpanzés et les robustes gorilles, il existait beaucoup de variantes. Certaines privilégiaient la marche sur deux pattes. D'autres y renoncèrent quasiment. Certains graciles étaient plus intelligents que d'autres ; certains gorilles, plus stupides que d'autres. Certains graciles utilisaient des instruments encore moins perfectionnés que ceux de Capo, certains gorilles utilisaient des outils plus sophistiqués que les couteaux de pierre des graciles pithèques. Il y en avait des grands et des petits, des plus trapus et des coureurs, des nains et des géants, de minces omnivores et des herbivores aux dents comme des piliers. Certains avaient le visage proéminent comme les chimpanzés, d'autres la face plus plate, délicate, presque humanoïde. Et il y avait beaucoup de croisements entre ces types, une prolifération de sous-espèces et d'hybrides qui constituaient le carnaval des possibles hominidés.

Les paléontologues du futur, dans leurs tentatives pour reconstituer le puzzle de cette déconcertante diversité à partir d'outils de pierre et de fragments de fossiles, concevraient des arbres généalogiques et des nomenclatures élaborés, appelant leurs espèces imaginaires : *Kenyanthropus platypos*, ou *Orrorin tugenenis*, ou *Australopithecus garhi*, *africanus*, *afarensis*, *bahrelghazali*, *anamensis*, ou *Ardipithecus ramidus* ; ou *Paranthropus robustus*, *boisei*, *aethiopicus* ; ou *Homo habilis*... Peu de ces noms correspondraient à une réalité. D'ailleurs, les frontières entre ces catégories de créatures étaient très floues. Dans le monde réel, évidemment, ce genre d'étiquette n'existait pas ; ce n'étaient que des individus en lutte pour leur survie et qui élevaient leurs rejetons comme ils l'avaient toujours fait.

La quasi-totalité de cet assemblage diversifié se perdrait dans le temps, ces pauvres os seraient avalés pour toujours par la vorace bouche verte de la forêt. Aucun homme ne saurait jamais à quoi ressemblait la vie dans un monde pareil, si plein d'espèces différentes. C'était un ferment évolutionnaire en pleine effervescence, où de nombreuses variantes jaillissaient d'un nouveau schéma corporel fondamentalement réussi.

Mais aucune de ces myriades d'espèces n'avait d'avenir, parce que ces espèces simiesques n'avaient jamais quitté la forêt. Leurs doigts et leurs orteils étaient restés longs et incurvés pour leur permettre de s'accrocher aux branches, et leurs pattes de derrière étaient un compromis original entre la marche sur les jointures, la marche debout et le déplacement d'arbre en arbre. La nuit, ils se faisaient même des nids dans les branches, comme leurs ancêtres arboricoles avant eux. Et leur cerveau ne s'était jamais beaucoup développé au-delà de la taille de celui de Capo et de leurs cousins ancestraux, les chimpanzés, parce que la médiocrité de leur alimentation ne pouvait entretenir quelque chose de plus gros.

Pendant quatre millions d'années, les pithèques avaient été une branche florissante, particulièrement épanouie et diversifiée de la famille des hominidés. Jadis, en fait, les seuls hominidés du monde étaient des hommes-singes, mais l'époque des grands changements était déjà révolue. Ils avaient été séduits par la protection des forêts, et cela les avait privés de bien des possibilités. L'avenir était entre les mains d'un autre groupe d'hominidés – les descendants de la souche pithèque proprement dite –, qui contrairement à tous les autres pithèques avait fait ce pas décisif hors de la forêt.

L'avenir était entre les mains de Loin.

III

Elle ouvrit les yeux comme à contrecœur, vit une pente de terre sale, étalée sous son visage. Elle leva la tête. La lumière filtrait à travers les troncs d'arbre serrés.

Elle poussa sur le sol avec ses mains et réussit à se soulever. Les feuilles et la terre collaient à ses seins et à son épaule blessée. Elle s'agrippa à un tronc pour se relever, attendit que les battements de son cœur s'apaisent. Puis elle commença à se traîner en titubant vers la lumière.

Elle sortit tant bien que mal au grand jour. Elle leva les mains pour s'abriter les yeux du soleil bas, rougeoyant. La terre était toute brûlée, les herbes noircies, le sol craquelé. Mais, derrière une petite butte de terre, de l'eau brillait : un ruisseau descendait de collines érodées, un peu plus loin.

Elle ne connaissait pas cet endroit. Elle avait traversé la forêt d'est en ouest.

Elle s'avança prudemment. Le sol calciné était encore brûlant – çà et là les souches d'arbres et les buissons fumaient encore, et les brins d'herbe cassants lui meurtrissaient la plante des pieds. Bientôt, ses mollets, déjà salis par son passage dans la forêt, se retrouvèrent encroûtés de suie noire.

Elle réussit à atteindre le ruisseau. L'eau était claire et coulait rapidement sur un lit de pierres volcaniques polies par le courant. Des fragments de végétation noircie flottaient à la surface. Elle plongea son visage dans l'eau et but à grands traits. Elle lava la crasse et le sang qui avait séché sur sa peau, et la puanteur de fumée qui s'attardait dans son nez et sa gorge commença à se dissiper.

C'est alors qu'elle entendit un cri. Une voix. Un mot. Mais ce n'était pas un mot qu'elle connaissait.

Elle rampa hors de l'eau et se jeta à plat ventre derrière un rocher. Dans son monde, les étrangers n'étaient pas une bonne nouvelle. Comme ses cousins pithèques, son peuple de nomades était farouchement xénophobe.

Un homme était agenouillé sur le sol, ses mains explorant maladroitement la terre calcinée à la recherche de choses épargnées par le feu. Il était jeune, il avait la peau lisse et une épaisse toison.

Il ramassa un lézard noirci, tout raide. Avec une sorte de pierre taillée – d'une forme nouvelle pour elle –, il gratta la peau carbonisée et mit au jour un morceau de chair rose, qu'il engloutit rapidement. Puis il trouva un serpent, une vipère, complètement calciné. Il essaya de fendre la peau brûlée, mais elle était trop coriace et il rejeta le petit cadavre.

C'est alors qu'il mit la main sur un vrai trésor. Une tortue, cuite dans sa carapace. Il la ramassa, la retourna en marmonnant. Il prit son outil – c'était bien un éclat de pierre, mais triangulaire, ses trois bords travaillés parfaitement tranchants – et l'enfonça dans la cavité par où la tortue sortait la tête. Il força un peu sur la carapace, et bientôt il allait pouvoir se servir de son outil pour découper la viande. En réalité, les tortues étaient un mets de choix pour les chasseurs pithèques. C'était l'un des rares animaux de la savane plus petits et plus lents que les hominidés. Les tortues avaient beau s'enfouir dans le sol, cela ne les sauvait pas des animaux plus intelligents, capables de les déterrer avec des bâtons et des instruments faits pour ouvrir cette carapace conçue afin de les protéger des lions et des hyènes.

Loin était fascinée par la hache de pierre du jeune homme. Avec son bord tranchant et ses faces taillées, elle était bien meilleure que les pierres de son propre peuple et les éclats des pithèques. Elle comprit immédiatement cet objet en forme de larme, à un niveau profond, somatique ; et elle eut envie de le prendre dans sa main, de l'essayer.

Dorénavant, elle associerait ce jeune homme à l'instrument de pierre qu'il maniait si habilement. Pour elle, il serait toujours Hache.

Tout à coup, Hache leva la tête et regarda Loin dans les yeux.

Elle se recroquevilla derrière son rocher, mais trop tard...

Il poussa un grognement, lâcha sa tortue – dont la carapace cogna sur le sol noir de suie – et brandit sa hache de pierre.

Elle n'avait nulle part où courir. Elle se leva. Elle sentit le regard de l'autre se promener sur son corps, son dos, ses fesses encore humides de l'eau du fleuve. Il baissa sa hache et lui sourit, puis il retourna à sa tortue et recommença à tenter de l'extraire de sa coquille.

Des cris retentirent dans le lointain. Elle vit d'autres gens, des gens comme elle, des adultes et des enfants, minces et se tenant droits, pareils à des ombres sur la plaine cendreuse. Ils exploraient une forêt miniature de formes convulsées, noircies. Là, un troupeau d'antilopes avait mis bas ; beaucoup de ces malheureuses créatures étaient encore penchées sur leur dernier petit, incapables de fuir devant les flammes. Les hominidés tranchaient à l'aide de leurs merveilleuses haches de pierre dans cette découverte miraculeuse ; Loin flaira bientôt la délicieuse odeur de la viande grillée. Hache laissa tomber sa tortue et courut vers sa tribu.

Après quelques battements de cœur, partagée entre la prudence et une faim dévorante, Loin se lança derrière lui à grands pas.

Le soir allait tomber, la tribu se rassembla dans un creux entre les roches, où elle serait relativement à l'abri des prédateurs de la nuit.

Loin, n'ayant nulle part où aller, les suivit.

Elle savait bien qu'elle ne pouvait se permettre de passer la nuit toute seule. Elle sentait déjà les yeux jaunes, froids, braqués sur ses omoplates, des yeux brillants de la conviction qu'elle était étrangère à ce groupe, pas tout à fait incluse dans sa protection, une *proie*, comme les vieux, les très jeunes et les infirmes.

On ne la repoussa pas, mais on ne l'accueillit pas non plus avec effusion. Pourtant, quand elle se blottit dans un coin de la vaste anfractuosité de rochers, cramponnée à un bout de viande qu'elle avait réussi à récupérer sur l'une des carcasses calcinées, on la laissa faire.

Elle regarda un homme tailler un bout de pierre. C'était un vieillard, d'environ quarante ans, la peau sur les os, un œil presque fermé par une vilaine cicatrice. Deux enfants, un garçon et une fille, étaient assis à ses pieds. Pas beaucoup plus jeunes que Loin, ils regardaient faire Balafre, qu'ils essayaient maladroitement d'imiter en manipulant de gros cailloux dans leurs petites mains. La fillette se tapa sur le doigt et poussa un couinement de douleur. Balafre lui prit sans un mot la pierre des mains, la retourna et, en guidant ses doigts, lui montra comment la tenir plus efficacement. Mais, voyant cela, le petit garçon, jaloux, pinça la fillette, l'obligeant à lâcher sa pierre.

— Moi ! Moi !

Alors que l'obscurité s'épaississait, la plupart des gens s'absorbèrent dans un doux et muet épouillage – une habitude qu'ils avaient gardée des forêts ancestrales. Les mamans caressaient leurs enfants, les hommes et les femmes se livraient à ces jeux politiques silencieux qui cimentaient les alliances et renforçaient les hiérarchies. Parfois, l'épouillage tournait à la copulation frénétique.

De tout cela, Loin, l'étrangère, était exclue. Mais alors qu'elle commençait à s'endormir, épuisée, meurtrie de partout, elle sentit peser sur elle le regard de Hache.

À son réveil, il faisait déjà grand jour.

Tout le monde avait quitté l'anfractuosité, abandonnant quelques reliefs de nourriture, quelques crottes d'enfants, de moites marques d'urine.

Elle se leva précipitamment. Ses contusions et sa douleur à la poitrine semblaient s'être rejointes en une unique boule de souffrance. Mais son jeune corps réparait déjà les dégâts de la veille, et elle avait les idées claires. Elle se rua vers la lumière.

Ils étaient tous partis vers le nord, vers un lac. Des ombres minces et droites, marchant avec détermination dans une brume de chaleur qui estompait leurs contours. Elle courut les rejoindre.

Il y avait un monde fou au bord du lac. Loin distingua toutes sortes d'animaux, des éléphants, des rhinocéros, des chevaux, des girafes, des buffles, des cerfs, des antilopes, des gazelles et même des autruches. Des oiseaux survolaient dans de grands battements d'ailes les crocodiles et les tortues qui se prélassaient dans l'eau. Des herbivores géants, massés sur les berges, avaient dévasté le paysage. De cette arène boueuse, de larges corridors creusés d'ornières partaient dans toutes les directions. Rien ne poussait sur la couche d'argile durcie entourant le lac, à part quelques espèces de plantes résistantes que les éléphants et les rhinocéros n'aimaient pas et qui se remettraient rapidement d'avoir été piétinées.

Les gens descendirent vers l'eau, à un endroit où ils avaient repéré un troupeau d'éléphants. Tout le monde savait que les prédateurs évitaient les éléphants. Ceux-ci ignorèrent les nouveaux venus et continuèrent de vaquer à leurs occupations, fort compliquées. Certains entraient dans l'eau, s'éclaboussaient, jouaient bruyamment ; des groupes de femelles grommelaient mystérieusement, les mâles barrissaient en entrechoquant leurs énormes défenses. Ces animaux massifs, les architectes du paysage, étaient des blocs de muscle et de puissance non dénués d'une certaine grâce balourde.

La plupart des femmes s'affairaient au bord de l'eau. L'une d'elles avait déniché des œufs de tortue d'eau douce ; les œufs oblongs furent rapidement cassés, leur contenu gobé. D'autres femmes faisaient une moisson de coquillages que l'on trouvait en abondance dans les eaux peu profondes – surtout des palourdes d'eau douce.

Hache, comme la plupart des hommes, s'était avancé dans le lac. Il avait à la main une lance de bois et se tenait absolument immobile, les yeux fixés sur la surface miroitante. Au bout de quelques battements de cœur, il abattit son arme dans une grande gerbe d'eau. Quand il la releva, un poisson était proprement embroché dessus, son petit corps frétillant. Hache poussa un cri de joie, retira le poisson de sa lance et le jeta sur le rivage. Un autre homme, un peu plus loin, rampait en direction d'un oiseau aquatique qui glissait tranquillement à la surface de l'eau. L'homme bondit, mais l'oiseau s'enfuit dans une explosion d'éclaboussures en battant des ailes et en poussant des cris comiques.

Loin rejoignit les femmes.

Elle trouva rapidement une limule, qui crapahutait mécaniquement dans une rigole de boue. Elle l'attrapa facilement, la retourna ; la bestiole agitait faiblement ses pattes. Elle se servit d'un caillou pour lui ouvrir la tête, dont la carapace faisait la taille d'une grande assiette. À l'intérieur, elle trouva une masse d'œufs pareils à de gros grains de riz. Elle les cueillit avec ses doigts et les engloutit. Ils avaient un goût très fort, comme du poisson huileux. Le reste de la chair du crabe se révéla trop coriace pour être intéressant. Elle jeta au loin la tête en forme de bouclier fracassé et repartit en quête de nourriture.

La matinée se déroula ainsi, les gens cherchant à manger comme n'importe quelle autre espèce animale de cette savane surpeuplée.

Vers midi, les hominidés s'éloignèrent paisiblement de l'eau, rassasiés.

Hache partit de son côté. Loin le suivit. Il se retourna pour la regarder, et elle comprit qu'il avait repéré son manège.

Hache s'approcha d'un cours d'eau asséché, jonché de galets polis par le courant. Elle le vit aller et venir dans le lit à sec, examinant les pierres une à une. Il ramassa avec un sourire un galet de la taille du poing, plat et arrondi. Il s'accroupit, chercha autour de lui une pierre qui ferait un bon marteau. Pour se protéger, il étala sur ses jambes croisées des broussailles séchées qu'il avait apportées. Puis il se mit à l'ouvrage, tapant sur la pierre qu'il avait sélectionnée. Bientôt, des éclats crépitèrent sur les galets autour de lui.

Fascinée par son travail, Loin s'assit à une dizaine de mètres, les bras passés autour de ses genoux repliés. Elle n'avait jamais rien vu de tel auparavant.

En fait, Hache et Loin étaient les héritiers de traditions de fabrication des outils séparées par plusieurs millénaires.

Quand les marcheurs avaient laissé les arbres derrière eux et définitivement adopté la savane, une nouvelle gamme de possibilités s'était offerte à eux. Ils n'étaient pas que de simples nomades, pour qui migrer était un but en soi. Pour chacun d'eux, il s'agissait d'abord de survivre. Pour des gens capables d'exploiter de nouvelles contrées, il était souvent plus facile de se rendre à un endroit qui paraissait plus agréable à vivre que d'essayer de s'adapter à des conditions de vie difficiles.

Les générations succédant aux générations, les hommes parcoururent des milliers de kilomètres. C'est ainsi qu'ils sortirent d'Afrique, pour pénétrer dans des pays où aucun hominidé avant eux n'avait mis le pied. Alors que l'immense étau des glaciations ne s'était pas encore resserré, des conditions climatiques tempérées s'étaient installées hors d'Afrique, en Europe du Sud, au Moyen-Orient et en Asie du Sud-Est. Au cours de leurs pérégrinations dans cet environnement familier, ces nomades s'étaient faits au mode de vie plus agréable des côtes, à l'ouest autour de la Méditerranée, et s'étaient enfin déployés dans l'intérieur des terres, en Espagne, en France, en Grèce et en Italie – tout comme ces animaux que l'on associerait plus tard à l'Afrique : les éléphants, les girafes et les antilopes. Ils allèrent vers l'est jusqu'en Inde et en Extrême-Orient, colonisant ce qui deviendrait plus tard la Chine, descendant même vers le sud et l'Indonésie.

Mais ce n'était pas une conquête. Si la race de Loin s'était beaucoup plus répandue que n'importe quelle autre espèce de singe, d'autres animaux, comme les éléphants, étaient allés bien au-delà. En outre, leur population n'était pas très dense : en n'importe quel endroit ils étaient moins nombreux que les lions, par exemple. En dépit de leurs outils, les hominidés n'étaient que des animaux dans un paysage sur lequel ils avaient un effet minimal.

Leurs déplacements n'étaient pas réfléchis. L'une des lointaines grand-mères de Loin était allée jusqu'au Vietnam ; puis, à l'époque de Loin, le hasard et les déplacements incessants avaient ramené sa lignée dans l'est de l'Afrique, son pays d'origine.

Mais ici, dans leurs anciennes terres natales, les migrants durent affronter à leur retour de nouvelles pressions.

Certaines populations d'hominidés avaient choisi de ne pas bouger malgré les fluctuations traîtresses du climat. Pour survivre, il avait bien fallu devenir plus intelligents. De meilleurs outils – principalement des hachettes – avaient été l'élément déterminant de leur survie. Le secret de ces haches résidait dans leur forme. Un biface aplati fournissait un long bord tranchant pour un poids minimal. Même s'ils continuaient à utiliser, au besoin, les simples outils taillés des pithèques – les éclats, faciles à faire, étaient peu

« coûteux » et particulièrement adaptés à certaines tâches, comme la mise à mort de petites proies –, ils utilisaient des hachettes non seulement pour dépecer la viande mais aussi pour arracher l'écorce des arbres, tailler le bois, transformer les branches en massues, aiguiser les pieux, ouvrir les ruches, fouiller l'intérieur des troncs pour atteindre les larves, hacher la tourbe, briser la carapace des tortues... C'est d'un de ces groupes sédentaires que Hache descendait.

Et c'est ainsi que Loin, héritière de nomades qui avaient traversé l'Eurasie pour aller jusqu'en Extrême-Orient, se retrouva confrontée à la technologie étonnamment évoluée de Hache et de sa tribu.

Hache travaillait patiemment. Loin remarqua que le lit du cours d'eau asséché était jonché de hachettes : beaucoup des cailloux qu'elle avait pris pour de simples galets avaient en fait été taillés. Ils avaient tous la forme caractéristique d'une larme. Ils étaient tous ouvragés à un degré ou à un autre, et tous avaient le pourtour affiné.

Ces haches étaient étranges. Certaines étaient toutes petites, de la taille d'un papillon, alors que d'autres étaient énormes. Certaines étaient cassées, d'autres tachées de sang. Quand elle essaya de ramasser l'une des plus grandes haches, elle se coupa le doigt ; c'est à peine si elle avait été utilisée.

Quelqu'un s'approcha d'elle. Elle rentra la tête dans les épaules.

C'était Balafre, l'homme qui avait appris aux enfants à tailler une pierre. Il regardait Loin avec une sorte d'avidité. Il tenait à la main une énorme hache, si grande qu'elle ne devait pas être maniable. Il ne pouvait pas l'utiliser pour découper les animaux. Sans quitter Loin du regard, il tourna et retourna son arme dans ses mains, tapa dessus avec un marteau de pierre improvisé pour en affûter le bord. Puis il la passa sur sa jambe et coupa une mèche des fins poils noirs qui s'y trouvaient. Pendant tout ce temps, il observait le visage et le corps de Loin, son œil à moitié fermé brillant d'excitation.

Elle n'avait absolument aucune idée de ce qu'il pouvait bien lui vouloir – du moins jusqu'à ce qu'elle voie l'érection qui pointait de sa toison pubienne.

Hache avait presque terminé la lame qu'il était en train de fabriquer : grande comme la main, pratique, c'était manifestement un outil fonctionnel, qu'il n'avait mis que quelques minutes à fabriquer. Mais quand il repéra le manège de Balafre, il fracassa rageusement sa hachette par terre. Il se leva, éparpillant les éclats de pierre et flanqua un coup sur l'épaule de l'homme.

— Pars ! Pars !

Balafre recula en grognant, son érection se ratatinant illico. Hache lui prit alors son énorme hache des mains et la jeta sur le sol, où son joli bord affûté s'ébrécha. Voyant cela, Balafre jeta un dernier coup d'œil à Loin puis, foudroyant Hache du regard, s'éloigna.

Loin resta assise, les genoux serrés sur sa poitrine, inquiète et déconcertée.

Hache la considéra un instant. Puis il se remit à aller et venir dans le cours d'eau à sec, en examinant les pierres. Il tomba enfin sur un gros bloc de roche volcanique informe, si lourd qu'il dut le prendre à deux mains. Il se rassit, ramassa quelques pierres en guise de marteau et étala à nouveau des brindilles sur ses jambes.

Il commença à taper énergiquement sur sa roche. Des éclats et des lames de pierre volèrent dans tous les sens. Mais très vite, grâce à sa force et à son habileté, la forme rudimentaire d'une hachette apparut. Puis il utilisa une série de pierres plus petites pour façonner les deux surfaces lenticulaires et en aiguiser les bords.

Si son premier outil avait été relativement facile à fabriquer, puisqu'il avait suffi de préciser les contours d'une pierre qui avait déjà la forme de la hache qu'il voulait obtenir, en revanche, cette pierre était beaucoup plus difficile à travailler. Il n'aurait pas pu choisir un plus grand défi – et il l'avait choisi délibérément. Et pendant tout ce temps, il s'assurait que Loin ne le quittait pas des yeux.

Les peuples de marcheurs faisaient déjà des outils plus ou moins comme celui-ci depuis deux cent mille ans. Sur une telle étendue de temps, les haches étaient devenues plus que de simples instruments. Elles n'étaient pas que fonctionnelles.

Pour Hache, l'exploit consistant à fabriquer un tel objet était un moyen de faire sa cour, et de montrer à Loin quel excellent compagnon il ferait. En confectionnant cet outil, il lui disait sa force, la précision de son geste, sa vivacité d'esprit, sa faculté à concevoir et à mener à bien un projet, son habileté à repérer les matières premières, la coordination de son œil et de sa main, sa capacité à se situer dans l'espace, sa compréhension de l'environnement. Autant de caractéristiques dont il espérait qu'elle voudrait les transmettre à sa descendance – ce qui expliquait pourquoi de telles démonstrations avaient acquis une logique propre, distincte de l'utilité même des hachettes.

Poussés par le désir et la luxure, les hommes et les garçons feraient des douzaines de haches, inlassablement. Ils passeraient des heures à fabriquer une unique hache, à la recherche de la symétrie parfaite. Ils feraient de petites haches de la taille de l'ongle de leur pouce, et d'énormes choses impossibles à manier, qu'ils seraient obligés de tenir à deux mains, tel un incunable. Comme Hache, ils chercheraient des matériaux particulièrement difficiles à travailler et entreprendraient d'en faire quand même quelque chose.

Évidemment, il y aurait des tricheurs, comme Balafre. Ils ne réussiraient pas très souvent leur coup – les femmes apprendraient rapidement qu'elles devaient *voir* faire, de leurs yeux, la hache la plus impressionnante. Mais leur stratagème marcherait parfois, et le menteur transmettrait ses gènes au prix d'un minimum d'efforts.

Ce mélange de fabrication d'outils et de séduction amoureuse influerait profondément sur l'avenir. Un mâle digne de ce nom se devait de faire ses haches exactement comme ses ancêtres. Ces gens feraient les mêmes outils, de la même façon, encore et toujours, sur tous les continents, en dépit de plusieurs ères glaciaires, pendant un million d'années. Et les différentes espèces qui leur succéderaient continueraient à employer la même technologie, illustrant à la perfection l'inanité du conservatisme. Ils y mettraient une constance et une obstination à faire pâlir d'envie toutes les institutions et religions de l'avenir. Il n'y avait que le sexe pour exercer une telle emprise sur l'esprit humain et réussir à le figer de cette façon.

Quand il travaillait à ses instruments, Hache devait réfléchir, dans une certaine mesure, en être humain. Contrairement aux casseurs de pierre pithèques qui utiliseraient l'éclat que leur pierre leur donnerait, quelle que soit sa qualité, Hache devait avoir en tête une image de l'objet qu'il voulait obtenir. Il devait sélectionner les matériaux correspondant à cette image, et travailler consciencieusement dans ce but. Cela dit, son esprit était plus compartimenté que l'esprit humain. Hache faisait ses instruments comme un homme, mais il attirait les femelles comme un paon qui fait la roue.

Quand Hache eut terminé, il tourna et retourna son objet dans ses mains, exhibant ses faces lisses, son bord magnifiquement affûté. Même si ce n'était pas un objet très pratique, il était superbe.

Loin, élevée dans une culture subtilement différente, ne comprenait pas vraiment ce qu'il faisait, et elle avait été tout aussi déconcertée par la tentative de tricherie de Balafre. Mais elle sentait bien que Hache s'intéressait à elle, et une sorte de chaleur se répandait dans son ventre en réponse. Dans un recoin plus calculateur de son esprit, elle savait que si elle s'accouplait avec Hache, et tombait enceinte, alors elle ferait partie du groupe de ce dernier, et son avenir serait alors assuré.

Mais elle n'avait jamais couché avec personne. Elle restait assise là, les jambes repliées sous le menton, au bord de ce cours d'eau asséché, dans un mélange de crainte et d'attente. Elle ne savait pas comment répondre à ses avances.

Finalement, il laissa tomber la belle hache au milieu de toutes les autres. Perplexe, il s'éloigna en la regardant par-dessus son épaule.

La spéciation – l'émergence d'une nouvelle espèce – était un événement rare.

La métamorphose d'une espèce en une autre ne se faisait pas en douceur. Au contraire, la spéciation venait du fait qu'un groupe d'animaux, séparé du gros de la population, devait s'adapter pour survivre. L'isolement pouvait être physique – par exemple, quand un groupe d'éléphants se retrouvait isolé par une inondation –, ou comportemental – par exemple, quand un groupe d'hominidés qui avait pris l'habitude de se nourrir comme le font les charognards était mis à l'écart par ceux qui faisaient autrement.

Le changement était implicite dans le génome de toutes les espèces. Tout se passait comme si chaque espèce était faite pour vivre dans un environnement particulier, entouré de barrières. Au sein de cet environnement, toutes les variations viables se produiraient, pour occuper tous les champs du possible. Les groupes isolés se retrouvaient relégués dans des coins séparés du reste du champ par une barrière, jusqu'au jour où une partie de cette barrière tombait, permettant au groupe isolé de se répandre lentement dans le nouveau champ qui s'offrait à elle. Il se pourrait que d'autres variations soient nécessaires pour combler le nouveau champ – et si la variation nécessaire n'était pas disponible dans le génome, elle pourrait peut-être être générée par mutation.

En fin de compte, ceux qui atteignaient les coins les plus reculés du nouveau territoire avaient souvent parcouru une grande distance, génétiquement parlant, par rapport à ceux qui étaient restés dans l'ancien champ. Quand la distance devenait trop grande, empêchant les anciennes et les nouvelles espèces de se reproduire entre elles, alors une nouvelle espèce naissait. Plus tard, quand les barrières tomberaient, la race évoluée pourrait entrer en relation avec son espèce parente – et peut-être la supplanter.

Trois cent mille ans plus tôt, dans une autre partie de l'Afrique, un groupe de pithèques parmi tant d'autres, vivant à la lisère des forêts, s'était retrouvé séparé de son territoire par une coulée de lave et à jamais chassé de sa forêt.

Il y avait eu de nombreux défis à relever. Ces pithèques, habitués depuis longtemps à chasser à la lisière des forêts, avaient constitué un nouveau point de départ. Or, dans la savane, la nourriture était très différente de celle de la forêt. Alors que la forêt regorgeait de fruits, la base de la nourriture dans la savane était la viande. La viande était un aliment très nutritif, mais elle arrivait par paquets, distribués de façon anarchique, sur une terre aride et peu hospitalière. Et pour repérer et récupérer ces paquets, il fallait être futé. Ce groupe particulier de pithèques, échoué dans la savane, loin de l'abri des arbres, avait dû se doter d'une nouvelle sorte de corps pour s'adapter à la chaleur et à l'aridité, adopter de nouvelles sortes de comportements pour extraire les ressources de ce nouvel environnement et pouvoir survivre à un enfer de prédateurs.

En l'espace de quelques douzaines de générations seulement, les ancêtres de Loin s'étaient radicalement adaptés.

L'ancien schéma corporel des primates avait été revu de fond en comble, s'allongeant même au-delà des proportions humaines. Le corps de Loin était beaucoup plus massif que celui des singes, ses ancêtres – elle était deux fois plus lourde qu'un frêle pithèque adulte. Cette masse était une adaptation aux grands espaces : un grand corps stockait mieux l'eau, ce qui était un avantage crucial dans une plaine où il fallait parfois marcher plusieurs heures entre deux points d'eau.

Son métabolisme avait appris à produire et à emmagasiner la graisse sous-cutanée, parce que la graisse était une réserve cruciale d'énergie. Dix kilos de graisse assuraient sa survie pendant quarante jours sans manger. C'était suffisant pour résister aux plus sévères fluctuations saisonnières, ou presque. La graisse avait rembourré son corps, lui donnant de plus gros seins, des fesses, des cuisses, pour tout dire une forme beaucoup plus *humaine* que la sèche constitution des simiesques pithèques. Mais Loin n'était pas du tout une petite boule ronde ; au contraire, elle était grande et mince, ce qui permettait à son corps de rejeter efficacement la chaleur en excès ; de plus, quand le soleil était à la verticale, elle offrait à ses rayons une surface de peau relativement faible.

Encore une adaptation à la chaleur : en dehors de son épaisse tignasse, elle avait la peau presque nue. Et contrairement à Capo et à tous les autres singes, elle transpirait, parce que, pour des créatures destinées à passer leur vie sous un soleil tropical, une peau nue, capable de suer, régulait bien mieux la température que les poils. La transpiration n'avait pas que des avantages, parce qu'elle impliquait une déperdition d'eau. Il fallait donc que Loin soit assez futée pour trouver de l'eau ; contrairement à la plupart des vraies créatures de la savane, son espèce serait toujours plus ou moins étroitement liée aux côtes et aux cours d'eau.

Les pithèques avaient vite renoncé à leurs caractéristiques les plus simiesques : leurs pieds préhensiles, leurs longs bras, et le fait de marcher pliés en deux. Les pieds de Loin étaient mieux adaptés à la course et à la marche qu'à l'escalade. Son gros orteil était bien un orteil, et plus un pouce. Mais sa cage thoracique était un peu plus haute, et ses épaules un peu plus étroites : son corps, comme celui de l'homme moderne ou de Joan Useb, portait encore les stigmates de sa vie dans les arbres.

En attendant, son cerveau avait triplé de volume par rapport à celui des pithèques, de façon à mieux résoudre les problèmes posés par un paysage compliqué, et par une société encore plus subtile et complexe constituée par les grands groupes de chasseurs des savanes. Ce gros cerveau était très gourmand en énergie. Fort heureusement, le régime alimentaire de Loin était beaucoup plus riche que celui de n'importe quel pithèque, et composé de toutes sortes d'aliments protéinés, comme la viande et les noix – dont la quête exigeait à son tour un surcroît d'intelligence. C'est ainsi, grâce à ce cercle vertueux, que son intelligence s'était développée.

Tous ces changements étaient radicaux, et pourtant ils étaient le résultat d'une stratégie évolutionnaire d'une remarquable économie. Cela avait été le fait d'un processus hétérochronique – une modification des phases du développement de l'individu. Avec leur crâne relativement grand, leur visage menu et leurs petites mâchoires, les enfants des marcheurs, comme les bébés humains, ressemblaient beaucoup à leurs ancêtres simiesques. Le cerveau de Loin avait grandi, pendant que sa mâchoire restait petite, alors que pour devenir Capo il vous aurait suffi de faire grossir votre mâchoire et de conserver un cerveau relativement petit. Même la grande taille de Loin avait été obtenue en prolongeant ses phases de croissance. Son corps avait conservé les proportions d'un fœtus de Capo, agrandi à la taille adulte.

Mais ce corps et ce cerveau hypertrophiés avaient un coût. Loin était née avant la fin de son développement, parce que c'était la seule façon pour sa tête de passer par la filière pelvigénitale de sa mère. En quelque sorte, elle naissait prématurément. Contrairement aux singes et aux pithèques, les enfants des marcheurs étaient encore incapables de se nourrir seuls longtemps après le sevrage : en dehors de leur immaturité physique, la faculté d'exploiter certaines sources de nourriture (le gibier, les coquillages et les noix à coque dure) n'était pas innée chez le nouveau-né, et devait être acquise. En plus, les enfants des marcheurs naissaient dans l'enfer de prédation de la savane. C'est pourquoi, quand ils étaient petits, les enfants avaient besoin de beaucoup d'attention.

Ces enfants incapables de se débrouiller par eux-mêmes handicapaient les marcheurs en compétition avec les pithèques, au cycle reproducteur plus court, dont ils partageaient souvent l'habitat. Et la durée de vie des chasseurs commença à s'allonger.

Comme les guenons avant elles, la plupart des femelles pithèques mouraient peu après la fin de leur période de fertilité – en réalité, rares étaient celles qui survivaient à leur dernière mise bas. Chez les marcheurs, les femmes et les hommes commencèrent à vivre des années et même des dizaines d'années après la fin de leur carrière de reproducteur. Ces grand-mères et ces grands-pères jouèrent alors un rôle crucial dans la formation de la société des marcheurs. Ils contribuaient à la division du travail : ils aidaient leurs filles à s'occuper des enfants, participaient à la collecte de la nourriture et jouaient un rôle essentiel dans la transmission des informations complexes requises par la survie du groupe.

Tout ceci exigeait un corps plus efficace. Mis à part leur système reproducteur, le corps des marcheurs était bien meilleur que celui des pithèques, du point de vue de l'entretien et de la longévité. Les ovaires d'une marcheuse de quarante ans étaient aussi dégénérés que le serait le reste de son corps à quatre-vingts ans, si elle vivait jusque-là.

La présence des grand-mères permettait tout simplement à leurs filles d'avoir plus d'enfants. C'est ainsi que les marcheurs supplantèrent les pithèques et les singes. Contrairement à la plupart des enfants pithèques, presque tous les enfants des marcheurs survivaient bien longtemps après leur sevrage.

Pour les pithèques, l'émergence de cette nouvelle forme avait été une catastrophe. Les marcheurs et les pithèques étaient des cousins trop proches pour partager paisiblement l'écosystème. Il y avait peu de conflits directs entre les différents habitants de la savane : parfois les pithèques pourchassaient les marcheurs, ou les marcheurs s'en prenaient aux pithèques, mais ils se trouvaient mutuellement trop intelligents et trop dangereux pour faire des proies intéressantes. Ce qui n'empêchera pas, par la suite, les agiles marcheurs, à plus gros cerveau, de repousser peu à peu leurs cousins à plus petit cerveau vers la fosse commune de l'extinction.

En fin de compte, le fait de fabriquer des outils, et même d'être conscient, n'était pas une garantie de survie.

Évidemment, tout cela aurait pu ne jamais se produire. Sans les fluctuations du climat, et le hasard qui avait isolé les ancêtres de Loin, l'humanité n'aurait peut-être jamais vu le jour. Il n'y aurait eu que des pithèques, des chimpanzés qui marchaient debout en poussant de grands cris, fabriquaient des outils rudimentaires, et qui se seraient livrés à leurs petites guerres pendant quelques millions d'années supplémentaires, le temps pour les forêts de disparaître complètement – provoquant leur extinction.

La vie a toujours été une question de chance.

Loin passa la nuit toute seule, dans le froid, et dormit d'un sommeil agité.

Le lendemain, alors qu'elle essayait de participer aux activités des différents groupes, une femme enceinte jusqu'aux yeux la fixa du regard : un ancien défi de primate. Loin était-elle venue pour arracher le pain de la bouche de son futur enfant ?

Loin se sentit plus isolée que jamais. Ici, elle n'avait de liens avec personne. Ces gens n'avaient aucune raison de partager leur espace, leurs ressources, avec elle. Ce n'était pas comme si cet endroit regorgeait de richesses. Et maintenant, même Hache semblait la rejeter.

Alors que l'après-midi tirait à sa fin, elle fut la première à regagner, seule, l'abri sous la roche de grès. Elle se blottit dans le coin à la périphérie qu'elle considérait désormais comme le sien.

Mais elle trouva au fond de l'abri des sortes de cailloux rouge écarlate. Elle les ramassa et les considéra avec intérêt. Ils étaient friables et le rouge brillait au soleil. C'était de l'ocre, de l'oxyde de fer. Quelqu'un avait été attiré par leur couleur et les avait apportés là.

Elle vit des marques rouge sang sur les parois de basalte au fond de l'anfractuosité : elles paraissaient avoir été faites par ces cailloux. Par curiosité, elle passa l'un de ses cailloux sur la roche et constata avec surprise qu'il laissait une trace rouge sur la pierre.

Pendant de longues minutes, elle joua avec les bouts d'ocre, sans vraiment réfléchir, ses doigts agiles travaillant d'eux-mêmes, ajoutant leurs propres gribouillis aux marques déjà sur la roche.

Puis elle entendit les cris des gens qui regagnaient leur campement temporaire. Elle laissa tomber les bouts d'ocre à l'endroit où elle les avait trouvés et partit à leur rencontre.

Elle s'aperçut alors que les paumes de ses mains étaient d'un rouge vif : rouge comme du sang. L'espace d'un instant, elle pensa qu'elle s'était coupée, mais quand elle se lécha les mains elle leur trouva un goût salé, et les particules d'ocre s'en allèrent.

Rouge comme du sang... Une sorte de connexion se fit dans son esprit, et une lueur relia deux compartiments de son cerveau.

Elle retourna chercher ses bouts d'ocre. Elle essaya de les frotter sur le dos de ses mains, où ils laissèrent un lacis de lignes rouges, puis sur la blessure que le pithèque lui avait infligée à l'épaule, qu'ils rougirent à nouveau.

Ensuite, elle se marqua entre les jambes, tachant sa peau de rouge, comme si elle saignait – comme elle avait vu saigner sa mère.

Elle retourna dans son coin, attendit que la lumière décline. Alors que les gens s'occupaient les uns des autres en faisant de petits bruits, elle se recroquevilla et essaya de dormir.

Elle entendit alors quelqu'un s'approcher en respirant doucement. C'était Hache. Elle sentait sa chaleur, l'odeur poussiéreuse des éclats de pierre sur son ventre et ses jambes. Ses yeux étaient deux lacs d'ombre dans la lumière déclinante. Ce moment sembla durer une éternité ; puis il lui toucha l'épaule. Sa main était lourde et chaude, et Loin se mit à trembler. Il se pencha vers elle et la flaira, exactement comme Front, avant qu'elle ne soit séparée de sa famille.

Elle écarta les cuisses, pour qu'il puisse voir le « sang » dans la lumière crépusculaire. Elle attendit, tendue, l'observant.

Sa vie dépendait de son acceptation. Elle le savait. C'était peut-être ce désespoir, cette nécessité fondamentale, la nécessité qu'il voie en elle une femme, qui l'avait poussée à inventer ce subterfuge.

Contrairement à ses ancêtres de la forêt, Hache était une créature pour qui la vue comptait plus que l'odorat ; le message de ses yeux supplanta ce que son nez lui disait, il se pencha en avant et lui effleura l'épaule, la gorge et la poitrine. Puis il s'assit à côté d'elle, et ses doigts puissants entreprirent de peigner sa toison emmêlée.

Elle se détendit, lentement.

Loin resta avec Hache et son peuple jusqu'à la fin de ses jours. Mais, alors qu'elle gagnait en sagesse et en force, que ses enfants grandissaient et lui donnaient à leur tour des petits-enfants à protéger et à éduquer, aussi longtemps qu'elle en fut capable, à chaque fois que l'occasion s'en présenta, elle courut, courut, courut.

Une histoire fabuleuse : la nôtre

Évolution 2

Stephen Baxter

D'où venons-nous ? Où allons-nous ? En descendant, branche après branche, l'arbre généalogique de l'humanité, Stephen Baxter tente de restituer de la manière la plus exacte possible, et non sans humour, le quotidien de nos ancêtres, et d'imaginer ce que pourrait être celui de nos descendants, cinq cents millions d'années après notre ère. Un fabuleux voyage à travers le temps, dans lequel Stephen Baxter, en maître de la science-fiction réaliste, mêle avec talent Histoire, science et imaginaire.

(Pocket n° 5970)

Clonage sauvage

Les hommes dénaturés
Nancy Kress

Années 2030. La fertilité masculine a brutalement chuté sur l'ensemble de la planète. La population vieillit, et nombreux sont les couples prêts à tout pour avoir des enfants. Le gouvernement a interdit le clonage humain, mais un trafic clandestin s'organise à grande échelle. Shana Walders, jeune appelée de l'armée américaine, est plongée par hasard au cœur de ce trafic. Alors qu'elle participe à l'évacuation d'une zone dangereuse où un train transportant des produits toxiques a déraillé, elle voit l'espace d'un instant l'inimaginable dans une cage : un singe au visage humain.

(Pocket n° 5920)

Voyage dans le temps

La Brèche

Christophe Lambert

2060. Un grand Network privé relance le concept de la télé-réalité en envoyant des reporters dans le passé filmer des événements marquants du XXe siècle. Le choix se porte sur le Débarquement en Normandie afin de raviver la flamme patriotique des téléspectateurs. Transportés en 1944, deux hommes du futur, Gary Hendershot et Mitchell Kotlowitz arrivent donc en vue des côtes françaises et assistent au spectacle apocalyptique qui s'y déroule. Mais au cœur du bruit et de la fureur, une erreur est vite arrivée : Kotlowitz échappe à une balle qui tue sur le coup un général célèbre pour une bataille qu'il livrera des années plus tard. Dans l'oreillette, les deux héros paniqués n'entendent plus les directives du studio…

(Pocket n° 5858)